KB091200

화ㅎ

ㅎ 기법

현장에서 필요한

수질 분석의 기초

화학 물질의 모니터링 기법

히라이 쇼지 감수 / 사단법인 일본분석화학회 편저 / 박성복 감역 / 오승호 옮김

BM (주)도서출판 성안당

日本 옴사 · 성안당 공동 출간

현장에서 필요한
수질 분석의 기초

Original Japanese edition

Genba de Yakudatsu Suishitsu Bunseki no Kiso

– Kagaku Busshitsu no Monitoring Shuhou–

Supervised by Shoji Hirai

Edited by The Japan Society for Analytical Chemistry

Copyright ⓒ 2012 by The Japan Society for Analytical Chemistry

Published by Ohmsha, Ltd.

This Korean Language edition co-published by Ohmsha, Ltd. and Sung An Dang, Inc.

Copyright ⓒ 2023

All rights reserved.

감수의 말

　우리들이 살고 있는 지구환경은 주로 수역권, 육역권, 대기역권 3개의 그룹으로 나눌 수 있지만 지구 표면적으로 대략 70%가 수역권이다. 그 때문에 수역권의 수질을 관리하는 것은 우리가 보다 안전하고 안심하게 생활하는 데 중요한 만큼 끊임없이 수질분석을 실시해, 우리들의 건강과의 관계를 평가해 나가지 않으면 안 된다. 한편 우리들을 둘러싸고 있는 환경에는 새로운 화학물질이 여러 가지 목적을 위해 생겨나고, 때때로 관리되지 않은 상태로 환경에 비산·방출되는 일도 있다. 그 때문에 많은 연구자에 의해 환경에 비산한 화학물질이 인체 혹은 생물에 미치는 리스크를 평가해 유해물질의 종류를 특정하고 그 기준량을 결정하는 노력이 강구되고 있다.

　본서는 수역권에 비산·방출한 화학물질 가운데 현재 우리들 인체에 영향을 미칠 우려가 있는 유해한 유기 화학물질의 수질분석에 대해 기본부터 응용에 대해 알기 쉽게 해설하고 있다. 또, 신뢰성 높은 수질분석을 실시할 수 있도록 물시료의 샘플링을 포함한 전처리 방법, 분석방법, 분석값의 평가 및 분석상의 유의사항을 알아보고, 분석 시스템의 관리를 포함한 분석현장에 있어서의 분석기술의 지식·기능의 향상에 필수적인 기초항목을 실무분석에 입각해 해설하고 있다.

　그 때문에 수질분석에 종사하고 있는 현장의 기술자나 관련된 조직의 관리자, 또 환경과학이나 농·약학계를 포함한 이공학 분야의 대학, 대학원생들이 알기 쉽게 해설하였다.

　「현장에서 도움 되는」 시리즈 중 본서는 「현장에서 도움 되는 화학분석의 기초」 (발행 2006년 2월), 「현장에서 도움 되는 환경 분석의 기초」 (발행 2007년 10월), 「현장에서 도움 되는 금속 분석의 기초」 (발행 2009년 4월), 「현장에서 도움 되는 대기 분석의 기초」 (발행 2011년 8월). 「현장에서 도움 되는 다이옥신류 분석의 기초」 (발행 2011년 11월)에 이어 6권째이고 환경 분석으로서는 4번째 도서인 「현장에서 도움 되는 환경 분석의 기초」에서도 수질분석을 다루었지만, 본서에서는 유해한 무기물질의 분석법에 특화해 기재하였다. 필요에 따라서 시리즈의 다른 도서를 참고로 하면 보다 이해가 깊어진다. 본서의 각 문장의 집필자는 대학 연구기관, 자치체의 규제기관이나 민간기관의 현장에서 각 분석기술에 정통한 전문가이므로 본서의 요소요소에는 현장이 아니면 체험할 수 없는 주의사항이 기재되어 있다

마지막으로 본서를 발행하기까지 기획으로부터 편집에 진력해 주신 편집 간사 코가 미노루 씨(구마모토현립대학) 및 하나다 요시후미 씨(기타규슈시 환경과학연구소)를 비롯해 출판을 주선해 주신 옴사 출판국 모든 분들에게 깊이 감사드린다.

히라이 쇼지

차례

3장 ◆ 응용편(화학물질의 종류별 분석법)

4장 ◆ 분석결과의 평가(리스크 평가)

5장 • 분석의 신뢰성

1장

환경 화학물질 분석의
현황과 과제

1-1 ◆처음에

우리를 둘러싼 환경 중에는 천연 유래 및 사람의 생산·생활에 수반하는 원소나 화학물질이 존재하고 지구환경 중에 이동 확산을 통해 생태계 혹은 사람의 건강에 영향을 미치는 것으로 알려져 왔다. 환경 분석화학은 환경 중에 존재하는 물질의 종류를 분류함과 동시에 그 농도를 정확하게 구하는 것을 목적으로 하고 있다. 그 분석데이터는 개개의 화학물질에 대한 독성 데이터와 대조해 유해성, 위험성의 정도를 나타내 적절한 화학물질의 관리에 활용되고 있다. 제2차 대전 이후 급속히 발전한 화학공업은 많은 종류의 다양한 화학물질을 대량으로 생산하는 것이 가능해져 식량의 증산, 생활환경의 개선에 크게 공헌해 왔다.

미국 화학회 데이터베이스에 의하면, 상업적으로 입수 가능한 화학물질의 수는 7,000만 종류를 넘어 매일 약 15,000종류의 화합물이 신규로 등록되고 있다. 화학물질의 사용에 의해 사람들은 보다 편리하고 보다 쾌적하게 건강한 생활을 보낼 수 있게 되었지만 한편으로 메틸수은을 원인으로 하는 미나마타병의 발생, PCB 관련 화합물에 의한 질환을 비롯해 아크릴아미드, 4에틸납, 유기염소 화합물, 기타 화학물질에 의한 환경오염, 건강피해를 경험하게 되었다

물은 우리에게 있어 불가결한 존재이며 우리는 물의 순환계 중에서 자신을 포함한 생명을 길러 생태계를 유지하는 가운데 식량의 확보나 생활을 풍부하게 하는 생산 활동을 영위하고 있다. 역사상으로도 깨끗한 음용수의 확보와 적절한 폐수 처리는 도시의 발전에 불가결한 것이었다. 현재 유럽 각지에 남아 있는 로마 시대에 건설된 대규모 수도설비나 그 이전의 고대문명 자취에 남아 있는 오수관거 등에서 그 흔적을 볼 수가 있다.

음용수의 수질과 사람들의 건강에 대해 John Snow는 1854년에 런던에서 발생한 소화기계 전염병의 하나인 콜레라(당시는 콜레라균의 존재는 인식되지는 않았지만)의 원인이 지하수(우물물)에 의한 것이며 적절한 수원의 선택에 의해 감염을 막을 수 있다고 했는데[1], 그 방법은 근대역학(Epidemiology)의 시초로 여기고 있다.

물의 오염을 수치화하는 방법으로서 유기물에 의한 오염의 정도를 거시적으로 가리키는 지표에 BOD나 COD라고 하는 시험방법이 20세기 초에 제안되고 보급해 왔다. BOD, COD는 생물화학적 또는 화학적으로 유기물질을 분해할 때에 필요한 산소량으로 물의 오염을 수치화하는 지표지만 1960년대에는 유기물 함량, 나아가 그 유기물질의 화학종을 밝히려는 시도로 이어졌다.

US-EPA에서는 수중 유기물질에 우수한 흡착능을 갖는 활성탄에 착안해 다량의 물 시료를 통수한 후, 유기용매(클로로포름)로 탈착시키고 용매 제거 후 칭량하고 유기물

오염의 지표로서 CCE(Carbon Chloroform Extract)를 제안했다[2]. 또, CCE 추출물을 극성이 다른 액성하에서 유기용매에 의한 분배 또는 실리카겔 칼럼을 이용하여 분획하고 적외선 흡수 스펙트럼이나 자외 가시 흡수 스펙트럼을 이용하여 화합물군을 추정하는 시도를 했지만 개별적인 유기 화합물종을 밝히는 것은 극히 곤란하였다.

1974년 네덜란드의 Rook는 라인 하천수의 염소 처리를 통해 클로로포름을 비롯해 4종류의 할로겐화탄화수소, 트리할로메탄이 생성하는 것을 밝힘으로써 후에 가스 크로마토그래피의 진보, 가스 질량분석계의 응용 등에 수반하여 물환경 중에 존재한 유해 화학물질의 분석을 급속하게 진전시켰다

전술한 바와 같이 물환경은 우리들의 생활, 생산활동에 직결한 환경 매체이면서 또 사람들의 생산활동, 생활활동에 기인한 유해 화학물질의 확산, 분해, 대사 혹은 축적, 농축된 중요한 환경권이기도 한다. 또, 일부의 휘발성물질은 휘산에 의해 대기오염, 나아가 경계를 넘는 오염물질로서 폭넓게 지구환경 중에 확산된다.

분석기기의 개발, 개량과 더불어 다양한 추출, 농축, 분리기술의 응용으로 환경 중 미량 화학물질의 존재가 밝혀지고 그중에서도 독성, 잔류성이 높은 화합물군은 Priority Pollutants로서 각각 정밀도가 높은 분석방법이 개발되어 ppb 레벨에서의 분석이 진행되어 왔다. 분석기술의 진전과 동시에 환경수로부터 검출된 유기화합물의 수도 증가해 왔다. A. R. Trussel & M. D. Umphres는 물 중에 존재하는 미량 유기 화합물의 휘발성(분자량)과 극성(수용성)을 기초로 유효한 추출·분리기술을 분류함과 동시에 최종 검출기기의 검출한계에 대해서도 정리했다[5]. 이 분류는 다양한 화합물의 분석 시 적용해야 할 전처리 방법의 선택에 도움이 되고 있다.

환경분석에는 항상 많은 어려움이 수반되고 있는데, 그 하나는 물시료, 대기시료, 토양이나 생물시료 등 다양한 시료를 대상으로 하는 것에 있다. 시료 채취(샘플링)의 디자인은 물론 시료의 보존법, 추출 농축 방법, 방해물질의 제거법, 최종적인 검출기기의 선택 등, 적절한 분석 순서를 정하고 분석을 진행하는 데 고도의 지식, 경험과 숙련된 스킬이 요구된다.

본서는 환경분석 중 물환경 중에 존재하는 미량 유해 화학물질의 분석방법을 지금까지 다양한 분석방법의 개발에 직접 관계, 일상적으로 환경분석에 종사하고 있는 전문가에 의해 실례를 들어 알기 쉽게 해설한 것으로 환경 미량 유해 화학물질의 관리에 종사하는 분석 화학자의 분석업무에 도움이 되는 내용이다.

1-2 ◆화학물질 분석의 역할

화학물질 분석에 의해 얻어지는 데이터는 화학물질의 오염 정도를 밝혀 오염의 확산과 거동해석에 이용하는 동시에 사람의 건강이나 생태계에 미치는 영향을 평가하고 화학물질의 적정관리, 배출 규제, 처리기술의 평가에 중요한 역할을 하고 있다. 환경 중에 새롭게 배출된 화학물질은 매년 그 수가 늘어나고 지금까지 사람의 건강피해를 미연에 방지하는 것을 목적으로 진행되어 왔던 감시, 규제에 대해 야생생물을 포함한 생태계 전체의 보호라고 하는 새로운 시점도 추가되고 있다. 화학물질의 종류가 늘어남에 따라 필요한 검출 레벨도 ppm 레벨에서 ppb, 나아가 ppt 레벨로 극미량 범위에서의 분석이 요구되게 되었다. 일상의 분석업무에서도 측정의 배경을 충분히 이해하고 분석값의 신뢰성을 높이도록 최신 분석기술을 적극적으로 도입하고 분석방법의 개선에 지속적으로 노력하지 않으면 안 된다.

1-3 ◆화학물질 분석기술의 진보

1970년대부터 기기분석 기술의 진보, 특히 가스 크로마토그래피와 질량분석법의 연결(GC/MS) 또한 액체 크로마토그래피와의 접속에 의하여 환경 화학물질의 분석은 비약적인 발전을 이루었다. 화학결합형 캐필러리 칼럼의 개발과 응용은 GC 분석에서 높은 분리능을 제공하고 질량 스펙트럼의 해석을 용이하게 했다. 또 질량 스펙트럼 데이터의 축적과 검색기술의 발달로 화학물질의 정성작업은 급속하게 용이해졌으며, 동시에 정밀도 역시 현격하게 높아졌다.

또한, 다양한 추출, 농축, 분리 방법의 개발과 응용에 의한 분석 대상 화학물질의 범위는 확대되고 있다. 안정 동위체의 이용은 분석의 정밀도 향상, 정밀도 관리에 중요한 역할을 다하고 있다.

GC/MS 및 LC/MS/MS가 가지는 고분리 고감도 검출능력을 이용하여 가능한 많은 화합물을 동시에 정성, 정량하는 일제 동시분석법도 제안되어 개개의 표준품의 입수가 곤란한 환경하에서의 스크리닝 분석법으로서 기대되고 있다. 분석장치의 고도화와동시에 원활한 분석업무를 지지하는 고순도의 실험 가스, 순수, 표준시약, 용매 등의 품질 확인도 중요하다.

또, 청정한 급기, 환기장치의 도입 등 실험실의 환경정비는 방해물질의 혼입 방지, 백그라운드의 저감화에 중요한 요소이다. 분석 작업자에 대한 유해 화학물질 폭로의 절감, 주변 환경의 오염방지대책도 고려하는 것이 필요하다. 지금까지 개발되어 왔던 환경수 유해 화학물질의 분석법은 미국에 있어서는 EPA Method라고 해서, 예를 들면 음용수 중 화학물질에 관해서는 Method 500번대, Method 600번대는 폐수 중 화학 물질과 같이 체계적으로 정리되어 공표되고 있다[6].

일본에서는 PCB에 의한 환경오염 문제를 계기로 1973년에 「화학물질의 심사 및 제조 등의 규제에 관한 법률」이 제정되어 사람의 건강을 손상시킬 우려가 있는 화학물질의 제조, 수입 및 사용을 규제하고 있다.

또한 그 이후, 화학물질에 의한 환경오염의 실태를 파악하기 위해 분석방법의 개발을 진행하면서 조사가 진행되어 왔다. 조사 결과에 관해서는 화학물질 환경실태조사 「화학물질과 환경」으로 1974년 이래 매년 발행되고 있다[7]. 또 1996년부터의 조사 결과는 환경성의 홈페이지에서도 공표되고 있다[8]. 이 조사를 통하여 개발된 분석법은 공정분석법으로서 나타나 있는 것이 많다. 이러한 정보는 현재 (독)국립환경연구소에 의하여 데이터베이스화되고 인터넷상에서 화학물질의 명칭이나 CAS 등록번호 등으로 용이하게 검색할 수 있다[9].

1-4 ◆ 정밀도 관리

수질분석 결과는 사람의 건강피해 방지나 법률에 의한 규제에 직접 결부되는 동시에 전 세계적으로 화학물질의 거동 해명, 리스크 평가 등에 폭넓게 이용되는 것으로, 정밀도가 높은 분석값이 요구되어 다양한 정밀도 관리 방법이 도입되고 있다. 환경대책의 최전선에 있는 현장 분석자는 분석장치의 취급 등 분석기술뿐만 아니라, 정밀도 관리 이론이나 방법에 대해서도 지식이 요구되고 있다.

또한, 정밀도 관리에 관해서는 매뉴얼이나 표준 작업 절차서(SOP : Standard Operating Procedures) 등에 기재되어 있는 사항에 대해 각각의 의미나 이론을 충분히 이해하고 효율적으로 실시한다.

예를 들면 트래블 블랭크와 조작 블랭크의 의의나 허용차, 서로게이트의 적절한 첨가, 표준품의 트레이서빌리티, 적절한 책임자의 임명, 불확실도의 견적이나 평가 등 분석의 목적이나 시료의 특성, 분석기관의 상황에 입각한 정밀도 관리 절차를 정확하게 실시하는 것이 중요하다.

1-5 ◆물환경 중 화학물질의 영향평가

농약을 비롯한 화학물질이 생태계에 미치는 영향에 관하여 경고를 한 것은 레이첼 카슨이었다. 그녀는 저서 「침묵의 봄」에서 DDT 등이 하천물이나 해수를 오염시켜 수생생물 등에 악영향을 미치는 사실을 전하였다.[10] 마이클 브라운은 뉴욕주 러브 운하의 지하수 오염에 의한 중대한 건강피해를 일으켰던 사례를 「황폐해지는 대지」에서 소개하고 있다[11]. 일본에서는 1956년, 아세트알데히드 합성 프로세스의 폐수에 포함된 메틸수은에 의하여 일어났던 유기수은 중독 미나마타병은 화학물질에 의한 가장 비참한 중독사례로서, 발생 이후 반세기 이상 지난 지금도 많은 사람들이 건강피해를 호소하고 있다.

저농도 레벨, 장기간의 유해 화학물질 폭로가 인간 건강에 미치는 영향평가 방식으로서 환경 리스크에 근거한 사고방식이 정착해 왔다. 확실히 화학물질에 관한 리스크 토론은 1970년대 시작하여 정수처리과정에서 생성한 클로로포름에서 발단되었지만 많은 논의가 이루어져 왔던 것도 사실이다. 당시 미국을 대표하는 독성학자 Stokinger 박사는 "동물실험의 결과를 직접 인간의 건강영향에 적용시키는 것은 적절하지 않다. 저농도 레벨의 클로로포름에 의하여 암을 일으키기 전에 인간은 물에 빠져 버린다"고 하고 주장하였다[12].

한편 미국 EPA의 Cotruvo 박사는 "화학물질의 안전성은 리스크를 기초로 생각해야 하며, 불필요한 리스크는 최소한으로 해야 한다"[13]는 입장을 밝혔고, 이는 국제적인 규제로 이어졌다. 환경 중 오염 화학물질의 건강영향에는 리스크에 근거한 인식이 사람들에게 서서히 이해되어 왔지만, 금후에도 리스크 평가의 정밀도 향상이 기대된다. 또한 극히 저농도라도 인간이나 야생생물의 내분비를 교란한 화학물질의 존재가 콜본에 의해 지적되면서[14] 내분비 교란 화학물질의 존재 레벨, 인간이나 야생생물에 대한 폭로 레벨을 정확하게 파악한 초미량 분석의 역할 또한 높아지고 있다.

고도의 화학분석을 응용하는 것에 의하여 개별 유해 화학물질, 나아가 그것들의 이성체까지도 명확하게 특정하여 정량하는 것이 가능해졌다. 한편 화학물질이 개별적인 생물이나 생태계 전체에 미치는 영향을 평가한 방법으로서 생물 모니터링이 이용되고 있다. 생물 모니터링은 크게 다음의 분야로 나눌 수 있다

① 생태계 전체의 생물종, 분포변화의 조사 ② 특정의 대표적 생물종에 포함된 오염물질의 농도 측정 ③ 화학물질에 대한 생물의 응답을 이용한 바이오어세이다,

미국에서는 이미 1995년 이후, WET(Whole Effluent Toxicity)로서 바이오어세이에 의한 폐수의 환경영향 관리방법이 도입되었다[15]. 일본에서도 야생생물의 반응을 이

용한 공장폐수 등의 폐수관리 및 환경수의 수질관리에의 응용이 시도되고 있다[16]. 바이오어세이에 의하면 다종다양한 화학물질의 독성, 또 그러한 복합영향을 포괄적으로 파악할 수 있고 화학분석에 의한 평가를 보완한 유효한 방법이라고 기대되고 있다.

1-6 ◆환경 분석기술의 표준화와 기술 개발

환경 화학물질 분석에 있어 SOP에 따른 분석 업무관리는 분석기관의 매니지먼트 능력, 시약이나 기기의 적정 관리 및 분석 기술자의 기술 레벨의 향상과 분석 데이터의 품질 향상에 극히 유효한 수단이다. 따라서 분석 종사자가 SOP의 배경을 충분히 이해하지 않고 일상적 업무로서 단순하게 매뉴얼화만 한다면 기술자의 기능 향상에 도움이 되지 않을 것이다.

고도의 기술과 경험을 구비한 분석 화학자는 분석 조작의 배경 이론, 원리를 이해하고 분석 정밀도의 향상에 연결된 분석법의 개량, 개선을 끊임없이 지향 및 목표로 하였다. 그 기본은 분석 절차의 간소화를 도모하고 신속하면서 정밀도가 높은 분석방법을 개발하는 것에 있다. 이를 위해 관련 과학분야의 진전에 관심을 갖고 적극적으로 신기술, 신개념을 도입하고 새로운 분석법의 개발이나 분석법의 개량에 힘써 왔다. 본서는 분석순서의 목적, 의의 등을 자세하게 기재하고 있으므로 환경 화학물질 분석기술의 습득, 향상을 목표로 하는 기술자에게 참고가 되었으면 한다.

| 참고문헌 |

(1) Snow, J.: On the mode of communication of cholera, Mr. Chutchill's Publications, London (1855)

(2) Tentative method for carbon chloroform extract (CCE) in water, Journal of American Water Works Association, Vol. 54, No. 2, pp. 223-227 (1962)

(3) Rook, J. J.: Formation of haloforms during chlorination of natural waters, Water Tretment and Examination, Vol. 23, Part 2, pp. 234-243 (1974)

(4) Keith, L. H. and Telliand, W. A.: Priority pollutants: 1-a prospective view, Environmental Science & Technology, Vol. 13, pp. 416-423 (1979)

(5) Trussel, A. R. and Umphres, M. D.: An overview of the analysis of trace organics in water, Journal of American Water Works Association, pp. 595-603 (1978)

(6) U. S. Environmental Protection Agency: Analytical Methods Developed by the Office of Ground Water and Dribking Water
http://water.epa.gov/scitech/drinkingwater/labcert/analyticalmethods_ogwdw.cfm, "Clean Water Act Analytical Methods"
http://water.epa.gov/scitech/methods/cwa/index.cfm, "Test Methods for Evaluating Solid Waste, Physical/Chemical Methods（known as SW-846)"
http://www.epa.gov/wastes/hazard/testmethods/sw846/

(7) 環境省環境安全課：化学物質と環境，昭和 49 年度版〜

(8) 環境省環境安全課：化学物質と環境（ホームページ），平成 16 年度版〜，http://www.env.go.jp/chemi/kurohon/index.html

(9) 国立環境研究所：環境測定法データベース EnvMethod，http://db-out.nies.go.jp/emdb

(10) レイチェル・カーソン著，青樹簗一 訳：沈黙の春，新潮社（1962）

(11) マイケル・ブラウン著，綿貫礼子 訳：荒れる大地，新潮社（1983）

(12) Stokinger, H. E.: Toxicology and drinking water contaminants, Journal of American Water Works Association, pp. 399-402（1977）

(13) Cotruvo, J. A.: Trihalomethanes(THMs) in drinking water, Environmental Science and Technology, Vol. 15, pp. 268-274（1981）

(14) シーア・コルボーン，他：奪われし未来，翔泳社（1996）

(15) U. S. Environmental Protection Agency: Whole Effluent Toxicity, http//water.epa.gov/scitech/methods/cwa/wet/index.cfm

(16) 鑪迫典久：水圏保全のための新たな排水管理ツール "WET" の最新情報，資源環境対策，Vol. 47，pp. 58-66（2011）

2장

기초편

기초편에서는 수질의 화학물질 분석의 순서를 샘플링, 전처리, 검출로 나누어 기본적인 조작이나 원리, 유의점에 대해 해설한다.

2-1 ◆샘플링

화학물질 분석은 시료 중의 존재량이 극미량이므로 샘플링이나 분석 과정에서 목적물질의 손실이나 외부로부터 오염의 영향을 받기 쉽다. 덧붙여 목적물질의 물리화학적 성질이나 목표농도 레벨에 따라 채수방법, 채수량, 전처리 방법 등이 다르기 때문에 샘플링 시에는 목적에 맞는 방법을 선택해야 한다.

여기에서는 환경 화학물질을 조사할 때의 샘플링에 대해 환경성이 추천하는 방법[1],[2]을 해설함과 함께, 특히 주의가 필요한 샘플링의 여러 사항에 대해 기보[3]~[7]를 정리해, 예를 들면서 설명한다.

❖ 1. 샘플링의 목적

수질의 화학물질 분석은 VOCs나 어떤 종류의 농약 등에 주목한 개별분석과 가능한 한 많은 물질을 GC/MS 등으로 일제 분석해 어떠한 성분이 포함되어 있는지를 밝히는 다성분 분석이 있다. 분석목적으로 하는 화학물질의 물성에 대응해 용기의 세정방법이나 채수 순서, 반송 보관 방법 등을 결정하지 않으면 안 된다.

또, 분석 데이터의 이용 관점에서 샘플링의 목적은 ① 수질관리 ② 수질특성 조사 ③ 오염원의 특정으로 분류된다(표 2-1). 이용 목적에 따라 샘플링의 시기나 빈도를 결정한다. 예를 들면, 수질특성 조사에서는 계절 변동 등을 감안한 연중 샘플링을 실시하는 데 반해 오염원의 특정에서는 오염원 이외로부터의 변동을 받지 않게 단기간에 집중적인 샘플링을 실시한다.

샘플링은 단지 시료 채취뿐만 아니고 적절한 시료의 반송, 보관, 조제 또 일시나 기후 등 현장정보의 기록까지를 포함해 신뢰할 수 있는 분석결과를 얻는 데 있어서 중요한 작업이다. 또, 채취하는 시료가 조사 수역의 오염 상황을 대표하는 것이 아니면 안 되고 경시변화 등을 정확하게 반영할 필요가 있기 때문에 적절한 계획하에서 실시하지 않으면 안 된다. 게다가 조사의 목적에 따라 대상물질, 지점, 시기, 빈도 등이 결정되기 때문에 계획 수립에 앞서 목적을 명확하게 하는 것이 매우 중요하다.

〈표 2-1〉 수질 샘플링의 목적

카테고리	목적의 내용	모니터링 예	주요 매체
수질관리	성분농도를 단기간에 기준값 이하로 제어(관리) ＊즉시 처리나 공정을 수정할지 여부를 결정하기 위해 샘플링한다.	• 공장이나 사업장으로부터의 배출수 감시 • 상하수도로 사용하는 물처리 시설의 수질관리	공장폐수 공정수 처리수
수질특성 조사	일정 기간의 변동을 나타내는 통계적 파라미터로 평가 ＊계속적인 샘플링을 필요로 한다.	• 공공용수역 등의 환경 감시 (환경기준 적합 상황조사 : 일 평균값이나 75% 값 등 통계량으로 평가) • 사업의 환경영향평가나 어세스먼트를 위한 모니터링 • 조사 연구 의미를 가지는 모니터링	하천수 해수 호수 댐 저장수 지하수
오염원의 특정	미지의 오염원으로부터 배출된 오염물질의 특성 파악 경우에 따라서는 저질 등 수질 이외의 시료 매체에 대해서도 조사한다. ＊오염물질이나 발생원의 성질에 따라 샘플링 시기나 빈도를 결정한다.	• 발생원 조사 • 유래를 추정하기 위한 모니터링	

주) 샘플링의 목적은 「수질특성 조사」로부터 「수질관리」로, 또는 그 반대로 행하는 일이 있다. 예를 들면 하천 등의 환경기준 적부를 판단하는 모니터링은 환경기준 부적합이 되었을 경우 오염물질 농도를 기준값 이하로 관리하는 수질관리로 이행하는 일이 있다.

❖ 2. 조사지점의 선정

조사지점에 대해서는 수역의 종류별로 다음에 유의해 결정한다.

(a) 하천

하천시료는 본류의 수질이 특정 오탁수나 지천수와 충분히 혼합된 지점에서 채취할 필요가 있다. 그 때문에 지천 등의 합류 장소로부터 적어도 500m 이상 하류의 지점에서 채수한다[2].

또, 기수역이 있는 하천에 대해서는 조수 간만의 영향을 고려해야 한다. 하천수를 샘플링하는 경우는 사전에 물의 흐름을 조사해 시간대에 따라 흐름이 변화하는 수역에서는 채수 장소와 함께 채수할 시간을 결정할 필요가 있다. 채수 시간에 대해서는 이 조사에서 무엇을 알고 싶은 것인지 조사의 목적부터 결정한다. 예를 들면 상류부로부터의 오염 영향을 알고 싶은 것이면 간조 시에 채수하고, 평균적인 상황을 알고 싶은 것이면 간조 시와 만조 시 두 번 채수해 혼합시료로 하는 등의 순서를 정해 둔다.

(b) 해역·호소

채수 장소는 할 수 있는 한 정지된 장소를 선정하는 것이 바람직하지만 해역이나 호소에서는 장소를 특정하는 표적이 적기 때문에 채수 장소의 확정 방법이 문제가 된다. 전지역 단위 시스템(GPS : Global Positioning System)이 널리 이용되고 있지만 GPS는 수신 상태에 따라서 60m 이상의 오차를 일으키는 일이 있으므로 정밀도를 확인해 두는 것이 필요하다. 일반적으로 해역이나 호소의 화학물질 모니터링은 점이 아닌 면(수역)으로서의 평가가 주된 목적이기 때문에 〈그림 2-1〉과 같이 500m 사방의 장소를 선택해 그 범위 내에서 3개소 채수하는 방법을 이용한다[1]. 얻어진 시료는 조사의 목적이나 대상물질의 특성에 대응해 혼합시료로 하든지 혹은 개개의 시료를 분석해 평균값이나 농도 범위에 따라 평가한다.

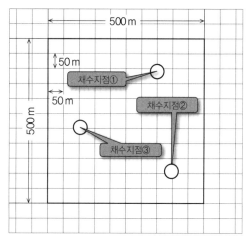

〈그림 2-1〉 해역이나 호소의 채수

❖ 3. 시기 및 빈도

샘플링으로부터 얻어진 시료 혹은 시료군은 조사 수역의 상황을 분명하게 나타내야 한다. 하천이나 해역 등의 수질은 계절이나 시간대에 따라 시시각각으로 변화하므로 화학물질의 농도 레벨을 적확하게 평가하기 위해서는 평균 농도 등 수역을 대표하는 값과 함께 최저, 최고 농도라고 하는 변동에 대해서도 이해할 필요가 있다. 그렇지만, 변동을 조사하기 위해서는 어느 정도의 빈도로 샘플링하지 않으면 안 되므로 효율적으로 시기와 빈도를 결정할 필요가 있다. 예를 들면, COD 등의 변동이 적은 수역에서는 여름, 겨울 연 2회, 변동이 큰 수역에서는 계절마다 연 4회 혹은 월마다 연 12회 등으로 한다. COD나 BOD는 생활환경 항목*으로서 대부분의 수역에서 측정되어 계절 변동을 포함한 풍부한 모니터링 데이터가 축적되고 있다. 그러한 데이터는 조사 대상수역을 관할하는 지방 자치체의 환경백서나 홈페이지로부터 쉽게 입수 가능하기 때문에 화학물질의 수질조사를 실시할 때는 사전에 기존 데이터를 정밀조사해 효율이 좋은 시기와 빈도를 결정한다. 다만, 대상물질이 농약인 경우는 반드시 이 방식이 적절하지 않을 수 있다[1].

농약에 대해서는 COD 등을 이용하는 것보다 농업협동조합이 발행하고 있는 자료 등에서 그 수역에 관한 농약 사용 상황을 조사해 샘플링의 시기와 빈도를 결정하는 것이 현실적이다. 덧붙여 특별한 목적이 있는 경우를 제외하고는 현저하게 수질이 변동하는 강우시기는 피한다. 추계의 샘플링이면 비가 올 확률의 높은 가을비 전선의 시기나 태풍 뒤 3일간은 채수하지 않는 등 안정된 기후가 예상되는 시기를 선정한다.

✦ 4. 채수

(a) 채수기

화학물질의 조사에 있어서는 물통이나 국자 등의 채수기를 이용해 수면 아래 0~50 cm의 표층수를 채취한다. 채수기의 재질은 금속제가 바람직하고 플라스틱제는 화학물질을 흡착할 수 있어 사용을 피한다.

물통에 연결하는 로프도 가능한 한 플라스틱제를 피하고 천연 소재의 것을 이용한다. 또, 일정한 수심에서 채수할 필요가 있는 경우는 〈그림 2-2〉에 나타내는 하이로 (high low) 채수기나 반돈 채수기 등을 이용한다. 다만, 반돈 채수기는 재질에 고무나 플라스틱이 사용되고 있으므로 오염의 원인이 되거나 피검성분이나 방해물질을 용출하는 경우가 있다. 사용할 경우에는 첨가 회수시험이나 블랭크 시험 등에 의해 분석에 지장이 없음을 확인한다.

(b) 시료용기

유리병 등의 시료용기에 대해서도 채수기 도구와 같이 주의가 필요하다. 농약 등에서는 시료용기에 공마개 첨부 유리병을 이용하지만, 프탈산에스테르류 등 분위기로부터 오염되기 쉬운 물질이나 VOCs의 경우는 밀폐성이 높은 스크류캡 병을 이용해 오염

---

* 수질 환경기준에는 벤젠 등의 유해화학물질을 대상으로 한 '건강항목'과 COD 등을 대상으로 한 '생활환경 항목'이 있다.

이나 목적물질의 손실을 막는다. 스크류캡 병의 캡 안쪽이나 입구 부분의 실에 대해서
는 화학물질을 흡착하기 어려운 테플론 등으로 코팅되어 있는 것을 사용한다.

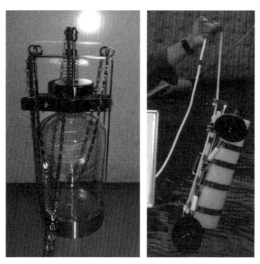

〈그림 2-2〉 하이로 채수기(왼쪽) 및 반돈 채수기(오른쪽)

(c) VOCs의 채수

VOCs는 휘산하기 쉽기 때문에 시료용기 그 자체를 조용하게 물속에 담가 거품이 일
지 않게 주의하면서 용기 전체에 시료수를 채우는 방법으로 채수한다. 채수 장소의 상
황에 따라 시료용기로 직접 채수할 수 없는 경우는 시료수를 일단 양동이 등으로 퍼 올
린 후 같은 방법으로 양동이 내의 시료수를 조용하게 용기에 채운다. 채수 후에는 용기
내에 공극이 없는지 확인하고 즉시 마개를 씌운다. 이송은 쿨러 박스 등을 이용함으로
써 온도변화의 영향을 받지 않게 한다.

(d) 시료용기의 공세척

현장에서 관습적으로 행해지는 '시료수에 의한 시료용기의 공세척'은 용기 내벽에
부착이 예상되는 소수성 유기물질이나 아민류 등이 오염의 원인이 되는 일이 있다. 그
러한 물질이 분석 대상일 때는 유기용매로 세정한 시료용기에 그대로 시료수를 넣고
용기 내의 시료 모두를 분석에 제공한다(8 (d) '흡착성 물질' 참조)

❖ 5. 현장정보의 기록

화학물질의 수질 모니터링에 필요한 현장정보를 다음에 열거한다.

① 채수 일시, 채수 장소

② 채수자

③ 채수 방법, 채수량, 채수기 도구 및 장치

④ 시료의 반송 및 보관 방법

⑤ 기후

⑥ 수심

⑦ 수질 요소(수온, 색상, 탁도, 악취. 투시도(해역이나 호소에서는 투명도), pH, 용존산소 농도, 염분 또는 염화물 이온 농도, 전기 전도도)

⑧ 이수 상황 및 주변의 오탁원 정보(하천에서는 상류의 지류나 특정 폐수에 대한 정보, 해역이나 호소에서는 유입 정보)

⑨ 하천이나 호수와 늪에서는 수면 폭, 유량, 기슭으로부터 채수지점까지의 거리

⑩ 해역이나 하구역에서는 간조 시각, 조위, 조류

이러한 정보는 분석결과의 타당성을 증명함과 동시에 분석결과를 해석, 평가하는 데 반드시 필요한데 사전에 현장정보의 기록양식이나 채수기록에 관한 표준작업 절차서(SOP : Standard Operating Procedure)를 작성해 두면 데이터의 기록 누락을 방지할 수 있음과 동시에 작업이 원활하게 진행된다.

❖ 6. 안전대책

채수 상황을 〈그림 2-3〉에 예시한다. 어떠한 경우에도 안전대책이 최우선이며 샘플링을 실시하는데 가장 고려해야 할 요소이다.

(a) 선상으로부터 샘플링(해역)　　(b 다리 위로부터 샘플링(하천)

〈그림 2-3〉 샘플링의 실제 상황

　그 때문에 많은 매뉴얼[1]-[7]에서 샘플링의 실시자나 계획 수립자에 대해 구명구의 장착 등 안전에 대해 언급하고 있으며, 주된 샘플링의 안전대책을 〈표 2-2〉에 나타낸다. 샘플링의 실시자가 스스로 안전에 유의하는 것이 당연하지만, 아주 가끔은 안전 불감증에 노출되기도 한다. 계획 수립자에게는 실시자의 안전을 제일로 해야 하는 책무가 있기 때문에 안전의식이나 관련 지식을 향상시킬 필요가 있다.

　개인에 대해서는 직장 교육이나 연수에 의해 의식·지식의 향상을 꾀하고, 조직적으로는 정기적인 감사나 직장 순회에 의해 PDCA 사이클에 준거해 안전대책을 진행한다. 또, 채수 장소의 안전성이 외부감사 등에서 종종 지적되는 일이 있다. 보트의 이용이나 방호책이 없는 제방 등 위험을 수반하는 작업장소를 선정하는 경우는 장소를 변경할 수 없는 사유를 문서에 남기는 등, 그 장소를 선택하는 필연성을 명확하게 하며, 적절한 안전대책을 강구한 샘플링을 실시해야 한다.

〈표 2-2〉 샘플링 시의 안전대책

No	항목	안전대책 (샘플링 계획에 규정하는 사항)
1	증수 등 기상조건	• 중지결정의 판단 기준 • 중지결정의 책임자 및 대행자 • 연락 체계 • 작업 개시 후의 정기교신 방법과 빈도
2	포트나 선상으로부터의 채수	• 구명구의 장착 • 구명등의 안전장비 • 작업내용을 나타내는 신호기의 선상 게시 • 단독 샘플링의 금지(팀 편성)
3	빙상으로부터의 채수	• 얼음이 얇은 장소와 그 정도의 확인순서 및 대처법
4	스쿠버 채수	• 잠수용구의 점검과 정비 • 단독 샘플링의 금지(팀 편성)
5	제방 등 방호책이 없는 장소로부터 채수	• 단독 샘플링의 금지(팀 편성) • 장소 결정의 검토 경과(위험한 채수 장소를 변경할 수 없는 이유의 기록)
6	공장 부지 내에서의 채수	• 안전도구의 장착(헬멧, 장갑, 마스크, 방호안경의 장착 등) • 공장 책임자의 지시·지도 준수
7	펌프의 사용	• 설치 장소나 장치 조정 작업공간의 확보 • 누전 대책
8	사고 발생 시의 대응	• 연락체제, 보험 등

❖ 7. 샘플링 계획

샘플링 계획은 샘플링에 관한 여러 사항을 문서에 규정해, 현장에서의 작업을 원활히 진행하기 위한 것이다. 또, 분석 전체의 타당성을 평가 확인(밸리데이션)하는 데 중요한 역할을 담당하기 때문에 ISO/IEC 17025 등 분석기관의 자격 인정심사에 있어서 필수 심사 대상항목이 되어 있다. 샘플링 계획에 규정해야 할 주된 사항을 〈그림 2-4〉에 예시한다. 계획 수립에 있어서는 조사 목적을 명확하게 해 최소의 노력으로 소기의 목적을 완수할 수 있도록 규정한다.

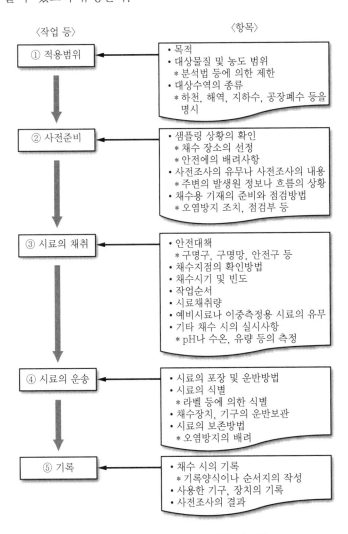

〈작업 등〉 〈항목〉

① 적용범위
- 목적
- 대상물질 및 농도 범위
  * 분석법 등에 의한 제한
- 대상수역의 종류
  * 하천, 해역, 지하수, 공장폐수 등을 명시

② 사전준비
- 샘플링 상황의 확인
  * 채수 장소의 선정
  * 안전에의 배려사항
- 사전조사의 유무나 사전조사의 내용
  * 주변의 발생원 정보나 흐름의 상황
- 채수용 기재의 준비와 점검방법
  * 오염방지 조치, 점검부 등

③ 시료의 채취
- 안전대책
  * 구명구, 구명망, 안전구 등
- 채수지점의 확인방법
- 채수시기 및 빈도
- 작업순서
- 시료채취량
- 예비시료나 이중측정용 시료의 유무
- 기타 채수 시의 실시사항
  * pH나 수온, 유량 등의 측정

④ 시료의 운송
- 시료의 포장 및 운반방법
- 시료의 식별
  * 라벨 등에 의한 식별
- 채수장치, 기구의 운반보관
- 시료의 보존방법
  * 오염방지의 배려

⑤ 기록
- 채수 시의 기록
  * 기록양식이나 순서지의 작성
- 사용한 기구, 장치의 기록
- 사전조사의 결과

〈그림 2-4〉 주요 샘플링 계획의 내용

◆ 8. 기타 주의사항

(a) 호소에 대해(댐 등의 인공호를 포함한다)

호소는 순환기와 정체기에 수질이 현저하게 변화하기 때문에 두 시기의 시료를 채수할 수 있도록 채수시기를 결정한다. 순환기의 채수는 표층만으로도 지장은 없지만, 성층을 일으키기 쉬운 정체기에는 심도에 따라 수질이 다르기 때문에 하이로 채수기 등을 이용해 다층채수(5~10m 간격)를 실시한다. 수온 및 용존산소 농도는 성층 상태를 아는 중요한 수질 요소이기 때문에 반드시 측정해 기록한다. 채수지점은

① 호심
② 이수 지점
③ 오탁수가 호소에 유입 후 충분히 혼합하는 지점
④ 하천이 유입한 후 충분히 혼합하는 지점
⑤ 호소수가 유출하는 지점

중에서 조사목적에 적절한 지점을 선택한다.

(b) 해역에 대해

해수의 채수는 대조 시의 바람이나 비의 영향이 적은 날을 선택하고, 수심이 5m 이상인 해역에서는 표층에 가세해 중층(해면 아래 2m)으로부터도 채수한다. 다만, 수심이 10m를 넘는 지점에서는 필요에 따라 대응하고 하층(해면 아래 10m)으로부터도 채수한다. 덧붙여 채수한 시료는 따로따로 분석하는 것이 원칙이지만 대상물질의 휘산이나 흡착이 분석결과에 지장을 일으키지 않는 경우는 혼합시료로 분석해도 좋다.

(c) 하천에 대해

하천수의 채수는 채수일 전에 비교적 맑은 하늘이 계속되어 수질이 안정되어 있는 날을 선택한다. 또, 하구역에서는 밀물의 시간대에 해수의 비율이 높아진다. 해수는 밀도의 관계로 하층에서 하천으로 비집고 들어가기 때문에(염수 쐐기로 불리고 있다) 채수 부위가 수심의 20% 이상의 깊이가 되지 않게 주의한다. 덧붙여 필요에 따라서 표층뿐만 아니라, 하층으로부터도 채수해 염화물 이온 농도 등으로부터 샘플링 시의 해수의 영향을 평가한다.

(d) 흡착성 물질

아민류 등 유리에 흡착되기 쉬운 화학물질의 경우는 용기 내 시료수의 전량을 분석에 제공해 시료용기의 유리 벽면에 흡착하고 있는 목적물질을 아세톤 등의 친수성 용

매로 씻어낸 후 세액과 시료수를 맞추어 분석한다. 다이옥신류 등의 소수성 화학물질에 대해서도 목표로 하는 분석 농도 레벨이 pg/L 이하인 경우에는 유리 벽면에의 흡착이 분석에 지장을 미칠 가능성이 높기 때문에 이와 같이 조작한다.

(e) 금속류

중금속 등 금속류를 대상으로 하는 경우는 흡착방지를 위해 플라스틱제 채수기 도구를 사용한다. 또, 용기도 사전에 세정한 폴리에틸렌병 등을 이용한다. 극미량을 분석하는 경우는 용기에 물을 채워 옮겨 현장에서 시료수와 바꿔 넣는다. 금속류는 안정적이므로 비교적 보존 가능한 것이 많지만, 보존하는 경우는 질산을 첨가해 보존 용기 벽면에의 흡착을 막는다.

(f) 오염방지 대책

시료의 오염은 분석 시보다 샘플링 시에 의한 것이 많다. 특히, 채수기 도구는 오염의 원인이 되기 때문에 채수할 때마다 유기용매에 의한 세정이나 시료수에 의한 공세척을 실시할 필요가 있다. 다만, 시료수에 의한 시료용기의 공세척에 대해서는 앞서 말한 것처럼 흡착성 물질 등에서는 오염의 원인이 되는 경우가 있기 때문에 대상물질의 물성을 확인한 다음에 실시한다. 시료용기 등 유리기구의 세정에 대해서는 추출 용매→아세톤 등의 친수성 용매→수돗물→세제→수돗물→아세톤 등의 친수성 용매→추출 용매→건조의 순서로 실시하며, 필요에 따라 사용 전에 추출 용매로 재차 세정한다.

(g) 목적물질의 분해

화학물질 중에는 빛이나 온도 등의 영향을 받기 쉬운 물질도 있기 때문에 채수 후에는 신속하게 분석하는 것이 바람직하다. 시료를 보존하는 경우는 냉암소에 보존하고, 분석 대상물질에 따라서는 산화 분해를 막을 목적으로 아스코르빈산 등의 환원제를 첨가하는 것도 검토해야 한다.

(h) 샘플링의 중요성

최근의 분석기술의 발달에 힘입어 물환경 중에 존재하는 극미량의 화학물질 검출이 가능하게 되었다. 그렇지만 최신의 분석기술을 행하더라도 부적절한 샘플링일 경우는 환경 정보로서의 가치가 손상되어 버린다. 본절에 기재하고 있는 여러 사항은 샘플링을 실시하는 데 기본적으로 준비해 두어야 할 지식이며, 현장 분석자에게는 필수 기술이다.

CHAPTER 2

2-2 ◈ 전처리

화학물질 분석에는 고감도, 고선택성의 GC/MS나 LC/MS 등의 질량분석이 이용되지만, GC/MS 등을 이용한 목적물질의 추출이나 정제 시 필요한 전처리 조작은
　① 시료 매체에 극미량으로 포함된 목적물질을 추출하는 조작
　② 얻어진 시료액을 농축기를 이용해 소정의 양까지 농축하는 조작
　③ 분석에 있어 방해가 되는 성분을 제거해 분리 정제(클린업)하는 조작으로 구성된다.

구체적인 전처리는 목적 대상 화학물질의 성질에 대응해 여러 가지 방법이 이용되고 필요한 검출감도 등에 의해 전처리 조작의 내용이 크게 달라진다. 특히 최근의 화학물질 분석에서는 다이옥신류나 잔류성 유기 오염물질(POPs)과 같이 대량의 시료를 이용한 극미량 분석을 해 복잡한 클린업 조작이 필요한 일도 있어 전처리 과정에서 목적물질의 손실이나 외부로부터의 오염을 일으킬 가능성이 있다. 그 때문에 화학물질 분석에서는 안정 동위체로 라벨화한 내부표준물질(서로게이트 물질)로 전처리 과정에서의 목적물질 손실이나 분석 오차를 보정하는 방법(동위체 희석법)을 이용하거나 오염을 방지하기 위해서 순도가 높은 시약을 선정하는 외에도 유리기구를 사용 직전에 유기용매로 세정하는 등 세밀한 기본 기술이 요구된다. 한편 LC/MS/MS 등 고감도 기기의 보급과 신형 카트리트지 등의 클린업 기술 혁신은 소량의 시료를 간단한 전처리만으로 고감도로 분석하는 것을 가능하게 해 분석의 효율화에 상당한 공헌을 하고 있다

여기에서는 전처리 조작에 필요한 기본적인 기술에 대한 조작방법이나 유의점을 설명하고, 최근 개발된 고상 카트리지 등의 최신 기술에 대해서도 해설한다.

2-2-1 ◈ 추출 · 농축
◈ 1. 수질시료의 추출 방법
수질시료의 추출에는 액–액 추출법과 고상 추출법이 있다.

(a) 액–액 추출법
액–액 추출법(용매 추출법)은 이전부터 사용되고 있는 방법이다. 시료량(통상 500 mL~1L)에 대해 비교적 다량의 추출 용매(통상 100mL 정도)를 이용하는 것으로부터 분배계수에 근거한 완전한 평형관계가 성립한다. 또, 불순물의 영향을 받지 않게 회수율의 변동이 작기 때문에 개인적인 기량의 차이가 나오기 어렵다. 〈표 2–3〉에 유기인산트리에스테르류(OPEs)를 액–액 추출했을 때의 추출률을 나타낸다. 소수성이 높은

〈표 2-3〉 액-액 추출법에 따르는 유기인산트리에스테르류(OPEs)의 추출률
(염석제 무첨가, 용적비 1 : 10)

물질명(약호)	Log Pow	헥산	벤젠	디클로로메탄	초산에틸	초산메틸	에틸에테르
Triethyl phosphate (TEP)		0	0	1	0	2	0
Triallyl phosphate (TAP)	0.09	1	15	69	28	28	9
Tributyl phosphatee (TBP)		8	60	96	85	72	62
Tris(2-chloroethyl) phosphate (TCEP)	4.00	58	75	88	96	104	84
Tris(chloropropyl) phosphate (TCPP)	1.70	2	39	67	97	106	29
Tri-n-amyl phosphate (TNAP)	2.75	27	79	90	98	101	69
Tris(1, 3-dichloro-2-propyl) phosphate (TDCP)		61	82	87	96	85	74
Triphenyl phosphate (TPP)	3.76	57	80	91	102	87	78
2-Ethylhexyl diphenyl phosphate (ODP)	4.63	82	76	94	98	100	86
Tris(2-butoxyethyl) phosphate (TBXP)	5.73	77	71	84	95	83	73
Tris(2-ethyhexyl) phosphate (TOP)	3.65	1	25	111	119	5	
Cresyl dipheyl phosphate (CDP)	4.23	43	44	52	91	76	62
Dipcresyl Phenyl phosphate (DCP)	4.51	80	73	90	95	97	78
Tricresyl phosphate (TCP)		86	79	88	100	89	82
Xylenyl Di phenyl phosphate (XDP)	5.10	80	71	87	89	89	80
Tris(isopropylphenyl) phosphate (TIPP)		88	69	79	104	91	79
Trixlenyl phosphate (TXP)	5.63	97	71	79	104	128	86
Tris(2,3-dibromopropyl) phosphate (TDBPP)		29	54	73	92	100	64
Tris(4-tert-butylphenyl) phosphate (TBPP)		46	43	49	90	80	55

헥산 등에서는 추출이 곤란한 Tris(2-butoxyethyl) phosphate는 헥산보다 극성이 강한 초산에틸이나 초산메틸로 추출할 수 있다[9]. 이하에 액-액 추출법에서 유의해야 할 점을 설명한다.

[액-액 추출법의 유의점]
• 용매의 선택 : 헥산은 무극성 물질의 추출에, 벤젠이나 톨루엔은 방향족계 화합물의 추출에, 초산에틸이나 디에틸에테르는 약간 극성이 높은 함산소 화합물 등의 추출에 적합하다.
• 디클로로메탄에 대해 : 디클로로메탄은 무극성부터 극성 물질까지 광범위한 물질에 적용할 수 있어 다성분 분석을 목적으로 하는 경우에 적합하다. 그렇지만 벤젠과 마찬가지로 발암성을 가지는 것이 지적되어 현재는 가능한 한 사용을 유보하는 경향이 있다.

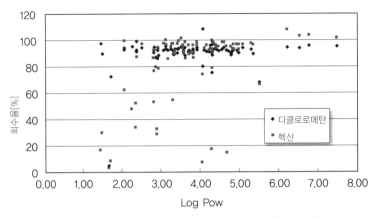

〈그림 2-5〉 농약류의 LogPow와 회수율의 관계

- 옥탄올/물 분배계수(LogPow) : 추출 용매를 선정하려면 목적으로 하는 화학물질의 LogPow가 참고가 된다. 〈그림 2-5〉에 농약 90성분의 회수율과 LogPow의 관계를 나타낸다[10]. 디클로로메탄이 광범위하게 안정된 회수율을 나타내는 데 대해 헥산은 LogPow가 3 이하인 물질에 대해서 현저하게 회수율이 저하한다.
- 염석이나 pH의 효과 : 액–액 추출법에서는 염화나트륨 등의 염석제를 첨가하면 회수율이 향상하고, 추출 시의 에멀전 생성의 방지에도 유효하다. 또, 산성물질, 알칼리성 물질 등에서는 pH를 변화시키는 것으로 회수율의 향상을 꾀할 수가 있다. 다만 초산에틸 등의 에스테르계 용매는 알칼리성하에서 추출 용매 자체가 가수분해해 방해물질을 생성하는 일이 있으므로 주의를 필요로 한다.
- 클린업 효과 : 헥산 등의 소수성 용매에서는 추출되지 않는 화학물질에 대해서는 pH를 변화시키거나 염석제를 첨가하는 것에 의해 극성 용매로 추출할 수 있는 경우가 있다. 그러한 물질에 대해서는 추출 전에 헥산으로 세정할 수가 있어 추출 조작과 클린업 조작을 동시에 실시할 수가 있다.
- 추출 곤란 물질 : 액–액 추출법으로 전혀 추출할 수 없는 물질에 대해서는 물 중에서 목적물질을 유도체화해 소수성 화합물로 바꾸어 추출하는 방법(알데히드류의 분석 등)[11], 이온쌍 시약을 이용해 이온쌍으로 추출하는 방법이 있다.

(b) 고상 추출법
고상 추출법에는 카트리지형 고상 추출제[12] 및 디스크형 고상 추출제[13]를 이용한다. 카트리지형에서는 가압 혹은 감압에 의해 카트리지에 시료수를 통수해 목적물질을 카트리지에 머물게 한 후 용출 용매를 이용해 목적물질을 용출한다. 디스크형에서는 여과지상의 고상제(디스크)에 시료수의 감압하에서 통수한 후, 용출 용매를 이용해 목적물질을 용출한다.

① **고상제의 종류** : 고상제로 이용되는 주된 소재로서는 실리카겔에 옥타데실(C_{18})기 등을 화학결합시킨 화학결합형 실리카겔 소재(C_{18} 이외로는 옥틸기 : C_8, 에틸기 : C_2, 페닐기 : Ph 등이 있다) 외, 스틸렌디비닐벤젠 공중합체 등의 폴리머계의 소재(PS2, PLS, PLS-2, XC, XD 등)가 있다. 극성 물질의 추출을 목적으로 하는 경우에는 시아노프로필기, 아미노프로필기 등을 실리카겔에 화학결합시킨 고상제나 이온교환수지 등도 이용된다. 또, 최근에는 Oasis®HLB와 같이 친유성의 디비닐벤젠에 친수성의 N-비닐피롤리돈을 공중합시켜 저극성부터 고극성 물질까지 폭넓은 물질의 추출을 가능하게 함과 동시에 이것에 이온교환기를 도입한 믹스 모드 고상제(Oasis®MCX, MAX 등)가 개발되어 약한 극성부터 강한 극성의 이온성 물질까지를 추출하는 것이 시도되고 있다.

② **고상 추출법의 유의점**

- 조작상의 유의점 : 액-액 추출법과 같이 고상 추출법에 대해도 염석제의 첨가, pH의 조정, 유도체화한 후의 추출, 이온쌍의 생성 등의 방법을 적용할 수 있다. 다만 어떤 화학결합형 실리카겔의 경우는 사용할 수 있는 pH의 범위에 제한이 있다.
- 컨디셔닝 : 고상 추출법에서는 사용 전에 고상제의 컨디셔닝이 필요하다. 컨디셔닝은 고상제를 활성화해 추출효율을 향상시키는 역할과 고상제에 포함되는 방해물질이나 블랭크를 저하시키는 역할이 있다. 특히 C_{18}이나 C_8 등의 소수성 고상제는 옥타데실기를 수상에 친숙해지게 할 필요가 있기 때문에 친수성의 메탄올을 이용해 컨디셔닝한다. 일반적으로 컨디셔닝은 추출에 사용하는 용매로 세정한 후에 메탄올과 같은 친수성 용매, 다음으로 소량의 정제수를 통수해 용매를 제거한다.
- 회수율에 영향을 주는 것 : 고상제의 선택, 시료수의 통수량과 속도 및 용리 용매의 선택과 용매량이 회수율에 크게 영향을 준다. 또, 고상 추출제는 고상제의 용적이 작아 시료 중 불순물의 영향을 받기 쉽기 때문에 목적물질의 회수율이 저하하는 등 정량값이 변동하기 쉬운 결점이 있다. 그 때문에 서로게이트 물질의 첨가 등 분석의 품질 보관 유지에 주의한다.
- 카트리지형 : 카트리지형 고상제는 고상제의 실효 두께가 디스크형 고상제보다 크기 때문에 디스크형보다 흡착능력이 높다. 그렇지만 현탁물질(SS)이나 불순물이 다량으로 존재하는 경우에는 카트리지가 막히기 쉽기 때문에 SS를 유리섬

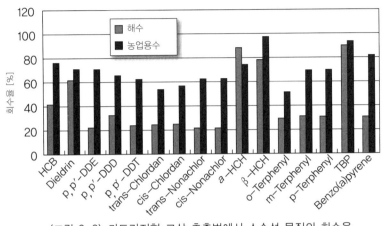

〈그림 2-6〉 카트리지형 고상 추출법에서 소수성 물질의 회수율

유 여과지 등으로 분별하고, 별도로 아세톤 등을 이용해 추출할 필요가 있다.

• 디스크형 : HCB, DDT류 등의 소수성 물질은 카트리지형에서는 〈그림 2-6〉에 나타내듯이 화학물질이 용해하기 어려운 해수나 정제물 등의 경우는 회수율이 현저하게 저하하는 일이 있다. 이러한 현상은 첨가물질이 시료수 중의 유기물에 용해하기 쉬운 하천수(농업용수)에서는 인정되지 않으므로 첨가한 목적물질이 시료수에 완전하게 용해하고 있지 않는 것, 또 고상과의 상호작용 없이 통과하는 현상(채널 현상)이나 고상 추출장치의 배관 등에의 흡착이 생기고 있는 것을 연상하면 된다. 한편 디스크형에서는 고상제의 입자지름이 카트리지형보다 작아 머무름 효율이 향상하기 때문에 채널 현상이 생길 가능성은 적고, 또 배관에의 흡착도 적다. 그러나 카트리지형과 비교해 고상제의 두께가 작아, 극성물질의 회수율이 저하하는 경향이 있다.

• 극성 물질의 추출 : 액-액 추출법과 고상 추출법을 비교했을 경우 일반적으로 고상 추출법이 극성 물질의 회수가 뛰어나다. 〈표 2-4〉에 OPEs의 고상 디스크법에 따르는 회수율을 나타냈는데, 액-액 추출법(표 2-3)에서는 낮은 회수율인 Triethyl phosphate가 고상 추출법에서는 꽤 높은 회수율을 나타낸다. 극성 물질의 추출을 목적으로 하는 경우에는 시아노프로필기, 아미노프로필기 등을 실리카겔에 화학결합시킨 고상제나 이온교환수지, 이온교환기를 도입한 고상제 등이 추천된다. 다만, 이온교환성의 고상제는 해수 등에서는 공존하는 염류의 영향을 받기 쉽기 때문에 주의를 필요로 한다.

〈표 2-4〉 유기인산트리에스테르류의 고상 디스크(엠포어 디스크)법에 따르는 추출률(%)

물질명	3M사 엠포어 디스크(47mm)				
	$C_{18}FF$	C_{18}	C_8	XC	XD
Trimethyl phosphate	1	2	1	1	1
Triethyl phosphate	57	87	67	85	82
Triallyl phosphate	96	91	98	108	99
Tributyl phosphate	88	89	96	98	90
Tris (2-chloroethyl) phosphate	102	100	106	134	110
Tris (chloropropyl) phosphate	96	88	99	105	99
Tri-n-amyl phosphate	64	78	89	90	80
Tris (1,3-dichloro-2-propyl) phosphate	102	91	102	108	95
Triphenyl phosphate	95	89	98	92	89
2-Ethylhexyl diphenyl phosphate	73	78	92	86	84
Tris (2-butoxyethyl) phosphate	93	112	108	155	115
Tris (2-ethylhexyl) phosphate	75	69	95	83	86
Tricresyl phosphate	79	75	94	85	82
Trixylenyl phosphate	89	84	98	97	85
Tris (4-tert-butylphenyl) phosphate	68	59	90	81	87

- 고상제의 선택 : 고상 추출법의 회수율은 고상제가 가지는 흡착능과 목적물질의 LogPow에 의존한다. 화학결합형의 고상제에서는 알킬기의 사슬길이가 긴 C_{18}가 C_8, C_2보다도 높은 흡착능을 나타낸다. 또, 스틸렌디비닐벤젠계의 고상제(PS2, XC, XD 등)는 C_{18}보다 높은 흡착능을 나타내는 경향에 있다. 한편 이러한 고상제로 추출할 수 없는 수용성 성분에 대해서는 활성탄이 유효하고 디옥산[14], 아세페이트, DEP 등의 추출에 사용되고 있지만 활성탄 고상제는 목적물질의 용출이 어려운 경우도 있다.
- 용출에 대하여 : 고상제로부터의 목적물질 추출은 우선 탈수조작을 실시한 후 유기용매를 이용해 용출한다. 헥산 등 소수성 용매로 용출하는 경우는 잔존한 물의 영향에 의해 회수율이 낮아질 가능성이 있기 때문에 가능한 한 수용성 용매를 사용해 수분을 제거한 후에 소수성 용매로 용출하는 것이 바람직하다.

CHAPTER 2

❖ 2. 고상 추출 시에 실시하는 간단하고 쉬운 클린업 방법

분배형의 고상 추출법의 순서를 〈그림 2-7〉에 나타낸다. 일반적으로 고상 추출법은 시료수로부터 고상 추출한 후 고상 칼럼으로부터 목적물질이 용출하지 않고 불순물을 어느 정도 용출할 수 있는 용매(약용매, 예를 들면 C_{18} 고상 등에서는 10% 메탄올 함유 수용액 등)로 세정하고, 그 후 목적물질을 완전하게 용출할 수 있는 용매(강용매, 예를 들면 순 메탄올 등)로 용출한다.

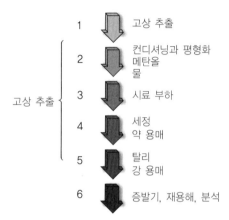

〈그림 2-7〉 일반적인 분배형 고상 추출법의 순서

분배형의 고상제는 수용성이 높은 물질의 추출에는 적합하지 않다. 그러나 최근에는 Oasis®HLB 등이 개발되어 고상 추출법의 적용 범위가 큰 폭으로 넓어졌다. 또한 전술한 이온교환기를 도입한 믹스 모드 고상제(Oasis®MCX, MAX 등)가 개발되어 저극성부터 고극성의 이온성이 강한 물질을 선택적으로 추출하는 것이 시도되고 있다(그림 2-8)[15]. 이 방법은 목적물질이 가지는 물성(중성, 산성, 알칼리성, 산해리 정수(pKa))에 대응해, 고상제를 선택함과 동시에 목적물질이 이온교환 작용에 의해 고상제에 강고하게 흡착하고 있는 것에 주목해 산 염기 등을 포함한 세정용매 등이나 유기용매로 칼럼을 세정해 방해성분을 분리 제거한 후, 세정용매와는 다른 액성의 용출액을 이용해 목적물질을 선택적으로 용출할 수가 있다. 그 때문에 지극히 높은 클린업 효과를 얻을 수 있다.

〈그림 2-9〉에 나타내는 예[19]에서는 Oasis®HLB에 목적물질을 추출 농축해 메탄올로 용출한 후 용출액을 Oasis®MCX에 재농축해 메탄올 가용성분을 제거한 후, 알칼리성 메탄올 수용액으로 Oasis®MCX로부터 용출하는 것에 의해 간편한 조작으로 높은 클린업 효과를 얻고 있다.

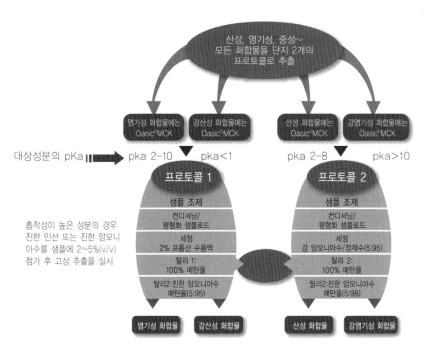

〈그림 2-8〉 이온교환기를 가진 믹스트 모드 고상을 이용한 고상 추출과 선택적
클린업 방법(문헌[15]을 바탕으로 작성)

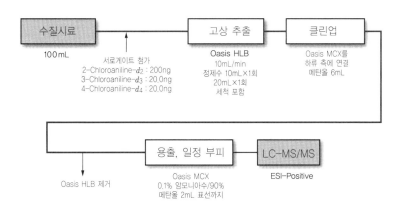

〈그림 2-9〉 믹스 모드 고상제(Oasis MCX)를 간이 클린업에 활용한 분석법의 실례
(목적물질 : 클로로아닐린)

CHAPTER 2

❖ 3. 농축 방법

전처리에 의해 얻어진 시료액은 회전증발기 등의 농축기를 이용해 분석장치의 오토 샘플러용 바이얼의 용적까지 농축한다. 다이옥신류의 분석에서는 30L를 넘는 시료수를 추출·클린업해 최종적으로는 $50\mu L$ 이하까지 10만 배 이상 농축하는 경우가 있다[13].

이전에는 쿠데르나-데니쉬(KD) 농축기가 널리 이용되어 왔지만, 최근에는 회전증발기가 주로 이용되고 있다. 그렇지만 KD 농축기는 상압에서의 농축이 가능하고 회전증발기에 비해 농축손실이 적은 이점이 있다. 또, 소량 시료액의 농축에는 불활성 가스를 내뿜어 농축한다. 어느 농축 방법이든 용매의 건고 후에는 대폭적인 목적물질의 손실을 일으킨다. 미리 노난 등의 고비점 용매를 키퍼로서 첨가해 두면 건고에 의한 목적물질의 손실을 막을 수 있다.

2-2-2 ❖ 분리·정제(클린업)

최근 분석장치의 진보는 현저하고 복잡한 불순물을 포함한 환경시료로부터 목적으로 하는 화학물질을 선택적으로 피코그램(pg : 10^{-12}g) 이하의 레벨로 검출 가능한 기기도 응용되고 있다.

그 때문에 최근의 수질분석에서는 추출 농축 조작만으로 분석하는 것이 많고, 또 수용성 화학물질을 대상으로 하는 경우에는 시험수를 여과하는 것만으로 직접 LC/MS로 분석하는 예도 있다. 그렇지만 화학물질의 수질분석에 있어 LC/MS 등에 의한 직접분석은 시험수의 양이 1mL 정도로 적고 시료의 균질성이나 대표성의 문제로부터 적절하다고는 말할 수 없다.

수질분석의 역할은 시료를 대표하는 화학물질 농도를 타당성을 가지고 결정하는 것이다. 그 때문에 타당성을 유지할 수 있는 일정량 혹은 시료의 전량을 분석할 필요가 있어 농약 등의 분석에서는 500mL~1L 정도의 시험수를 분석에 제공한다. 시료는 추출·농축 조작을 거쳐 수 mL까지 농축하기 때문에 목적물질과 함께 수 백배로 농축된 불순물이 분석에 지장을 미칠 가능성이 있다. 따라서 방해물질 등으로부터 목적물질을 분리·정제(클린업)하는 공정이 필요하고, 특히

① 하수나 폐수 등 유기 오탁성분을 대량으로 포함하고 있는 시료

② 특정의 방해물질을 포함하고 있는 시료

③ 분석한 결과, 방해물질의 영향이 확인된 시료 혹은 검출한 화학물질의 분류가 불충분한 시료

등에 대해서는 반드시 클린업을 실시해야 한다. 또, 화학물질은 어패류 등 생태계에의 영향이 우려되는 생태 리스크의 평가에는 ppq(pg/L 혹은 그 이하의 극미량 분석이

요구된다. GC/MS나 LC/MS의 감도와 선택성이 우수하다고 말할 수 있어도 ppq 이하의 분석에서는 높은 농축배율이 필요하기 때문에 ppm(mg/L)이나 ppb(pg/L) 레벨의 분석에서는 문제가 되지 않았던 방해물질의 영향이 예상된다. 게다가 불순물을 포함한 시료농축액을 그대로 분석장치에 계속 주입하면 분리 칼럼의 수명을 짧게 하거나 검출부의 열화를 일으키는 일이 있다. 고가의 분석장치를 안정된 상태로 오래 사용하기 위해서도 클린업은 필요하다.

여기에서는 화학물질 분석에서 가장 널리 이용되는 실리카겔 칼럼 크로마토그래피[17]~[19]를 중심으로 클린업의 기본적인 조작 방법과 유의점을 말한다.

❖ 1. 실리카겔 칼럼 크로마토그래피

활성화한 실리카겔을 크로마토그래피관에 충전해 시료액을 부하한 후, 헥산 등 극성이 작은 용리액을 흘리면 목적물질이나 방해물질은 극성의 순서로 용출한다. 실리카겔 칼럼 크로마토그래피는 이 분리기구를 이용해 방해물질을 칼럼 내에 머무르게 할 목적으로 하는 화학물질을 칼럼으로부터 통과시키든가 혹은 그 반대로 실시하는 것에 의해 방해물질을 제거하는 방법이다.

목적물질에 대한 실리카겔의 흡착이 너무 강해 방해물질과의 분리가 불충분한 경우나 회수율의 저하를 일으키는 경우는 실리카겔을 함수시켜 사용한다. 이하에 벤조[a]피렌(BaP)의 분석 및 GC/MS 검색 조사를 예로 설명한다.

(a) 조작 방법
적용 예 1) BaP의 분석
환경성의 「요점 조사 항목 등 조사 매뉴얼[20]」에 정해져 있는 방법을 나타낸다.
[시약·기구]
- 헥산, 아세톤 : 잔류농약 분석용 또는 동등 이상의 것.
- 실리카겔 : 와코겔® C-200 등의 크로마토그래프용 실리카겔을 130℃로 15시간 가열한 후, 투명한 스토퍼 삼각 플라스크 등의 밀폐용기에 넣어 오염되지 않게 실온까지 냉각한 것.
- 5% 함수 실리카겔 : 실리카겔 95g에 대해 정제수 5mL를 첨가해 30분간 진탕한 후 실리카겔 데시케이터 중에서 15시간 이상 정치한 것.
- 무수 황산나트륨 : 잔류농약 분석용의 것을 250~450℃로 8시간 정도 가열한 후 오염이 없는 장소에서 냉각한 것.
- 내부표준액 : 헥사클로로벤젠-$^{13}C_6$이나 플루오란텐-d_{10} 등을 헥산에 녹여

10ng/μL로 조제한 것.
- 크로마토그래프관 : 안지름 10mm, 길이 300mm의 콕이 달린 유리제 칼럼.
- 실리카겔 칼럼 : 크로마토그래프관에 5% 함수 실리카겔 5g을 헥산으로 습식 충전하고, 상부에 무수 황산나트륨을 2cm 정도 적층한 것.

[조작 순서]

1) 액–액 추출법이나 고상 추출법을 이용해 시료를 추출·농축한다.
2) 추출·농축 조작으로부터 얻어진 시료액의 용매가 헥산인 경우에는 그대로 파스퇴르 피펫 등을 이용해 시료액을 실리카겔 칼럼에 부하한다. 추출에 고상 추출을 이용해 시료액의 용매가 아세톤 등 극성 용매의 경우에는 후술하는 '용매 전용'에 의해 시료액의 용매를 헥산으로 바꾸고 나서 실리카겔 칼럼에 부하한다.
3) 시료액을 부하한 실리카겔 칼럼의 액면을 칼럼 헤드까지 내린다.
4) 시료액이 들어가 있던 용기를 소량의 헥산으로 씻어 세액을 실리카겔 칼럼에 가한다.
5) 실리카겔 칼럼에 헥산 20mL를 흘려 용출액을 버린다.
6) 다음에 5% 아세톤 함유 헥산을 흘려 용출액을 나스 플라스크에 받는다.
7) 용출액을 회전증발기 또는 쿠데르나–데니쉬(KD) 농축기를 이용해 5mL 정도까지 농축한다.
8) 농축액을 갈색 눈금이 달린 시험관으로 옮겨, 청정한 질소가스를 완만하게 내뿜어 0.3mL까지 농축한다. 이것에 내부표준액 10μL를 더한 것을 GC/MS 측정용 시험액으로 한다.

적용 예 2) GC/MS 검색 조사

GC/MS 검색 조사[21],[22] (Gas Chromatography–Mass Spectrometry Survey Analysis)는 수역의 화학물질 오염의 기초정보를 얻을 목적으로 실시한다. GC/MS를 이용해 시료로부터 가능한 한 많은 화학물질에 대해 그 질량 스펙트럼을 수집해, 장치에 딸린 라이브러리 검색 시스템으로부터 화학물질을 분류해 나간다. 그때 추출한 시료액을 그대로 GC/MS로 분석하는 것보다도 시료를 극성의 차이에 따라 그룹으로 나누고(분획)하고 나서 분석하는 편이 화학물질의 분류 정밀도가 높다. 분획에는 실리카겔 칼럼 크로마토그래피를 이용한다. GC/MS 검색 조사의 목적은 화학물질의 분류·정성정량분석의 경우와 조작순서 등은 약간 다르지만 현장 분석자는 실제로 칼럼 크로마토그래피를 정량분석에 반영할 때, 방해물질을 포함하고 어떤 화학물질이 어느 분획에 용출할 것인지 이해할 필요가 있다. 그 의미로 GC/MS 검색 조사는 매우 참고가 되므로 분획되는 물질의 예와 합쳐서 조작 순서를 소개한다.

[조작 순서]

1) 콕 첨부 크로마토그래프관(1.0cm φ ×30cm)에 130℃로 하룻밤 활성화한 실리카 겔 10g을 헥산을 이용해 습식 충전해, 실리카겔 칼럼을 조제한다.

2) 수질시료에 디클로로메탄을 더하고 진탕 추출한 추출액을 무수 황산나트륨으로 탈수한다.

3) 회전증발기 또는 KD 농축기를 이용해 2mL 정도까지 농축한다.

4) 농축액에 실리카겔 0.3g을 첨가해 청정한 질소가스를 완만하게 불어넣어 용매를 완전하게 유거해 시료 중의 화학물질을 실리카겔에 흡착시킨다.

5) 실리카겔을 스패튤러 등을 이용해 칼럼에 부하한 후 용기를 소량의 헥산으로 씻어 세액을 칼럼에 추가한다.

6) 헥산 30mL를 흘리고 용출액을 나스 플라스크에 받는다(제1분획).

7) 차례차례 헥산 벤젠(1 : 1) 30mL(제2분획), 디클로로메탄 30mL(제3분획), 메탄올 10mL(제4분획)를 흘려 각각의 용출액을 다른 나스 플라스크에 받는다.

8) 각각의 분획을 회전증발기 또는 KD 농축기를 이용해 5mL 정도까지 농축한 후, 청정한 질소가스를 완만하게 불어넣어 1mL로 농축한다. 이것에 내부표준액 0.1mL를 더한 것을 GC/MS 측정용 시험액으로 한다

[검출 물질의 예] 각각의 분획으로부터 검출되는 화학물질을 〈표 2-5〉에 예시한다

〈표 2-5〉 각각의 분획으로부터 검출되는 화학물질

분획	용출액	검출되는 화학물질
제1분획	헥산 30mL	n-알칸 호판 스쿠알렌 프리스탄 알킬벤젠 헥사클로로벤젠 p,p'-DDE 트리부틸메틸주석

〈표 2-5〉 각각의 분획으로부터 검출되는 화학물질(계속)

분획	용출액	검출되는 화학물질
제2분획	헥산-벤젠(1:1) 30mL	아세나프틸렌 아세나프텐 플루오란텐 피렌 크리센 벤조[a]피렌 벤조[e]피렌 페리렌 코로넨 2,4,6-트리클로로아닐린
제3분획	디클로로메탄 30mL	옥틸페놀 노닐페놀 트리클로산 프탈산디부틸 프탈산비스(2-에틸헥실) 코프로스타놀
제4분획	메탄올 10mL	옥탄올 인산트리페닐 인산트리부틸

(b) 실리카겔 칼럼 크로마토그래피의 유의점

① 용매 전용 : 시료액의 용매 조성이 아세톤 등 극성이 큰 용매인 경우는 그대로 시료액을 칼럼에 부하하더라도 피검성분이나 방해물질이 칼럼에 머물지 않아 클린업 효과를 얻을 수 없다. 그 때문에 사전에 시료액의 용매 조성을 헥산 등 극성이 작은 것으로 바꿀 필요가 있다. 이 조작을 '용매 전용'라고 부르고 비점 차이를 이용하는 방법이 이용된다. 이하에 시료액이 아세톤(고상 추출법으로부터 얻을 수 있는 시료액) 혹은 디클로로메탄(액-액 추출법으로부터 얻을 수 있는 시료액)인 경우에 용매 전용의 순서를 나타낸다.

[조작 순서]

1) 추출 조작으로부터 얻어진 아세톤 또는 디클로로메탄의 시료액을 회전증발기 등을 이용해 5mL 정도로 농축한다.

2) 농축액에 헥산 20mL를 더한다.

3) 재차 5mL 정도까지 농축한 후, 청정한 질소가스를 완만하게 불어넣어 1mL로 농축한 것을 실리카겔 칼럼 크로마토그래피용의 시료액으로 한다.

[용매 전용의 유의점]

　　아세톤이나 디클로로메탄의 비점은 각각 56.5℃ 및 40℃이며 헥산의 69℃보다 낮기 때문에 농축 조작에 의해 헥산보다 먼저 시료액으로부터 유거할 수 있다. 그러나 시료액의 용매가 벤젠이나 에탄올인 경우 각각의 비점은 80.1℃ 및 78.4℃이며 농축하면 헥산이 먼저 증발해 버린다. 그 경우는 헥산 대신에 비점 99℃의 이소옥탄을 이용해 같은 조작을 실시해 시료액 용매의 극성을 작게 한다. 또, 용매 전용에 의해 시료액의 조성이 아세톤 등으로부터 헥산으로 바뀌면 그것까지 용해하고 있던 시료 중의 불순물이 유리용기의 내벽에 석출하는 일이 있다. 석출물 중에는 피검성분을 흡착하는 것도 있어 그대로 분석을 계속하면 회수율 저하의 원인이 된다. 그러한 경우는 파스퇴르 피펫 등을 이용해 아세톤-헥산(1 : 2) 혹은 디클로로메탄-헥산(1 : 1)의 소량을 유리용기의 내벽에 떨어뜨려 석출물을 녹여 시료액에 씻어 넣는다. 이때 사용하는 아세톤-헥산 등은 다음의 칼럼 크로마토그래피에 영향이 없는 정도의 양을 사용한다. 또, 아세톤-헥산의 혼합 용매는 공비혼합물을 만들어 비점이 저하한다.

② 실리카겔의 오염과 세정 : 실리카겔은 실험실 분위기로부터 목적으로 하는 화학물질이나 방해물질을 흡착하기 쉽기 때문에 사용 전에 속실렛 추출기 등을 이용해 세정한다. 세정은 에탄올 등의 친수성 용매, 다음으로 헥산 등의 소수성 용매의 순서로 실시한다. 실리카겔의 오염이 적고, 청정한 세정 용매를 입수할 수 있는 경우는 조작이 간단한 디캔테이션으로 실리카겔을 세정하더라도 좋다. 다만 디캔테이션은 용매 중의 불순물을 실리카겔이 흡착, 오염을 증가시키는 일이 있으므로 청정한 세정 용매를 입수할 수 있는 경우로 한정한다.

③ 활성화와 활성도의 변화 : 실리카겔의 활성화는 건조기 등을 이용해 130℃로 15시간 가열한다. 다만, 유기용매로 세정한 실리카겔은 세정 용매를 다량으로 포함하고 있을 수 있으므로 주의하지 않으면 안 된다. 세정 용매가 남은 채로 가열하면 기화한 용매가 건조기 내에 충만해, 폭발을 일으킬 가능성이 있으므로 매우 위험하다. 세정한 실리카겔은 감압하에서 완전하게 용매를 유거하고 나서 활성화한다.

　　또, 실리카겔의 활성도는 실험실의 분위기에 포함된 수분을 흡수해 시간과 함께 저하한다. 활성도가 저하하면 목적물질이나 방해물질의 칼럼으로부터의 용출 패턴이 변화하거나 방해물질과의 분리가 나빠지므로 활성화 후 장시간 경과한 실리카겔은 사용하지 않는다. 함수 실리카겔은 미리 수분을 포함하고 있기 때문에 장시간 일정한 활성도를 유지할 수 있어 안정된 클린업 효과를 얻을 수 있고 함수 실리카겔은 실리카겔을 활성화한 후, 일정한 농도(통상 5~20%)가 되도록 물을 첨가해 진탕기로 균질화하여 조제한다.

④ 카트리지 타입의 사용 : 칼럼 크로마토그래피에 이용하는 칼럼에는 Sep-Pak® 등 카트리지 타입의 것이 시판되고 있다. 카트리지 타입은 오염이 적고 사용하는 용매량이 적어도 되므로 분석작업의 간소화에 효과가 높다. 다만 시료에 따라서는 불순물 등의 양이 많은 일로 과부하가 되어 방해물질이나 목적으로 하는 화학물질을 카트리지 내에서 머무르게 할 수 없는 것이 있다. 그러한 경우는 예시한 순서로 오픈 칼럼을 작성하든지 충전량이 많은 카트리지로 바꾼다. 카트리지 타입의 사용방법의 예를 〈그림 2-10〉에 나타낸다.

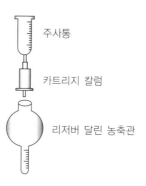

주사통

카트리지 칼럼

리저버 달린 농축관

〈그림 2-10〉 카트리지 칼럼의 사용 예

❖ 2. 기타 클린업 방법

(a) 실리카겔 이외의 칼럼 크로마토그래피

① 알루미나 및 플로리실 : 실리카겔과 같은 순상 크로마토그래피이다. 목적으로 하는 화학물질이나 방해물질에 대한 흡착성은 알루미나>실리카겔>플로리실의 순으로 강하고, 조작 순서나 사용상의 유의점에 대해서는 모두 거의 같다. 실리카겔이 n-알칸, BaP, 다환방향족 탄화수소의 분석이나 GC/MS 검색 조사 등에 이용하는데 대해 플로리실은 염소계 농약이나 유기인 화합물의 분석[23], 알루미나는 다이옥신과 PCB의 분리[24] 등에 이용한다.

② 활성탄 및 겔 침투 크로마토그래피(GPC) : 실리카겔 등의 순상 크로마토그래피 외에 활성탄 칼럼 크로마토그래피나 겔 침투 크로마토그래피(GPC) 등이 이용된다. GPC는 고분자량의 불순물을 일괄해 배제할 수 있기 때문에 하수나 생물 유래의 불순물을 많이 포함한 시료에 대해서 유효하다. 활성탄 크로마토그래피는 염료 폐수 등에 포함된 착색성분의 제거에 효과가 높다.

(b) 산·알칼리 분배

산·알칼리 분배는 페놀 등의 산성 성분이나 아민 등의 알칼리성 성분을 피검성분으로 하는 경우 혹은 그러한 물질이 방해물질이 되는 경우에 이용한다. 이 방법은 추출과 클린업을 함께 실시할 수가 있다. 이하에 할로겐화 페놀류를 분석할 때의 조작 순서를 예시한 예는 산성 성분을 분석대상으로 하는 경우의 순서이지만, 알칼리성 성분이 대상인 경우는 pH 조작을 반대로 해 같은 조작을 실시하면 좋다.

[조작 순서]

1) 수질시료 500mL를 1M 염산을 이용해 pH를 2 이하로 조정해 디클로로메탄 100mL, 다음으로 디클로로메탄 50mL로 2번 진탕 추출한다.

    수층 : 알칼리성 성분　　　　　　　　　　　　⇒ 폐기

    디클로로메탄층 : 중성성분＋페놀류(목적물질)　　⇒ 다음 조작으로

2) 디클로로메탄층을 다른 분액깔대기에 맞추어 pH12~13으로 조정한 정제수 500mL로 페놀류를 수층에 역추출한다.

    디클로로메탄층 : 중성 성분　　　　　　　　　⇒ 폐기

    수층 : 페놀류(목적물질)　　　　　　　　　　　⇒ 다음의 조작으로

3) 디클로로메탄층을 버리고 남은 수층을 재차 pH 2 이하로 한 후, 디클로로메탄 100mL 및 50mL로 2번 추출한다.

4) 디클로로메탄층을 무수 황산나트륨 칼럼으로 탈수한 후 회전증발기로 일정량으로 농축해, 다음의 분석 조작으로 옮긴다.

(c) 아세토니트릴·헥산 분배

아세토니트릴·헥산 분배는 시료로부터 지방질을 제거할 목적으로 이용한다. 전술한 산·알칼리 분배와 같이 액−액 분배를 이용하는 이 방법은 목적으로 하는 화학물질을 아세토니트릴층에 제거하고 싶은 지방질을 헥산층에 분배하는 방법이다. 다만 목적물질이 헥사클로로벤젠 등 극성이 작은 물질인 경우는 그 일부가 지방질과 함께 헥산층으로 이행하므로 주의를 필요로 한다. 같은 원리를 이용한 방법으로 메탄올·헥산 분배나 고상 카트리지를 이용하는 방법이 있다.

(d) 알칼리 분해

지방질을 제거하는 목적으로 사용하는 클린업 방법이다. PCB의 분석법[25] 등에 조작 순서가 규정되어 있다. 알칼리 분해 순서는 다음과 같다.

[조작 순서]

1) 헥산으로 추출한 시료액을 나스 플라스크로 옮겨 회전증발기를 이용해 5mL 정도로 농축한 후, 1.25M 수산화칼륨 함유 에탄올 50mL를 더한다.

2) 나스 플라스크에 환류 냉각기를 붙여 끓는 수욕 중에서 1시간 정도 환류한다.

3) 실온으로 냉각 후, 헥산 100mL 및 정제수 25mL를 더해 에멀전이 발생하지 않게 완만하게 진탕해 PCB를 헥산층에 추출한다.

4) 헥산층을 분취한 후 헥산 50mL를 더해 마찬가지로 추출 조작을 반복해 헥산층을 합한다.

5) 헥산층을 정제수 100mL로 3번 세정해 수산화칼륨이나 에탄올을 제거한다.

6) 헥산층을 무수 황산나트륨으로 탈수 농축한 후 다음의 클린업(실리카겔 칼럼 크로마토그래피)에 제공한다.

[알칼리 분해의 유의점]

알칼리 분해에서는 시료 중의 지방질을 가수분해해 지방산이나 알코올 등의 수용성 물질로 바꾼 후 헥산으로 목적물질만을 선택적으로 추출한다. 이 방법은 PCB 이외에도 다이옥신류나 유기염소계 농약 등의 분석에 이전부터 이용되고 있다. 그렇지만 최근가수분해 중의 환원반응에 의해 다이옥신류 등이 탈염소화하는 것이 지적되고 있다. 그 때문에 클린업에 알칼리 분해를 이용하는 경우는 첨가 회수시험 등으로 타당성을 확인할 필요가 있다. 덧붙여 탈염소화를 억제하는 수단으로서는 열을 더하는 환류 대신에 실온에서 하룻밤 정치하거나 첨가하는 수산화칼륨 농도를 낮게 하는 등 분해반응을 완만하게 하는 방법이 있다.

(e) 황산 처리

광유 성분이나 산에스테르 등이 혼입해 있는 경우에 효과가 높은 클린업 방법이다. 알칼리 분해와 같이 PCB의 분석[25]에 이용한다. 헥산으로 추출한 시료액에 진한 황산을 더해 진탕이나 교반 등의 기계적 혼합에 의해 헥산 중의 방해물질을 수용성으로 한다. PCB 이외에서는 염소화벤젠류 등 지용성이 높고 안정한 염소계 유기화합물의 분석에 사용할 수 있다.

❖ 3. 참고 분석법

환경 화학물질의 수질분석에 관한 문헌은 매우 많지만 1974년부터 화학물질의 조사를 체계적으로 진행하고 있는 환경성 환경안전과의 화학물질 분석법 개발 조사보고서[26]가, 대상으로 하는 화학물질의 종류가 많아 참고가 된다. 게재되어 있는 정보는 전처리 방법 이외에도 기기분석의 조건, 검출한계, 블랭크의 유무와 그 대처방법, 조사사례 등 다방면에 걸치기 때문에 실용적이다. 현재 그러한 정보는 (독일)국립환경연구소에 의해 데이터베이스화 되어 있어[27], 인터넷상에서 화학물질의 명칭이나 CAS 등록번호 등으로부터 쉽게 검색할 수 있다.

2-2-3 ❖ 퍼지·트랩

퍼지 트랩법(Purge and Trap Method)은 '퍼지 앤 트랩법'이나 '퍼지 트랩법'이라 고도 부르고 휘발성 유기화합물(VOCs : Volatile Organic Compounds)을 분석 대상 으로 할 때 이용하는 전처리 방법이다. 〈그림 2-11〉에 나타내듯이 밀폐된 용기에 넣은 시료수에 질소나 헬륨 등의 불활성 가스를 시료 중에 불어넣어 버블링함으로써 시료수 중의 화학물질을 강제적으로 기화해 시료수로부터 퍼지하고, 이 퍼지한 화학물질을 트 랩관에 충전한 흡착제 등으로 포집(트랩) 후, 트랩관을 가열함으로써 포집한 화학물질 을 열이탈시켜 GC/MS 등의 분석장치에 도입해 측정하는 방법이다. 퍼지로 사용되는 가스를 퍼지 가스라고 한다.

퍼지·트랩 장치로부터 가열 이탈한 화학물질은 GC/MS에 도입해 측정한다. GC부 에서는 통상, 승온 프로그램을 이용해 1회의 분석으로 다성분을 분리하는 일이 많다. 또, MS부에서는 용출한 피크의 질량 스펙트럼을 측정한다. 정량은 내부표준법을 이용 하는 것이 많다.

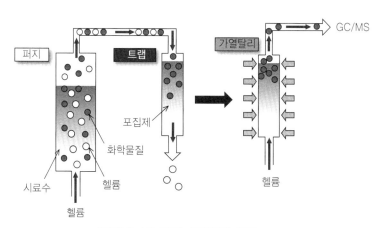

〈그림 2-11〉 퍼지·트랩법의 구조

퍼지·트랩 장치에 있어, 퍼지 후 트랩관의 수분을 제거하기 위해 드라이 퍼지를 실시하는 경우가 있다. 트랩관 내의 수분이 GC/MS에 다량으로 도입되면 분석의 정밀도가 저하하거나 장치를 손상시킬 수 있다. 거기서 MCS(모이스처 컨트롤 시스템) 등의 수분 제거기구에 의해 측정 대상의 화학물질을 가능한 한 손상시키지 않고 수분을 제거하는데, 이것을 드라이 퍼지라고 한다. 또, 트랩 후 가열 이탈시킨 화학물질을 냉각 응축장치 등으로 재차 농축(크라이오포커스)하고 나서 급속 가열해 GC/MS 등에 도입하는 것으로 크로마토그램상에서 화학물질의 분리를 개선하는 방법을 병용하는 장치도 있다.

❖ 1. 퍼지·트랩 장치의 구성과 유의점

(a) 장치 구성

퍼지·트랩 장치는 퍼지부, 트랩부 및 탈착부의 3부로 구성되어 있다.

① 퍼지부 : 시료를 도입해, 헬륨 등으로 버블링해 화학물질을 퍼지하는 장소(퍼지 용기).

② 트랩부 : 퍼지된 화학물질을 포집제에 의해 트랩되는 장소(트랩관).

③ 탈착부 : 트랩된 화학물질을 GC/MS에 도입하기 위해서 가열 이탈하는 시스템.

장치에 따라 세부내용이 다른 경우가 있으므로 퍼지·트랩법의 원리를 잘 이해해 장치 취급에 익숙해질 수 있도록 한다. 또, 퍼지 트랩 장치는 오염이 쉽게 되기 때문에 경로내의 세정이나 분석에 지장이 되는 방해 등이 없는 것을 확인하는 등 장치의 유지관계를 충분히 한다.

(b) 유의점

목적으로 하는 화학물질의 종류에 따라 흡착제의 종류나 양 등 퍼지·트랩의 최적 조건이 달라지기 때문에 미리 충분한 회수 결과를 얻을 수 있는 조건을 검토해 둘 필요가 있다. 퍼지·트랩법에서 검토해야 할 사항에는 퍼지 온도, 퍼지 시간, 트랩용 포집제의 선정, 트랩 시간, 가열 이탈의 온도와 시간 등이 있다.

① 트랩관 : 퍼지 조건은 트랩관의 파과용량을 넘지 않게 주의한다. 트랩관의 예로서 다음과 같은 것이 있다.

- 폴리머(Tenax TA 등)를 충전한 것.
- 폴리머에 추가해 그래파이트 카본을 배합한 폴리머(T, GR 등) 또는 활성탄계 흡착제를 2층으로 충전한 것.
- 폴리머, 그래파이트 카본 배합 폴리머(또는 활성탄계 흡착제) 및 실리카겔을 충

전해 3층으로 한 것.

② 흡착제의 선택 : 일반적으로 비점이 낮은 화학물질은 흡착력이 강한 활성탄계 흡착제를 이용한다.

한편 고비점의 화학물질을 활성탄으로부터 회수하기 위해서는 고온으로 가열할 필요가 있고, 양호한 회수결과를 얻기 위해서 폴리머계 흡착제를 이용한다. 물성이 다른 화학물질군을 트랩하는 경우는 흡착제를 다층 충전한 트랩관을 이용한다. 퍼지된 화학물질 가운데, 우선 고비점의 화학물질을 흡착력이 약한 충전제로 포집한 다음에 저비점의 화학물질을 흡착력이 강한 충전제로 포집한다. 다층 포집에 의해 특성이 다른 화학물질군을 동시에 양호하게 포집할 수 있다. 가열 이탈의 경우는 트랩 시와 역방향으로 불활성가스를 흘리는 것으로 화학물질의 이탈을 용이하게 실시할 수 있는데, 이것을 백플러시라고 한다.

③ 블랭크 관리 : 분석 시에는 블랭크 시험을 실시해 분석법의 관리를 실시할 필요가 있다. 블랭크 시험은 시료와 동량의 물을 이용해 일련의 분석 조작을 실시해 블랭크 값을 구한다. 블랭크 값이 높은 경우에는 이용한 시약, 기구, 장치 등을 체크해 가능한 한 블랭크 값의 저감을 꾀한다.

❖ 2. 조작 순서

여기에서는 일반적인 퍼지·트랩 장치를 예로 분석 조작을 설명한다. 다음 ①~⑥의 조작 가운데 ③~⑥은 전자동으로 행해진다. 또, 오토샘플러를 이용했을 경우 ②~⑥의 조작은 전자동으로 반복해 행해진다. 덧붙여 분석 조작은 사용하는 퍼지·트랩 장치에 따라 다르므로 다음을 참고로 원리를 이해한 상태에서 하는 장치의 취급 설명서 등에 따라 조작해 분석한다.

① 시료의 채취 : 우선 측정하는 시료수의 일부를 취해 퍼지 용기에 주입한다. 시료수의 채취·주입 방법은 매뉴얼 주입과 오토샘플러에 의한 자동 주입이 있다. 매뉴얼 주입 경우는 5mL 또는 25mL의 실린지에 의해 시료수를 일정량 채취한다. 오토샘플러의 경우는 40mL의 바이알에 시료수를 가득 채워 오토샘플러의 트레이에 세트한다.

② 시료의 주입 및 내부표준물질의 첨가 : 매뉴얼 주입의 경우는 시료를 채취 후, 내부표준물질을 마이크로 실린지로 일정량 취해, 채취한 시료에 첨가한다. 그 후, 퍼지 용기에 내부표준물질을 포함한 시료를 도입한다. 오토샘플러를 사용하는 경우는 40mL의 바이알에 넣은 시료수를 가스로 가압함으로써 자동적으로 일정량이 채취되고, 여기에 내부표준물질의 정량이 자동적으로 첨가된 후 시료수와 함께

퍼지 용기에 주입된다.

③ 퍼지·트랩 : 퍼지 용기에 퍼지 가스(헬륨)가 보내져 시료수를 퍼지하는 것과 동시에 트랩관에서 측정 대상 화학물질이나 내부표준물질 등을 트랩한다(그림 2-12).

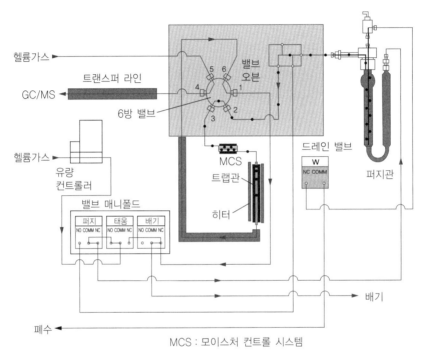

〈그림 2-12〉 퍼지·트랩 시의 유로

④ 드라이 퍼지 : 퍼지·트랩 후, 트랩관 내부에 포집된 수분을 제거하기 위해서 드라이 퍼지를 실시한다.

⑤ 가열 이탈 : 드라이 퍼지 후. 트랩관을 가열해 백플러시로 측정 대상 화학물질 등을 이탈한다(그림 2-13). 크라이오포커스를 실시하는 경우는 액체 질소 등을 이용해 이탈한 측정 대상 화학물질을 머물 수 있도록 크라이오포커스부의 온도를 설정해 재농축 후 급속히 가열하여 GC/MS에 도입한다.

⑥ 담금질 : 가열 이탈 후, 트랩관에 남은 성분을 제거해 트랩관의 재정제를 하기 위해서 베이킹(에이징)을 실시한다. 베이킹(baking)이 종료해 트랩관이 냉각하면 다음 시료의 분석을 개시한다.

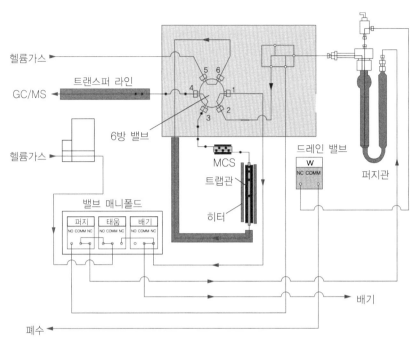

〈그림 2-13〉 가열 이탈 시의 유로

◈ 3. 측정 예

여기에서는 대표적인 수중 곰팡이 냄새물질인 2-메틸이소보르네올(2-MIB)과 디오스민의 분석 예를 소개한다. 수돗물의 수질 기준값으로서 양 물질 모두 0.00001mg/L(10ng/L) 이하로 정해져 있다. 기준값은 지극히 저농도이며 통상은 그 1/10의 농도까지 분석을 하기 위해 보다 효율적으로 퍼지를 실시할 필요가 있다. 거기서 퍼지의 효율을 올리기 위해서 미리 시료수에 염화나트륨을 더한 후, 퍼지·트랩 조작을 실시해 GC/MS로 측정한다.

측정 조건을 이하에, 곰팡이 냄새 물질의 표준물질의 전 이온 크로마토그램 예를 그림 2-14에 나타낸다.

[퍼집 트랩 조건]

장치	: AQUA PT 5000J PLUS
시료량	: 20mL
염화나트륨 용액	: 155w/v
시료 온도	: 40℃
퍼지 유량	: 45mL/min
퍼지 시간	: 12min
드라이 퍼지 시간	: 3min
트랩관	: AQUA Trap-1
탈착 온도	: 220℃
탈착 시간	: 6min

[GC/MS 분석 조건]

GC 주입 방식	: 스플릿
스플릿 유량	: 3mL/min
GC 분리 칼럼	: InertCap 1 (0.25mm I.D.×30m, df=0.4μm)

칼럼 온도
40℃ (1 min) → 10℃ /min→ 220℃

칼럼 압력	: 50kPa
이온화법	: 전자충격 이온화(EI)
이온화 에너지	: 70eV
이온화원 온도	: 230℃
측정 모드	: 선택 이온화 검출법(SIM)

정량·확인 이온 :
2-MIB m/z 95, 107, 108
디오스민 m/z 112, 111, 126

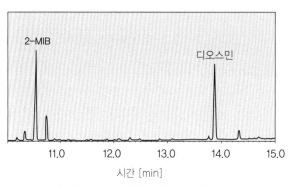

〈그림 2-14〉 수중 곰팡이 냄새물질의 크로마토그램

2-3 ◆ 검출

환경 화학물질의 검출에는 가스 크로마토그래피(GC), 가스 크로마토그래피/질량분석법(GC/MS), 고속 액체 크로마토그래피(HPLC), 액체 크로마토그래피/질량분석법(LC/MS)을 이용한다. 본절에서는 분석법의 개별 장치 구성이나 원리 및 유의해야 할 사항들을 설명한다.

2-3-1 ✦ GC 및 GC/MS

현재, GC만으로 분석하는 경우는 드물지만 질 높은 GC/MS 분석을 실시하기 위해서는 GC의 기초를 확실하게 이해하는 것이 중요하다 여기에서는 우선 GC에 관한 기본적인 사항과 유의점을 정리하고 GC/MS에 대해 구체적으로 설명한다.

✦ 1. 가스 크로마토그래피(GC)

GC장치의 일반적인 구성을 〈그림 2-15〉에 나타낸다.

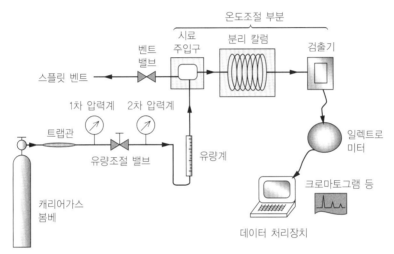

〈그림 2-15 가스 크로마토그래프의 구성도

(a) 캐리어 가스

일반적으로 GC의 캐리어 가스에는 헬륨이나 질소 등의 불활성 기체를 이용한다. 다만, 목적에 따라서는 반응성이 높은 수소를 이용하는 경우도 있다. 표 2-6은 GC에 이용하는 캐리어 가스의 물성값을 나타낸다.

① 캐리어 가스와 GC의 분리 능력 : GC의 분리 능력은 이론단 높이(HETP : Height

〈표 2-6〉 캐리어 가스의 물성값

캐리어 가스	화학식	분자량	열전도율(100℃ 에서의 값) (kcal/cm·sec·℃)
수소	H_2	2	5,340
헬륨	He	4	4,160
질소	N_2	28	750
아르곤	Ar	40	520

Equivalent to a theoretical Plate(cm 또는 mm))로 나타낸다. 일정한 길이의 칼럼이면 HETP가 작은 편이 분리능이 높다. 〈그림 2-16〉에 캐리어 가스의 종류별로 HETP와 선속도(유량)의 관계(van Deemter 곡선)를 나타낸다. HETP를 계산하는 van Deemter 식에서는 캐리어 가스의 밀도가 관계되므로 가장 밀도가 높은 질소가 가장 양호한 값을 나타낸다. 질소는 선속도가 빨라짐에 따라 급격하게 HETP가 커져 분리능이 저하한다.

한편 저밀도의 헬륨이나 수소는 선속도를 빠르게 해도 HETP는 그 만큼 변화하지 않는다. 따라서 어느 정도의 분리능을 유지한 채로 선속도를 빠르게 해 목적으로 하는 화학물질을 단시간에 용출해 분석시간을 짧게 할 수 있는 점에 대해 헬륨이나 수소는 질소보다 우수하다.

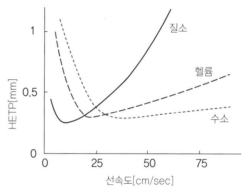

〈그림 2-16〉 HETP와 선속도의 관계

② 효과적인 선속도의 설정 : 주입구 인서트나 분리 칼럼은 불활성화 처리를 가하고 있음에도 미세한 활성(흡착) 부분이 남아 있어 분석하는 농도 레벨이 낮아질수록 그 영향이 현저하게 나타난다. 예를 들면 검량선을 작성하는 경우 농도 레벨이 높을 때는 용이하게 원점을 지나는 직선이 되지만 저농도 범위에서는 검량선이 절편을 가지는 것이 많다. 이것은 장치에 주입한 피검성분의 일부가 주입구 인서트나 칼럼의 활성부분에 흡착해 검출할 수 없게 되기 때문이다. 이 영향을 완화하기 위해 목적으로 하는 화학물질의 분리에 영향이 없는 범위에서 선속도를 빠르게 해, 목적물질을 단시간에 용출시켜 흡착을 억제하는 방법을 취한다. 그래도 단시간에 용출하는 것에 의해 칼럼 내의 확산이 억제되고 감도도 좋아진다. 이 효과를 단적으로 이용하고 있는 분석법으로 폴리염화쿼터페닐(PCQ)의 분석이 있다. PCQ의 분자량은 전염소 치환체로 927로 GC의 분석 대상물질 중에서도 두드러

지게 크다. 그 때문에 통상의 GC 조건에서는 분리·검출할 수 없으므로 선속도를 통상보다 3~5배 정도 빠르게 설정하여 강제적으로 분리 칼럼으로부터 용출하게 한다. 또, 선속도를 빠르게 해도 분리능이 그다지 저하하지 않도록 캐리어 가스는 HETP에 대한 선속도의 영향이 가장 작은 수소를 사용한다. 다만, 수소의 인화성으로 인해 누출했을 경우의 안전대책 등 캐리어 가스 이용 시에는 세심한 주의가 필요하다.

③ 불순물 대책 : 캐필러리 칼럼의 뛰어난 성능은 캐리어 가스에 ppm 레벨로 포함되는 산소 등에 의해 액상이 조금 산화되는 것만으로 손상되어 버린다. 일반적으로 캐리어 가스의 불순물에 대해서는 활성탄이나 몰레큘러시브 등을 충전한 트랩관을 봄베에 설치하는 것으로 대처한다. 다만 장시간 사용한 트랩관은 열화에 의해 캐리어 가스를 역으로 오염하는 일이 있으므로 반드시 정기적으로 교환한다.

④ 캐리어 가스의 유량 : 캐리어 가스의 유량 변동은 GC의 체류시간을 바꿀 뿐만 아니라 검출기에도 영향을 준다. 게다가 캐필러리 칼럼에서는 승온 분석이 기본이며 온도에 의한 캐리어 가스의 점도 변화 때문에 GC 분석 중에 선속도가 변화한다. 최근에는 전자식 매스플로 컨트롤러의 보급으로 대부분의 장치가 일정한 선속도를 유지할 수가 있지만, 실제의 분석에서는 목적물질의 용출온도 부근에서의 선속도가 설정한 값과 다른 경우도 있다. 메탄이나 프로판 등 분리 칼럼에 머무르지 않는 물질을 가스타이트 실린지로 장치에 주입해 실측에 의해 확인하는 일도 필요하다. 캐리어 가스의 적정한 유량은 사용하는 칼럼의 내경이나 길이, 캐리어 가스의 종류, 목적으로 하는 화학물질의 성질 등으로부터 종합적으로 결정하지 않으면 안 된다. 대략의 기준으로서는 내경 0.5~1mm에서는 10~30m L/min, 내경 0.2~0.32mm에서는 1mL/min 정도를 이용한다.

(b) 주입구

GC의 주입 방법으로는 휘발성 유기화합물(VOCs : Volatile Organic Compounds)을 대상으로 하는 헤드 스페이스법이나 퍼지·트랩법 등 화학물질을 기체로서 주입하는 방법이 있다. 대표적인 기체 주입법의 퍼지·트랩법에 대해서는 이미 앞 절에서 설명하였기 때문에 여기에서는 농약분석 등 화학물질 분석에 일반적으로 사용되는 용매 주입법에 대해 설명한다.

① 스플릿/스플릿리스 주입 : 일반적으로 캐필러리 칼럼에서는 스플릿/스플릿리스 주입법(그냥 스플릿리스법이라고 불리는 일도 있다)을 이용한다. 헥산 등 유기용매에 녹인 시료를 마이크로 실린지를 이용해 1~2μL 주입한다. 주입구에서는 시

료를 석영제 등의 인서트 내에서 기화해, 캐리어 가스의 일정 흐름 중에 도입한
다. 목적물질을 가능한 한 좁은 밴드 폭으로 도입할 필요가 있기 때문에 인서트의
내용적은 제한되어 있어, 1mL 이하의 것이 사용된다. 스플릿 주입법은 분석 시
캐리어 가스를 분리 칼럼과 스플릿 벤트에 분할해 흘리고(스플릿), 시료를 칼럼에
주입하는 짧은 시간만 스플릿 벤트를 닫아 캐리어 가스를 칼럼에만 흘린다(스플
릿리스). 스플릿리스 상태를 '퍼지'라고 하며, 통상 1~2분 정도로 설정한다. 내경
0.2~0.32mm의 캐필러리 칼럼에서는 유량이 매분 1mL 정도이기 때문에 1mL
이하의 인서트 내 시료 모두를 칼럼에 보내는 데 퍼지 시간은 1분 정도로 충분
하다.

② 용매 효과 : 캐리어 가스는 퍼지 시간 1분간 사이에 분리 칼럼인 출구 부근까지 도
달하므로 목적물질이 칼럼 내에 넓게 분산할 가능성이 있다. 이것을 막기 위해 스
플릿레스법에서는 GC 승온 분석의 초기 온도를 시료 용매의 비점보다 10℃ 정도
낮게 설정해 목적물질을 용매와 함께 칼럼 선단에 트랩하는 '용매 효과'를 이용
한다. 용매 효과의 개요를 〈그림 2-17〉에 나타낸다. 용매 효과를 이용하면 목적
으로 하는 화학물질은 좁은 밴드 폭으로 분리 칼럼의 선단에 머무르게 되어 결과
적으로 크로마토그램상의 피크를 샤프하게 할 수가 있다. 다만, 분리 능력이나 감
도의 향상에 효과적인 용매 효과를 얻기 위해서는 초기 온도를 낮게 설정할 필요
가 있기 때문에 GC의 분석시간은 길어진다. 한편 용매 효과는 분리 칼럼으로부
터의 용출온도가 200℃ 이하인 물질에는 효과가 크기는 하지만 벤조[a]피렌
(BaP) 등 고온에서 용출하는 물질에는 효과가 작다.
BaP 등을 분석하는 경우는 초기온도를 높게 설정한 쪽이 GC의 분석시간이 짧아
지고 효율적이다.

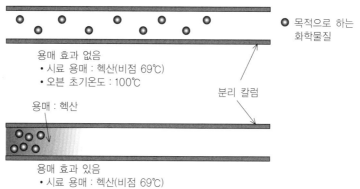

〈그림 2-17〉 용매 효과의 이미지

③ 기타 주입법 : 스플릿 응답법 이외의 주입법으로는 온 칼럼법이 있다. 이 방법은 시료를 기화하지 않고 용매인 채 직접 분리 칼럼에 도입한다. 칼럼의 초기 온도는 스플릿 응답법과 마찬가지로 용매의 비점 이하로 설정해 승온과 함께 용매를 기화시키고 목적물질을 분리 칼럼의 선단에 남겨 둔다. 온 칼럼법은 목적물질보다 먼저 용매가 캐필러리 칼럼에 들어가기 때문에 칼럼에 남은 용매가 GC의 기-액 분배에 영향을 주고 목적물질의 분리에 지장을 미치는 것이 있다. 또 최근에는 온 칼럼법을 응용한 대용량 주입법도 개발되어 GC/MS에의 주입량을 10~50μL 정도까지 늘릴 수 있다

(c) 분리 칼럼

캐필러리 칼럼의 경우 미극성의 페닐메틸실리콘계 및 극성의 폴리에틸렌글리콜계의 액상으로 많은 종류의 화학물질에 대응할 수 있다. 그 때문에 분석자에 있어 목적물질에 적합한 GC 조건을 찾는 노력은 팩트 칼럼이 주류인 시대와 비교하여 현격하게 편리해지고 있다. 그렇지만 적은 종류의 분리 칼럼으로 대응할 수 있게 되었다고 할 수 있다. 분석목적에 적합한 분리 칼럼을 선별하는 작업은 현재에도 중요하다. 캐필러리 칼럼으로는 칼럼 안지름과 액상의 막두께가 화학물질의 분리능에 크게 영향을 주는데, 그것들을 정리하여 〈표 2-7〉에 나타낸다. 분리 칼럼을 선택할 때의 참고가 되었으면 한다.

〈표 2-7〉 캐필러리 칼럼의 특징

종류	내경 (mm)	길이 (m)	막두께 (μm)	최대 시료 처리량의 목표	특 징
와이드보어	0.5~ 0.8	10~ 30	1.0~ 5.0	5μg 정도	시료 처리량은 많지만 분리능력은 낮고, 이성체 분리 등은 곤란하다.
레귤러	0.2~ 0.32	20~ 60	0.15~ 0.5	0.1μg 정도	분리능력이 높고, 어느 정도의 시료량은 처리 가능하므로 비휘발성 화합물의 일제 분석에 적합하다.
레귤러	0.2~ 0.32	20~ 60	1.5	0.2μg 정도	막두께가 얇은 칼럼보다도 분리능력은 낮지만 휘발성이 높은 물질의 머무름 능력은 높고, 용매를 사용하지 않는 헤드 스페이스 주입법 등에 적합하다.
나노보어	0.1	10~ 30	0.1	<10ng	칼럼 부하량이 작지만 높은 분리능력을 가지므로 신속분석이나 이성체 분석 등에 이용 가능하다.

(d) 검출기

GC 검출기 중에는 전자포획 검출기(ECD : Electron Capture Detector) 등 목적물
질에 따라서 GC/MS보다 고감도로 검출할 수 있는 것이 있다. GC에 사용된 검출기의
특징을 〈표 2-8〉에 나타낸다. 또, 미국환경보호청(US-EPA)은 GC 검출기의 장점과
단점을 〈표 2-9〉와 같이 요약하고 있다.

〈표 2-8〉 GC 검출기의 종류와 특징 [28]

검출기의 명칭	약호	영어 이름	검출 가능한 화합물	최소 검출량의 목표	직선 범위
[범용 검출기]					
열전도도 검출기	TCD	Thermal Conductivity Detector	캐리어 가스 이외	1000pg	10^6
수소불꽃 이온화 검출기	FID	Flame Ionization Detector	유기화합물 일반	50pg	10^6
헬륨 이온화 검출기	HID	Helium Ionization Detector	He 이외	10pg	10^4
광이온화 검출기	PID	Photo Ionization Detector	무기·유기화합물 일반(특히 불포화 화합물)	50pg	10^6
[선택적 검출기]					
전자포획 검출기	ECD	Electron Capture Detector	유기 할로겐 회합물, 유기금속	0.01pg	10^3
염광광도 검출기	FPD	Flame Photometric Detector	유황, 인, 주석-화합물	10pg	10^3
질소·인 검출기	NPD (FTD)	Nitrogen Phosphorus Detector (Flame Thermoionic Detector)	질소, 인 화합물	1pg	10^5
전기전도도 검출기	ELCD	Electric Conductivity Detector (HALL Detector)	할로겐, 유황, 질소-화합물	5pg	10^6
표면 이온화 검출기	SID	Surface Ionization Detector	제3급 아민 등	0.5pg	10^4
산소감응-FID	O-FID	Oxygen specific FID	질소화합물	0.1ng	10^5
[복합검출시스템]					
가스크로마토그래프 질량분석계	GC/MS	Gas Chromatograph-Mass Spectrometer	캐리어 가스 이외	10pg (scan)	10^6

〈표 2-9〉 GC 검출기의 장점과 단점(GC/MS와의 비교) [29]

장점	단점
• 저가이다. • 취급이 간단하다. • 물질에 따라서는 GC(MS)보다 감도가 좋은 것도 있다(ECD는 GC(MS)의 100배 가까운 감도로 검출할 수 있는 경우가 있다). • 여러 제품의 검출기를 조합시키는 것으로 정성에 도움이 되는 보조정보를 얻을 수 있다(예를 들면 FID와 FPD나 ECD를 조합하면 헤테로 원자를 포함하고 있는 물질을 확인할 수 있다).	• 화합물의 분류가 정확하지 않다. • 교정용 검출기가 필요한 경우가 있다. • 데이터 해석에 시간이 걸린다. • 동시 용출하는 물질의 간섭을 받기 쉽다. • 미지 물질의 정성을 할 수 없다. • 검량선의 직선성 범위가 좁은 것이 많다. • 머무름 지표의 표준물질이 없는 경우가 있고 동정에 지장을 미치는 것도 있다. • 방해물질과 대상물질을 분별 검출할 수 없다.

❖ 2. 가스 크로마토그래피/질량분석법(GC/MS)

GC/MS는 독립한 분석법인 가스 크로마토그래피(GC)와 질량분석법(MS)을 조합한 하이퍼네이티드 기술이며,

- 고감도의 다성분 동시분석이 가능하다.
- 동위체 희석법이나 내부표준법 등을 이용하는 것으로 정량 정밀도를 높일 수가 있다 .
- 질량 스펙트럼에 의한 검출물질의 확인이 가능한 이점 때문에 환경분석 현장에서 가장 많이 사용하고 있다. 또, 크로마토그램상의 불순 피크에 대해서도 질량 스펙트럼으로부터 물질의 정보를 얻을 수 있기 때문에 방해물질을 제거하는 클린업 방법의 검토나 분석법을 개량할 때의 타당성 확인 등에 효과를 얻을 수 있다. 게다가 GC/MS는 많은 환경 화학물질의 분석에 이용되기 때문에 환경분석에 있어 필수 분석기기이며, 환경 분석자는 그 사용방법이나 응용성에 대해 풍부한 지식, 기술, 경험을 가지는 것이 요구된다.

(a) 장치의 구성 및 종류

GC부에 대해서는 1항을 참조하고 여기에서는 MS부를 설명한다. 〈그림 2.18〉에 장치의 구성을 나타낸다.

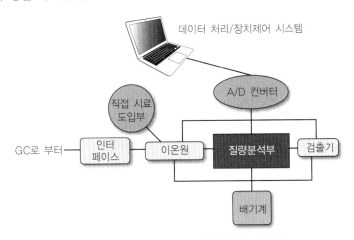

〈그림 2-18〉 질량분석계의 구성

① 인터페이스 : 인터페이스 부분은 GC 분리 칼럼의 최고 용출온도와 동일한 정도로 가온해, 흡착에 의한 피검성분의 손실을 막는다. 또, 직접 시료 도입부는 질량분석계의 교정에 이용하는 PFK(Perfluorokerosene)나 PFTBA(Perfluorotributylamine) 등의 표준물질을 측정할 때에 사용한다. 직접 시료 도입부나 인

터페이스 부분은 접속부로부터 누락을 일으키기 쉽고, 고진공의 이온원과 직접 연결되어 있기 때문에 장치의 중대한 고장의 원인이 되는 것이 많다.

② 이온원 : 환경 화학물질의 분석에서는 톡사펜 등 일부의 물질을 제외하고 전자 이온화법(EI : Electron Ionization 혹은 Electron Impact ionization(전자 충격 이온화법))을 이용한다. EI는 GC/MS의 이온화법으로서는 가장 실적이 많아, 옛 부터 이온화 조건이 연구되고 있기 때문에 현재는 다이옥신류 등을 제외하고 이 온화 에너지 70eV, 이온화 전류 300μA로 거의 고정 조건에 의해 고감도로 안정 된 분석결과를 얻을 수 있다

③ 질량분석부 : 이온화된 화학물질은 질량 스펙트럼의 측정이나 특정 이온을 모니터 링하기 위해 질량분석부에서 배분된다. 질량분석부는 분석관(analyzer tube)이라 고도 불리고 여러가지 타입이 있어 분석관의 타입으로 질량분석계의 종류가 분류 된 질량분석계의 종류와 특징을 〈표 2-10〉에 나타낸다. 사중극형 질량분석계는 농 약이나 VOCs, 환경 호르몬[3S]의 분석에 이용해 광범위한 화학물질 분석에 이용된 다. 이중수속형 질량분석계는 다이옥신류나 PCB, POPs 등의 분석에 이용해 높은 감도와 선택성이 요구되는 분석에 이용된다. 덧붙여 POPs란 잔류성 유기 오염물질 (Persistent Organic Pollutants)의 약어로서, 스톡홀름 조약에 의한 세계적인 규 제물질이다. DDT나 크롤덴, 헥사클로로벤젠 등이 여기에 해당한다. 이온트랩형 질 량분석계나 비행시간형 질량분석계는 조사연구에서의 사용실적이 많다. 텐덤형 질 량분석계는 현재 카네미유증 환자의 혈중 PCB 농도나 PCB 폐기물의 분석에 이용 되고 있어 가까운 장래에 농약분석 등에의 광범위한 적용이 예상된다.

④ 검출기 : GC/MS의 검출기에는 이온 신호를 증폭해 고감도로 화학물질을 검출하 는 전자증배관(EM : Electron Multiplier)이나 광전자증배관(Photomulti- plier)이 있다. 또, 이온의 충돌에 의해 발생한 전자를 가속해, 더욱 고감도화한 2 차 전자증배관(SEM : Secondary Electron Multiplier)도 사용되고 있다. EM 및 SEM은 연쇄적으로 전자를 발생해 신호를 증폭하기 때문에 검출부 등은 전자 를 공여하기 쉬운 구리-베릴륨 합금으로 구성되어 있는 것이 많다. 그 때문에 산 화에 의한 열화를 받기 쉽고, 장치로부터 꺼내 공기에 접하는 것만으로 감도가 저 하하는 경우가 있다. 또, 장기간의 사용에 의해서도 감도 저하를 일으키기 때문에 정기적인 교환(통상 1년 마다)이 필요하다

(b) 전 이온 검출법(SCAN)과 선택 이온 검출법(SIM)

GC/MS에는 질량 스펙트럼을 측정하는 전 이온 검출법(SCAN법)과 목적으로 하는

〈표 2-10〉 질량분석계의 타입과 그 특징

타입	약호 또는 영어명	특 징
사중극형	QMS (Quadrupole Mass Spectrometer)	• 소형이고 값이 싸다. • 수질분석에 최고이며, 사용실적이 많다. • 주사(scan)속도가 느리므로(최대 6000u/sec) 샤프한 피크에도 안정적인 정량이 가능하다. • 작동 가능한 진공도가 낮다($10^{-4} \sim 10^{-5}$torr). • 분해능이 낮으므로 방해물질의 영향을 받기 쉽다. • 정수질량의 측정이 기본이다.
이중수속형 (자장형)	Double Focusing Type (Magnetic Field Type)	• 전장과 자장을 가진다. • 전장에서 에너지 수속을 실시하고, 자장에서 방향수속을 실시한다. • 분해능이 높고, 정밀질량수(소수점 3자리까지의 m/z 값)의 측정이 가능하다. • 정밀질량수에서의 선택 이온 검출법(SIM)은 선택성이 매우 높으므로 다이옥신류의 분석에 범용되고 있다.
이온트랩형	Ion-Trap Type	• 쌍곡선상 한쌍의 엔드캡 전극과 한 개의 링전극으로 구성된다. • 비행이온 거리가 짧으므로 고감도이다. • 정량성이나 재현성이 문제가 있는 것이 있다. • 최근 측정 질량범위가 대폭 확장되었다. • 텐덤형 등의 전개가 용이하다.
비행시간형	TOF(Time of Flight)	• 이온을 반사하는 리플렉트론형과 리니어형이 있다. • 측정 질량범위가 넓다(최대 500,000 정도). • 시료의 손실이 적다. • MALDI나 SIMS에서의 이용이 주로 있지만 최근에는 GC/MS나 LC/MS에도 이용되기 시작했다.
텐덤형	MS/MS Tandem-Type	• 전구이온(Precursor ion)을 충돌활성화 해리(CAD)시켜 생성한 이온(Product ion)을 검출한다. • 선택성이 비약적으로 높다. • 환경화학물질의 분석에서는 LC/MS로 이용되고 있다. • 상술의 전체 질량분석은 텐덤형으로 하는 것도 가능하다.

화학물질의 질량 스펙트럼으로부터 특정의 이온(m/z)만을 선택해 모니터링하는 선택이온 검출법(SIM법)의 3가지 측정 방법이 있다. 자장형에서는 SIM법이 SCAN법에 비해 백~수천 배 정도 높은 감도를 얻을 수 있다. 사중극형도 기종에 따라 차이는 있지만 SIM법 쪽이 고감도로 검출할 수 있다. 다만, SIM법은 설정한 이온만을 검출하기 물질의 식별 정보가 적다. 한편 SCAN법은 질량 스펙트럼의 확인을 할 수 있기 때문에 검

출물질의 정성 정밀도가 높다. 또, 방해물질에 대해서도 질량 스펙트럼으로부터 물질 정보를 얻을 수 있기 때문에 방해물질을 제거하는 클린업 방법의 검토 등에 이용할 수 있다. SCAN법과 SIM법의 선택 여부는 분석을 목표로 하는 검출한계와 사용하는 장치의 검출한계를 비교해 사용하는 장치로, 충분한 감도를 얻을 수 있는 경우는 SCAN법이 적용범위가 넓다.

〈표 2-11〉 GC/MS 측정 조건의 예

항목	측정 조건
분리 칼럼	DB-5ms, 길이 30m, 내경 : 0.32mm, 막두께 : 0.2μm
오븐 온도	60℃(1 min)→30℃/min→200℃→10℃/min →300℃(10min)
주입 방식	스플릿/스플릿리스(퍼지 시간 1min)
주입구 온도	280℃
시료 주입량	2μL
캐리어 가스	헬륨, 평균 선속도 35cm/sec
인터페이스	280℃
이온화법	전자 이온화법(EI)
이온원 온도	230℃
이온화 전류	300μA
이온화 에너지	70eV
검출기 전압	1.0kV
SCAN 조건	질량 범위 : m/z35-450, SCAN 스피드 : 1cycle/0.6sec

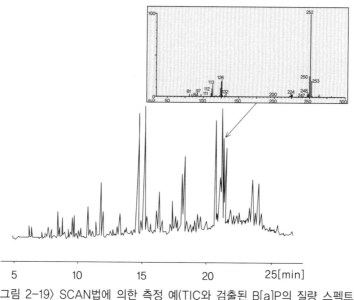

〈그림 2-19〉 SCAN법에 의한 측정 예(TIC와 검출된 B[a]P의 질량 스펙트럼)

SCAN법(측정 조건 : 표 2-11)으로 측정했을 때의 전 이온 크로마토그램(TIC)과 검출된 화학물질 벤조[a]피렌(BaP)의 질량 스펙트럼을 〈그림 2-19〉에 예시한다. BaP는 m/z 252의 분자이온(M$^+$) 강도가 강한 특징적인 질량 스펙트럼을 준다. 그 때문에 M$^+$를 정량에 이용하는 것으로 고감도의 분석이 가능하다. 또, m/z 250의 수소분자 이탈이온([M-2]$^+$)이나 m/z 126의 2가 이온(M^{2+})은 BaP 등의 다환방향족 탄화수소(PAH : Polycyclic Aromatic Hydrocarbon)에 특징적인 이온이다. PAH가 검출되었을 경우의 확인이나 정성에 이용할 수 있다.

(c) 정량할 때의 유의점

① 서로게이트 물질 : GC/MS에 의한 화학물질의 정량은 추출 전에 시료에 첨가하는 서로게이트 물질의 피크 강도와 목적으로 하는 화학물질의 피크 강도 비를 이용한 내부표준법으로 실시한다. 서로게이트 물질에는 목적으로 하는 화학물질을 중수소(Deuterium)나 ^{13}C로 라벨화한 것이 목적물질과 거의 동등한 성질을 가지기 때문에 내부표준물질로서 적합하다. 또한 중수소 라벨화물은 관습적으로 'd체'라고 불린다.

② 검량선 : 정량계산은 검량선용 표준액의 측정결과를 최소제곱을 이용해 수식화한 회귀식이나 혹은 서로게이트와 목적물질의 농도비와 피크 강도비의 값을 평균한 상대감도계수(RRF : Relative Response Factor)를 이용해 실시한다. 분석의 기초가 되는 검량선의 타당성은 회귀식의 상관계수(γ)나 RRF의 상대 표준편차(RSD, CV%)로부터 직선성을 평가한다. 덧붙여 정량은 검량선의 직선성이 확인된 농도 범위 내에서만 실시하고 범위를 넘은 농도의 시료를 검량선의 외삽 등에 의해 정량해선 안 된다. 회귀식에 의한 검량선의 수식화 혹은 RRF에 의한 계수화는 직선성(검량선의 정량범위)을 RSD 등의 수치 지표에 의해 명확하게 평가할 수 있기 때문에 검량선의 타당성을 평가 및 검증할 때에 효과가 높다. 다만, 최소제곱법에 따르는 회귀식은 평가 지표인 y가 고농도 측의 표준액 측정결과에 영향을 받기 쉬운 일이나, 절편이 원점으로부터 크게 빗나가는 회귀식이 되는 일이 있으므로 주의가 필요하다

③ 단위 : 검량선이나 장치 검출한계 등을 포함하는 분석에 사용하는 단위는 모두 수질시료 환산 농도를 나타내는 [mg/L]나 [ng/L], [μg/L] 등으로 나타내는 것이 원칙이다. GC/MS 분석 시의 주입용액 농도[pg/L]나 투입 절대량[pg] 등은 혼란을 일으키게 하는 일이 있으므로 한정되었을 경우에만 사용한다.

CHAPTER 2

2-3-2 ❖ HPLC 및 LC/MS

고속 액체 크로마토그래피(HPLC) 및 액체 크로마토그래피/질량분석법(LC/MS)은 GC/MS와 함께 화학물질 분석의 주요한 분석법이다. 여기에서는 수질분석에서의 활용을 염두에 두고 HPLC, LC/MS에 사용하는 분석장치와 원리, 크로마토그래피의 분리와 MS의 이온화에 대한 기초와 응용을 소개한다.

❖ 1. HPLC

(a) 장치의 구성과 종류

〈그림 2-20〉에 HPLC(High Performance Liquid Chromatography) 장치의 구성을 나타낸다. HPLC 장치는 펌프 시스템, 시료 도입 시스템, 분리 칼럼, 검출기로 구성되어 범용 HPLC 장치 외, 초고압으로 고속 분리를 실시하는 UHPLC(Ultra High Performance Liquid Chromatography) 장치, 극미량의 시료와 이동상으로 고속, 고감도 분석을 실시하는 nano-/micro-LC 장치가 판매되고 있다.

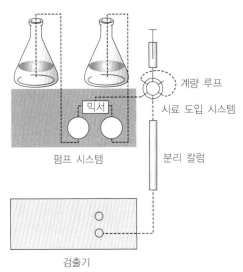

〈그림 2-20〉 HPLC 시스템의 구성

범용 HPLC 장치는 압력 3×10^7Pa 정도 이하, 유량 매분 0.1~10mL 정도의 펌프 시스템으로 2μm 정도 이상의 지름 입자를 길이 10~300mm 정도, 내경 2~8mm 정도의 관에 충전한 칼럼을 사용한다. 고정상은 실리카겔이나 폴리머에 여러 가지 화학적 수식을 실시한 것이 있어 HPLC의 고정상의 선택사항이 가장 많아 거의 모든 화학물질의 분석에 대응할 수 있다.

UHPLC 장치는 압력 1×10^8Pa 정도 이하, 유량 매분 0.1~5mL 정도의 펌프 시스템으로 1.5~2.0μm 정도의 지름 입자를 길이 30~200mm 정도, 내경 1.5~4.6mm 정도의 관에 충전한 칼럼을 사용한다. UHPLC는 입자 지름이 작은 충전압을 이용해 HPLC와 동등 이상의 분리를 HPLC에 비해 1/3 이하의 분석시간에 달성하는 것을 주된 목적으로서 개발되어 있다. 또, 농도 검출기를 이용하면 HPLC보다 분석감도의 향상을 기대할 수 있다. 고압 분석에 견디는 충전제가 범용 HPLC보다 꽤 적은 것이나 이동상이나 시료 중의 미립자에 의한 막힘 등에 종래 이상의 주의가 요구되지만 높은 분리능은 다성분 분리분석을 일상으로 하는 화학물질 분석에 있어 기대되는 시스템이다. nano-micro-LC 장치는 압력 3×10^7Pa 정도 이하 유량 매분 0.1~10μL 정도의 펌프 시스템으로 내경 75~300μm, 길이 5~150mm의 팁이나 관에 1.5~3μm 정도 지름의 입자를 충전하든가 혹은 관 내에 관통구가 있는 모노리스를 형성한 칼럼을 사용한다. 칼럼의 선택사항은 대개 범용 HPLC와 같은 HPLC에 비해 1/100~1/1000 정도의 이동상 소비량으로 범용 HPLC에 가까운 분리와 범용 HPLC의 수십 배의 감도를 얻을 수 있어 생체시료 등 채취량에 제한이 있는 시료의 분석을 중심으로 이용되고 있다. 수질분석에의 적용에 대해서는 칼럼의 시료 부하량이 작고 시료 부하 방법에서 난점이 있으며 칼럼의 기계적 강도가 작은 것 등 해결해야 할 과제가 남아 있다.

(b) 분리 모드와 원리

HPLC의 분리 모드는 순상(HILIC*을 포함한다), 역상, 이온교환, 크기배제로 나눌 수 있지만 자주 이들을 조합한 분리도 행해진다. 분리 모드의 개요를 〈그림 2-21〉에 나타낸다.

① 순상(표준적 순상 및 HILIC) 크로마토그래피 : 고정상은 극성, 이동상은 극성이 낮은 것부터 서서히 극성을 높여 극성 화학물질의 분리를 목적으로 하는 모드이다. 극성 분자와 고정상과의 상호작용은 소수성 상호작용에 비교해 꽤 크고 또 극성 관능기를 균일하게 도입하는 것이 어렵기 때문에 용출하는 피크의 형상은 넓게 이동하는 물질이 많다. 친수성 상호작용 액체 크로마토그래피(HILIC)는 실리카겔 또는 폴리머겔 표면에 안정한 수화층을 형성해 거기에 담지된 물분자와 이동상 용매 사이의 분배에 의해 극성 분자를 분리하는 순상 크로마토그래피의 하나이다. 종래의 순상 담체에 비해 균일한 수화층에 의한 분배이기 때문에 비교적 대칭성이 양호한 피크를 얻을 수 있는 수화층을 안정하게 유지하기 위해 고농도의 친

---

* HILIC : Hydrophilic Interaction Liquid Chromatography, 친수성 상호작용 액체 크로마토그래피

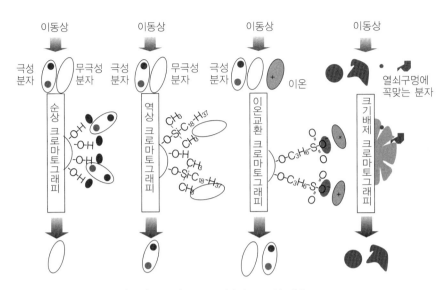

〈그림 2-21〉 HPLC 분리 모드의 개요

　　수성 유기용매나 급격한 그래디언트 분석에는 적합하지 않다.
② 역상 크로마토그래피 : 고정상이 소수성, 이동상이 고극성부터 서서히 소수성을 높여 무·저극성 물질의 분리를 목적으로 하는 모드이다. 다른 알킬사슬의 길이, 탄소 함유율, 수식기, 기재의 칼럼에 의해 다양한 물질을 분석할 수 있다.
③ 이온교환 크로마토그래피 : 이온교환기(제4급 암모늄기, 제3급 아미노기, 슬포알킬기, 카르복실알킬기 등)를 도입한 담체를 고정상으로 해, 이동상의 pH, 이온 강도를 변화시켜 이온성 물질을 분리하는 방법이다. 범용의 HPLC 장치에서는 약이온성 유기물질을 주된 분석 대상으로 하고 있다
④ 크기배제 크로마토그래피(GPC) : 크기가 다른 다양한 세공이 있는 겔을 고정상으로 목적으로 하는 화학물질의 분자의 크기와 형태가 세공 표면에서 다른 강도의 상호작용을 나타내는 것을 이용해 분리하는 방법이며 일반적으로 사이즈가 큰 분자일수록 세공과의 상호작용이 작기 때문에 용출한다(분자 크기에 대해서의 분리 능력은 그다지 크지 않다). 이 상호작용은 고정상과 이동상 조성의 조합에 따라 소수성, 친수성 및 그 양쪽 모두를 이용하는 방법이 있다.
　　수질분석에서는 소수성의 화학물질 혹은 친수성의 화학물질의 분리, 시료의 전처리 등에 이용한다.

(c) 효율적인 LC 분석을 생각한다

크로마토그래피에서의 분리의 정도는 분석시간과 분석장치 및 소모품의 질(많게는 가격) 등에 따라 다르다. 필요 이상의 분리는 시간이나 경비가 낭비되기 때문에 분리, 시간, 경비를 포함한 종합적인 효율의 평가가 요구된다.

크로마토그래피의 분리 정도는 van Deemter식으로 설명할 수 있다(그림 2-22). 일반적으로 입자 지름이 작으면 van Deemter식의 A, B, C는 모두 작아져, 이동상의 속도를 빨리해도 이론단 높이(H)는 그다지 커지지 않고 높은 분리능을 얻을 수 있다. 그 반면 입자 사이의 공간이 좁아지기 때문에 이동상의 유량을 높이는 데 강력한 펌프 시스템이 필요하게 되어, 장치의 가격이 높아진다. 입자내경, 유량, 칼럼 길이를 변화시켰을 경우에 분리능과 분석시간이 어떻게 변화할지를 알면 코스트 퍼포먼스가 좋은 LC 분석을 할 수 있다. 최근에 시뮬레이션 소프트웨어가 공개되어 자유롭게 이용할 수 있다[36].

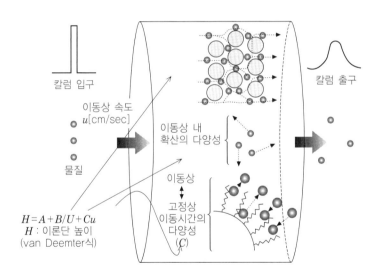

칼럼 입구

이동상 속도
u[cm/sec]

물질

이동상 내
확산의 다양성

이동상
고정상
이동시간의
다양성
(C)

$H = A + B/U + Cu$
H : 이론단 높이
(van Deemter식)

칼럼 출구

〈그림 2-22〉 크로마토그래피 분리에 영향을 주는 인자와 van Deemter식

❖ 2. LC/MS

LC/MS는 액체 크로마토그래피(LC) 및 질량분석법(MS)에 의한 하이퍼네이티드 기술이다. 하이퍼네이티드이기 때문에 LC에서는 주로 이동상이, MS에서는 주로 이온화법이 제약되어 그것을 보충하는 기술이 계속 개발되고 있다

(a) 장치

LC/MS 장치는 HPLC 장치의 검출기로서 질량분석계를 사용하기 때문에 칼럼 출구와 질량분석계의 사이에 시료성분을 이온화해 이동상 용매와 목적물질을 분리하는 인터페이스가 필요하다. 이전에는 여러 가지 LC/MS의 인터페이스가 필요했지만, 현재의 장치의 대부분이 대기압 이온화법의 인터페이스를 채용하고 있다. HPLC로부터 용출하는 성분과 이동상을 대기압하에서 이온화해 질량분석계에 도입한다. 따라서 LC/MS에서는 질량분석계에의 도입이나 질량분석계의 동작에 영향을 주는 이하의 제약이 있다.

① 질량분석계에 이온을 이끄는 전극에 부착하는 불휘발성 염류는 이동상에 첨가할 수 없다

② 이온원이 대기압하에 있기 때문에 자장형 질량분석계 등 가속전압이 높은 장치에서는 방전대책이 필요하다.

③ 이동상 유량은 이온화 효율에 영향을 주기 때문에 HPLC보다 적은 유량에서의 분석이 요구되는 것이 많다.

(b) 이온화의 방법과 원리

LC/MS에서 채용되고 있는 대기압 이온화법의 원리를 〈그림 2-23〉에 나타낸다. 대기압 이온화에서는 처음에 이동상 용매의 일부가 이온화해, 주변의 분자와 여러 번 충돌을 반복한 후 분석 대상물질 분자에 도달한다. 이때 그 전하를 받아들이는 분자가 이온화하는 대기압하의 여러 번의 충돌에서 살아남은 이동상 용매이온은 짝수 전자이온 또는 비교적 안정한 홀수 전자이온이기 때문에 이온화는 소프트하게 행해진다.

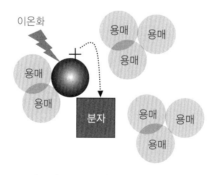

〈그림 2-23〉 대기압 이온화법의 원리
(용매이온으로부터 전하를 받은 분자가 이온화한다)

(c) 효율적인 이온화를 생각한다

LC/MS에 의한 화학물질 분석에서는 GC/MS를 이용하는 경우와 달리 이온화에 관한 모든 조건이 물질마다 크게 다르다. LC의 이동상을 포함해 목적으로 하는 화학물질에 적절한 이온화 조건을 분석자가 직접 찾지 않으면 안 된다. 이온화 조건을 설정할 때의 유의점을 이하에 정리한다. LC/MS의 이온화는 이동상 용매이온으로부터 전하를 받는 것이므로 이동상 용매의 선택이 분석감도에 크게 영향을 준다. 특히, 목적으로 하는 화학물질(분자량 M)이 짝수 전자이온(MH$^+$, [M+NH$_4$]$^+$, [M+Na]$^+$, [M-H$^+$]$^+$ 등의 이온)과 홀수 전자이온(M$^{+\cdot}$, M$^{-\cdot}$ 등의 이온)의 어느 쪽을 생성하기 쉬운가로 적합한 이동상 용매가 다른 예외는 있지만 일반적으로 메탄올은 짝수 전자이온을 만들기 쉬운 물질의 이온화에, 아세토니트릴은 홀수 전자이온을 만들기 쉬운 물질의 이온화에 적합하다. 그 이유는 다음과 같다.

① 대기압 이온화에서는 처음에 이동상 용매가 이온화해 그 전하를 물질에 건네준다.

② 따라서 일반적으로 홀수 전자이온의 분자를 만드는 것은 홀수 전자의 용매이온, 짝수 전자이온의 분자를 만드는 것은 짝수 전자의 용매이온이다.

③ 홀수 전자의 용매이온은 짝수 전자의 용매이온에 비해 불안정하기 때문에 보다 안정한 CH$_3$CN$^{+\cdot}$ 쪽이 목적물질 M과 반응해 M$^{+\cdot}$를 생성하기 쉽다.

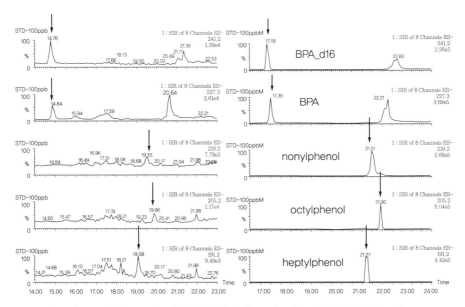

〈그림 2-23〉 다른 이동상에 의한 알킬페놀, 비스페놀의 LC/MS 감도 비교
(왼쪽 : 물/아세토니트릴 이동상, 오른쪽 : 물/메탄올 이동상)

④ 짝수 전자의 용매이온은 비교적 안정적이므로 보다 불안정한 $CH_3OH_2^-$나 CH_3O^- 쪽이 물질 M과 반응해 MH^+나 $[M-H^+]^-$를 생성하기 쉽다.

일례로서 〈그림 2-24〉에 비스페놀 및 알킬페놀류를 포함한 동일 시료를 물/메탄올 이동상 및 물/아세토니트릴 이동상으로 감도 비교했을 때의 크로마토그램을 나타낸다. 이러한 물질은 $[M-H^+]^-$의 짝수 이온을 일으키기 때문에 물/메탄올 이동상 쪽이 감도 좋게 측정되고 있다.

(d) LC/MS에 의한 수질시료의 정량분석

화학물질의 수질분석에 LC/MS에 의한 정량분석의 가장 큰 특징은 수용액을 분석할 수 있는 것으로 대상물질의 다양성이다. LC/MS는 수용액에서도 유기용매에서도 여러 가지 극성, 증기압, 분자량의 물질을 GC/MS보다 고감도로 분석할 수 있다. 한편, GC/MS에서는 고려할 필요가 적은 이온화 기구의 이해 정도가 분석의 질에 영향을 준다. LC/MS에 의한 정량분석에서는 시료의 매트릭스에 의한 이온화에의 영향이 가장 중요하다.

기본적인 대처 방법은 다음과 같다.

① 시료의 정제에서는 다종류의 소수성, 친수성, 이온성의 고상과 용매로 pH 조정, 염석, 이온쌍 효과를 효율적으로 사용해 이온화나 머무름 시간에 영향이 큰 다량의 불순물이나 이온성의 방해물질을 효율적으로 없앤다.
② 크로마토그래피의 분리에서는 감도가 낮은 물질의 분리를 우선한다.
③ 시료 정제, 크로마토그래피의 분리로 이온화 저해를 충분히 회피할 수 없는 경우 사용 용액의 희석이나 표준첨가를 조합해 감도보정을 실시해 정량한다.
④ 덧붙여 LC/MS에서는 매트릭스의 감도 영향이 비교적 크고 내부표준법의 정량 정밀도가 절대 검량선법보다 좋지 않은 경우도 있기 때문에 어느 방법이 적절한지 실험에 의해 확인하는 것이 중요하다.

(e) LC/MS에 의한 정성분석

LC/MS에서는 대부분의 경우가 소프트한 이온화이기 때문에 프래그멘테이션이 적은 분자이온 또는 의사 분자이온을 일으키기 쉽다. 따라서 대상물질의 분자량 추정은 비교적 용이하지만 그 반면 프래그먼트 이온이 불가능하여 텐덤형(MS/MS) 장치를 이용하지 않으면 분자 구조에 관한 정보는 거의 얻을 수 없다. 또, 소프트한 이온화는 장치, 이온화 조건, 공존물질 등에 따라 스펙트럼 패턴이 다른 것이 많아 공통의 스펙트럼 데이터베이스를 활용하기 어려운 난점을 가지면서도 최근 LC/MS의 정성 분석방법의 개발이 진행되고 있다. LC/Q ToFMS/MS 등 MS/MS에 의해 정밀 질량을 분석하는 방법이 그 대표적인 것이다. 이하에 그 개요를 설명한다.

① 정밀 질량으로부터 원소 조성의 추정 : mDa 레벨의 정밀도의 정밀 질량으로부터는 질량을 만족할 수 있는 원소 조성을 좁힐 수 있다. 일반적으로 좁힐 수 있는 원소 조성의 수는 분자량의 증가와 함께 급격하게 증가하기 때문에 환경분석 등 분자량 수백 정도의 물질에서도 100 이상의 원소 조성이 있을 수 있다. 여기서 이 방법으로 다른 스펙트럼의 정보를 더해 원소 조성의 후보를 1자릿수 정도로 좁힐 방법이 개발되어 프리 소프트웨어가 공개되고 있다[36]. 또, 정밀 질량분석계에 딸린 소프트웨어나 프리 소프트웨어로서 공개되고 있다[37].

② 원소 조성으로부터 물질을 추정하는 방법의 현재의 도달점 : 좁혀진 원소 조성으로부터 물질을 추정하는 방법으로서 현재 가장 많이 사용되고 있는 방법이 이하의 3가지 방법이다

1) ChemSpider[38]를 사용한다 : ChemSpider는 등록되어 있는 화학물질 중에서 원소 조성에 대응하는 분자 구조를 찾을 수가 있는 데이터베이스이다. 좁혀진 원소 조성을 입력하면 해당하는 분자 구조의 리스트를 얻을 수 있다. 등록되어 있는 물질이면 비교적 용이하게 추출할 수 있지만 후보가 100을 넘는 경우나 등록되지 않은 물질의 경우는 아무것도 정보를 얻을 수 없다.

2) MassBank[39],[40]를 사용한다 : MassBank는 일본 질량분석학회가 운영하는 정밀 질량 MS/MS의 스펙트럼 데이터베이스이다. 누구라도 이용 및 등록이 가능해 현재 30,000을 넘는 정밀 질량 MS의 데이터가 등록되어 있어 이용되고 있다. MS/MS의 프로덕트 이온이나 프래그멘테이션의 패턴도 등록할 수 있어 그것들로부터 원래의 물질을 추정할 수 있지만, 데이터가 주로 대사계 물질이기 때문에 환경오염 물질의 정성에는 충분한 정보는 아니다.

3) MetFrag[41]를 사용한다 : 정밀 질량으로부터 원소 조성을 좁히는 도구(tool), 좁힌 원소 조성으로부터 해당하는 물질을 ChemSpider나 MassBank 등의 외부 데이터베이스에 액세스해 추출하는 도구, 추출된 물질의 분자 구조로부터 MS/MS 스펙트럼을 예측해 실측 스펙트럼과의 유사도를 평가하는 도구를 모두 집어넣은 종합적인 정성분석의 프리 소프트웨어이다. 현 시점에서 가장 사용하기 쉽지만, 원소 조성에 대응하는 물질의 데이터가 불충분한 경우에는 효과가 부족한 것이 단점이다.

CHAPTER 2

| 참고문헌 |

（ 1 ）環境省環境保健部環境安全課：化学物質環境実態調査の手引き（平成 20 年度版）（2009）

（ 2 ）環境省水・大気環境局水環境課：要調査項目等調査マニュアル，http://www.env.go. jp/water/chosa/index.html.

（ 3 ）環境庁水質保全局：水質調査方法，環境庁水質保全局長通達（1971）

（ 4 ）Massart, D.L, Vandeginste, B.G.M., Deming, S.N., Michotte, Y. and Kaufman, L.: Chemometrics: a Textbook, Data Handling in Science and Technology-Vol.2, pp.107-115（1988）

（ 5 ）半谷高久，小倉紀雄：水質調査法，第 3 版，pp.77-99（1995）

（ 6 ）Manahan, S.E.: Environmental Chemistry, 7th ed., pp.753-754（2000）

（ 7 ）日本規格協会：日本工業規格 JIS K0410 シリーズ 水質-サンプリング（2000）

（ 8 ）花田喜文，門上希和夫，白石寛明，今村清，鈴木茂，長谷川敦子，村山等：ガスクロマトグラフィー / 質量分析法を用いた環境中の化学物質検索，環境化学，Vol. 5，pp.47-64（1995）

（ 9 ）環境庁環境安全課：平成 10 年度化学物質分析法開発調査報告書（その 2）（有機リン酸トリエステル類（OPEs）；岡山県環境保健センター），pp.71-114（2000）

（10）環境省環境安全課：平成 15 年度化学物質分析法開発調査報告書（ピリダフェンチオン；岡山県環境保健センター），pp.127-152（2004）

（11）環境庁環境安全課：平成 6 年度化学物質分析法開発調査報告書（その 2）（アセトアルデヒド他）；広島県保健環境センター），pp.1-14（1995）

（12）環境省環境安全課：平成 15 年度化学物質分析法開発調査報告書（パーフルオロオクタンスルホン酸塩；日本食品分析センター），pp.205-227（2004）

（13）日本工業規格（JIS）K 0312（工業用水・工場排水中のダイオキシン類及びコプラナー PCB の測定方法），日本規格協会（1999）

（14）水質汚濁に係る環境基準について（昭和 46 年 12 月 28 日，環境庁告示第 59 号付表 7）

（15）日本ウォーターズホームページ（http://www.waters.com/waters/promotionDetail. htm?id=10013017&locale=ja_JP）

（16）環境省環境安全課：平成 22 年度化学物質分析法開発調査報告書（クロロアニリン：千葉県環境研究センター），pp.342-370（2011）

（17）U. S. Environmental Protection Agency: Test Methods for Evaluating Solid Waste, re.3, Method 3630C SILICA GEL CLEANUP（2007）

（18）花田喜文，石川精一，末田新太郎，城戸浩三：北九州市周辺海域底質中の多環芳香族炭化水素の濃度分布と特徴，衛生科学，Vol. 36, pp.8-14（1990）

（19）花田喜文：環境ホルモンのモニタリング技術，森田昌敏監修，フタル酸エステル類・ベンゾ（a）ピレン［BaP］，pp.135-145（1999）

（20）環境省水・大気環境局水環境課：要調査項目等調査マニュアル，http：//www.env. go.jp/ water/chosa/index.html

（21）花田喜文，門上希和夫，白石寛明，今村清，鈴木茂，長谷川敦子，村山等：ガスクロマトグラフィー / 質量分析法を用いた環境中の化学物質検索，環境化学，Vol. 5, pp. 47-64（1995）

(22) 公害対策技術同友会：ガスクロマトグラフ質量分析法を用いた最新環境微量化学物質分析マニュアル，環境庁保健調査室編集（1992）

(23) U. S. Environmental Protection Agency: Test Methods for Evaluating Solid Waste, re.3, Method 3620C FLORISIL COLUMN CLEANUP（2007）

(24) 日本規格協会：日本工業規格 JIS K 0312 工業用水・工場排水中のダイオキシン類の測定方法（2008）

(25) 環境庁：水質汚濁に係る環境基準について 昭和46年12月28日付環境庁告示第59号」，付表3 PCB の測定方法（1971）

(26) 環境省環境安全課：化学物質と環境 昭和49年度～平成22年度 化学物質分析法開発調査報告書（1974～2010）

(27) 国立環境研究所：環境測定法データベース EnvMethod，http：//db－out.nies.go.jp/emdb

(28) 日本分析化学会編：改訂4版 分析化学データブック，丸善，pp.64（1994）

(29) U. S. Environmental Protection Agency：Compendium of Methods for the Determination of Toxic Organic Compounds in Ambient Air, 2nd ed., Determination of Polycyclic Aromatic Hydrocarbons in Ambient Air Using GC/MS, Compendium Method TO-13A（1999）

(30) 日本規格協会：日本工業規格 JIS K 0123 ガスクロマトグラフィー質量分析通則（2006）

(31) 日本規格協会：日本工業規格 JIS K 0214 分析化学用語（クロマトグラフィー部門）（2006）

(32) 環境省水・大気環境局大気環境課：有害大気汚染物質測定方法マニュアル（2008）．

(33) 環境省環境リスク評価室：化学物質の環境リスク評価，第1巻～第10巻（2002～2012）

(34) 環境省環境安全課：化学物質と環境，昭和49年度～平成22年度版（1974～2010）

(35) 花田喜文：環境ホルモンのモニタリング技術，森田昌敏監修，フタル酸エステル類・ベンゾ（a）ピレン［BaP］，pp.135-145（1999）

(36) Chromatogram generator 2.0, Chromedia, http：//chromedia.us1.list-manage.com/

(37) Suzuki, S., Ishii, T. Yasuhara, A., Sakai, S.: Method for the elucidation of the elemental composition of low molecular mass chemicals using exact masses of product ions and neutral losses：application to environmental chemicals measured by liquid chromatography with hybrid quadrupole/time-of-flight mass spectrometry, Rapid Comm. Mass Spec.,Vol. 19, pp.3500-3516（2005）

(38) MsMsFilter.exe，国立環境研究所：健康・化学物質データベース，http：//www.nies.go.jp/msmsf/index.html

(39) ChemSpider, Royal Society of Chemistry, http：//www.chemspider.com

(40) MassBank, http：//massbank.jp

(41) Nishioka T. et al.: 59th ASMS Conference and Allied Topics, TOC am8：50, Denver, Colorado, 2011

(42) MetFrag, Leibniz-Institut für Pflanzenbiochemie（2010），http：//msbi.ipb-halle.de/MetFrag/

3장

응용편
(화학물질의 종류별 분석법)

응용편에서는 독자가 실제로 분석할 때에 도움이 되도록 화학물질의 종류별로 개별 분석법을 구체적으로 해설한다.

3-1 ◆ POPs(잔류성 유기 오염물질)

POPs(잔류성 유기 오염물질 : Persistent Organic Pollutants)는 사람의 건강이나 환경에의 유해성이 증명되고 있기 때문에 'POPs에 관한 스톡홀름 조약'(POPs 조약, UNEP)에 의해 국제적인 규제가 진행되고 있다. ① 잔류성(난분해성 : Persisitence) ② 생물 축적·농축성(Bioaccumulation) ③ 장거리 이동성(장거리 이동의 잠재적 가능성 : Potential for long-range environmental transport), ④ 독성(악영향 : Toxicity or adverse effects)의 모든 특성을 가져 다음에 나타내는 것이 해당한다.

[2004년 5월 지정] ···12종

알드린(Aldrin)	헵타클로르(Heptachlor)	PCB
디엘드린(Dieldrin)	톡사펜(Toxaphene)	DDT
엔드린(Endrin)	마이렉스(Mirex)	다이옥신류
크롤덴(Chlordane)	헥사클로로벤젠(HCB)	디벤조퓨란류

[2009년 5월 추가] ···9종

펜타브로모디페닐에테르(PeBDE)　　클로르데콘(Chlordecone)

β-HCH　　　　　　　　　　　옥타브로모디페닐에테르(OBDE)

린덴(y-HCH)　　　　　　　　　PFOS 및 선구물질(PFOSF)

헥사브로모비페닐 HBB　　　　　α-HCH

펜타클로로벤젠(PeCBz)

[2011년 4월 추가]

엔도술판(Endosulfan)

[2011년 10월 추가]

헥사브로모시클로도데칸(HBCD)

POPs 조약은 2001년 5월에 채택된 후, 2004년 5월에 발효되어 국제적인 합의하에 대상 화학물질을 확대하고 있다. 2012년 현재 ① 염소화 나프탈렌(CN), ② 헥사클로로부타디엔(HCBD), ③ 펜타클로로페놀(PCP)과 그 염 및 에스테르류, ④ 짧은 사슬 염소화 파라핀(SCCP)의 4종이 조약 지정물질로서 계속 심의되고 있다.

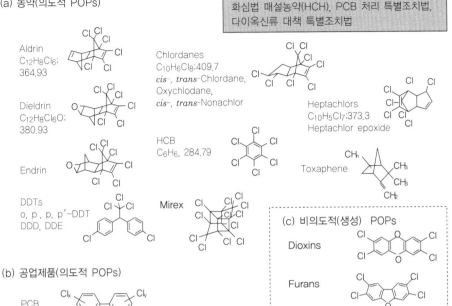

(a) 농약(의도적 POPs)

화심법 매설농약(HCH), PCB 처리 특별조치법, 다이옥신류 대책 특별조치법

Aldrin
$C_{12}H_8Cl_6$;
364.93

Dieldrin
$C_{12}H_8Cl_6O$;
380.93

Endrin

DDTs
o, p', p, p'-DDT
DDD, DDE

Chlordanes
$C_{10}H_6Cl_8$;409.7
cis-, *trans*-Chlordane,
Oxychlodane,
cis-, *trans*-Nonachlor

HCB
C_6H_6, 284.79

Mirex

Heptachlors
$C_{10}H_5Cl_7$;373.3
Heptachlor epoxide

Toxaphene

(b) 공업제품(의도적 POPs)

PCB

(c) 비의도적(생성) POPs

Dioxins

Furans

〈그림 3-1〉 POPs(12물질)

[화학물질 심사 규제법]에 기초한 제1종 특정 화학물질로 지정

(b) 농약(의도적 POPs)

Chlordecone
CAS No: 143-50-0
상품명: Kepone, GC-1189

Mirex와 유사한 구조지만
매우 극성이 높다.
일본에서는 농약 등록 실적 없음

Pentachlorobenzene
(PeCBz)
CAS No: 608-93-5

일본에서는 농약 등록 실적 없음

Lindane (γ-HCH)
CAS No: 58-89-9

α-HCH
CAS No: 319-84-6
대기중에 많다.

β-HCH
CAS No: 319-85-7
고위생물·생체 내에서
주요 성분

α-HCH β-HCH
대기, 저질, 저위
생물에서 주요 성분

POPs 모니터링 사업에서는 2002년도부터
HCH도 측정대상물

Endosulfan
Endosulfan I
CAS No: 959-98-8
endosulfan II
CAS No: 33213-65-9

COP5 2011년 4월에 NEW POPs로서 추가

〈그림 3-2〉 신규 POPs

(b) 공업제품(의도적 POPs)

Hexabromobiphenyl(HxBB)
CASS No: 36355-01-8
상품명: FireMaster BP-6
FireMaster FF-1

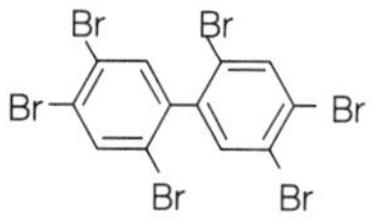

Hexabromodiphenylether(HxBDE)
Heptabromodiphenylether(HpBDE)
(commercial Octabromodiphenylether)
CAS No: 36483-60-6(HxBDE)
CAS No: 68928-80-3(HpBDE)

Tetrabromodiphenyleher(TeBDE)
Pentabromodiphenylether(PeBDE)
(commercial Pentabromodiphenylether)
CAS No: 40088-47-9(TeBDE)
CAS No:32534-81-9(PeBDE)

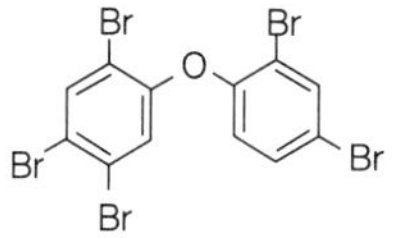

PeCBz

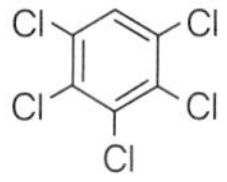

염료, 살균제, 난연제
등의 중간제

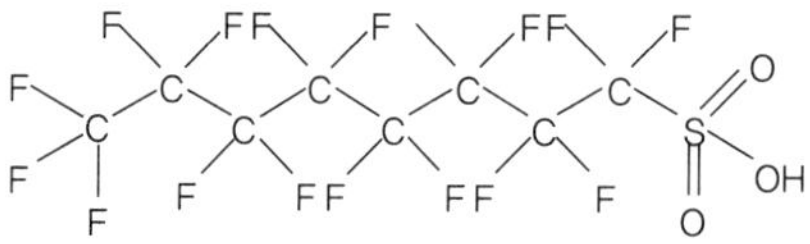

Perfluorooctanesufonic acid(PFOS),
its salts CAS No: 1763-23-1
발수발유제
계면활성제

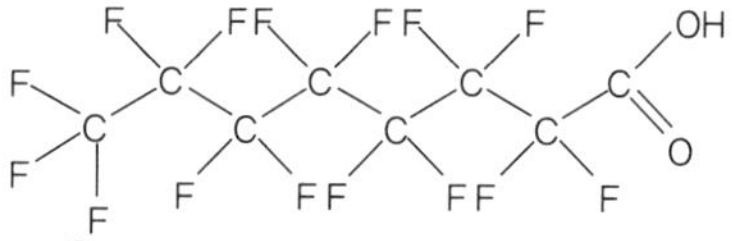

Perfluorooctanesufonic fluoride(PFOSF)
CAS No: 307-35-7
POPs 모니터링은 PFOS로 일제히 분석

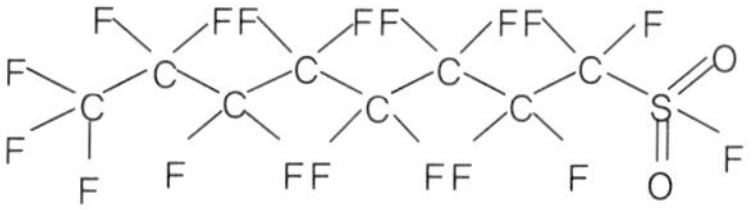

Perfluorooctanesufonyl fluoride(PFOSF)
CAS No: 307-35-7

PFOS 등의 공업적 전구체
다만 물 및 메탄올 존재하에서는 불안정
PFOS 등으로 변화

(c) 비의도적 POPs

PeCBz

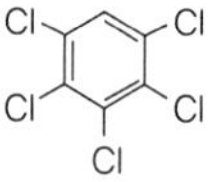

〈그림 3-2〉 신규 POPs(계속)

본절에서는 다이옥신류, 디벤조퓨란류, PCB를 제외한 POPs의 분석법에 대해 설명
한다. 대상물질 구조식 등을 〈그림 3-1〉 및 〈그림 3-2〉에 나타낸다. 여기서 가리키는
분석법은 2002년부터 환경성(環境省)이 실시하고 있는 POPs 모니터링에 채용되고 있
는 방법 및 그들을 개량한 것이다.

1. 분석법의 개요

POPs의 분석은 목표로 하는 분석 농도 레벨이 pg/L 혹은 그 이하의 극히 저농도 범위이기 때문에 시료용기 내벽에의 흡착이나 GC/MS나 LC/MS에서의 목적물질 이외의 POPs 간섭 등 화학물질 분석 중에서도 세심한 주의를 필요로 하는 사항이 많다. 또, POPs는 모두 난분해성이지만 분석하는 데 있어 각각의 특성을 충분히 고려해야 한다.

- PeCBz, HCB, HCHs, Heptachlor, Aldrin ···비교적 증기압이 높다.
- PFOS ···수용성이 높다.
- 클로르데콘 ···비교적 극성이 높다.
- PBDEs 등의 브롬계 화합물 ···광분해를 하기 쉽다.
- 고브롬화 PBDE ···비교적 분자량이 크다.
- PFOSF ···물과의 반응성이 높다.

(PFOSF는 PFOS의 합성 기원 물질로서 등록되어 있기 때문에 여기에서는 생략)

〈표 3-1〉 POPs의 기기분석 방법

화학물질명	분석법
HCB (헥사클로로벤젠)	*GC-HRMS법, EI법
알드린	*GC-HRMS법, EI 또는 CI법
디엘드린	*GC-HRMS법, EI 또는 CI법
엔드린	*GC-HRMS법, EI 또는 CI법
DOT류	*GC-HRMS법, EI법
크롤덴류	*GC-HRMS법, EI법
헵타크롤류	*GC-HRMS법, EI법
톡사펜류	*GC-HRMS법, NCI법
HCH(헥사클로로시클로헥산)류	*GC-HRMS법, EI법
헥사브로모비페닐류	*GC-HRMS법, EI법
폴리브로모디페닐에테르류	*GC-HRMS법, EI법
퍼플루오로옥탄술폰산(PFOS)	*LC-MS/MS법, ESI negative
퍼플루오로옥탄산(PFOA)	*LC-MS/MS법, ESI negative
클로르데콘	*LC-MS/MS법, ESI negative
펜타클로로벤젠	*GC-HRMS법, EI법
엔도술판류	**2007년 일본 ^{주)}GC-HRMS법, NCI 또는 EI법
1,2,5,6,9,10-헥사브로모시클로도데칸 (HBCD)	***2009년 일본 ^{주)}LC-MS/MS법, ESI negative

* 2010년도 화학물질 환경 실태 조사에서 적용된 방법
** 수질시료, 저질시료만 기재
*** 수질시료, 생물시료만 기재
주) 일본 :「화학물질과 환경 화학물질 분석법개발 조사보고서」환경성 환경보건부 환경안전과

POPs의 분석에 이용하는 분석장치는 고감도, 고정밀도의 고분해능 가스 크로마토그래피 질량분석계(GC/HRMS)와 고속 액체 크로마토그래피·텐덤형 질량분석계(LC/MS/MS)이다. 〈표 3-1〉에 POPs의 종류별 기기분석 개요를 나타낸다.

GC/HRMS에 사용하는 이온화는 대부분이 전자 이온화법(EI : Electron Ionization)이지만 톡사펜, 엔드술판에 대해서는 EI에서는 고감도 검출이 어렵기 때문에 부이온 화학 이온화법(NCI : Negative ion Chemical Ionization)에 의해 감도와 선택성을 향상시키고 있다. NCI는 드린류에도 적용 가능하다.

❖ 2. 전처리

POPs의 전처리 조작(추출·농축·클린업)을 물질군별로 〈그림 3-3~3-6〉에 나타낸다. 또, 클린업에 이용하는 플로리실 칼럼 크로마토그래피의 POPs 용출 패턴을 〈그림 3-7〉에 나타낸다. 덧붙여 여기에서는 전처리 전반에 대한 유의사항을 정리해 추출 등 개별의 조작에 대해서는 3에서 설명한다.

(a) 시약·기구의 유의점

실험실에서의 화학물질 취급에 대해서는 안전성과 미량분석 양쪽 모두의 관점으로부터 충분히 주의할 필요가 있다. 또, 시약 및 기구 취급 시 유의점은 다음과 같다.

- 실험실의 공기를 청정하게 하는 흡기시설뿐만 아니라 배기에 대해서도 청정화 시설이 필요하다.
- 시약이나 기구는 오염이 없는 것. 또 분석에 지장을 초래하는 방해성분이 포함되지 않았는지 블랭크 시험 등으로부터 확인해야 한다.
- 사용·보존에 대해서는 관리를 철저히 하는 것으로 분석성능을 유지 관리한다.
- 유리기구는 고농도 시료에 이용했을 경우 오염되고 있을 가능성이 높다. 기구류의 식별, 용도별 사용, 블랭크 확인, 세정방법, 보관방법에 대해서는 순서를 정한다.
- 백그라운드 레벨로 존재하는 POPs나 비교적 높은 농도로 검출되는 토양이나 저질시료 등으로부터의 오염은 특히 주의가 필요하다.
- 플라스틱이나 고무장갑 등 분석에 사용하는 자재로부터의 용매물이 분석에 영향을 주는 일이 있으므로 분석에 지장이 없는 것을 확인한 다음 규격의 것을 사용한다.

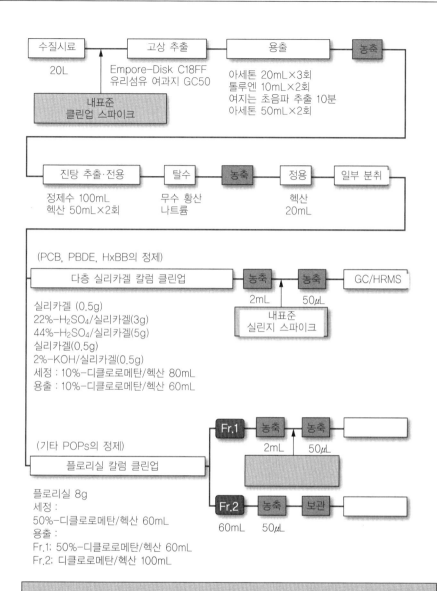

〈그림 3-3〉POPs(PFOS, PFOA 및 클로르데콘을 제외)의 전처리

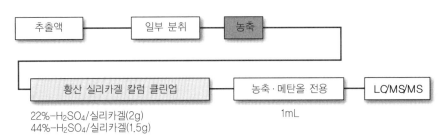

〈그림 3-4〉 1,2,5,6,9,10-헥사브로모시클로데칸(HBCD)의 전처리

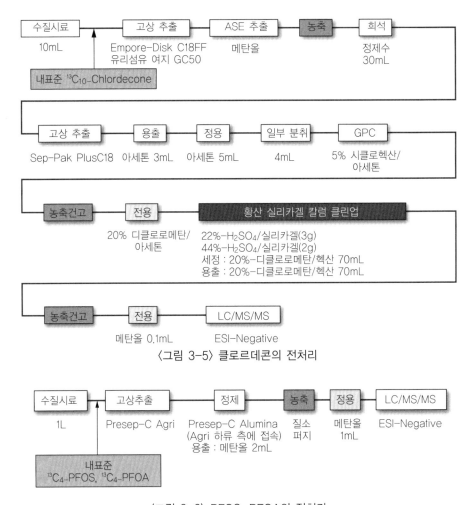

〈그림 3-5〉 클로르데콘의 전처리

〈그림 3-6〉 PFOS, PFOA의 전처리

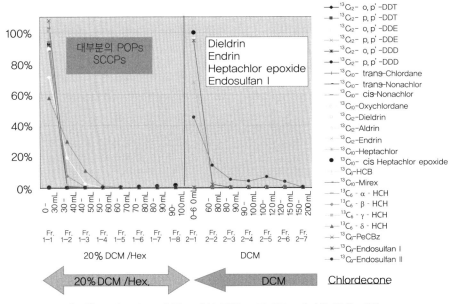

〈그림 3-7〉 POPs의 플로리실 칼럼 크로마토그래피의 용출 패턴

(b) 시료의 조제

샘플링으로부터 얻어진 수질시료는 밀폐성이 높은 용기에 넣어 냉암소에 보관한다. POPs는 지용성이 높기 때문에 용기의 내벽에 흡착하는 경우가 있다.

용기 내의 시료 전량을 분석에 제공하고 용기의 내벽도 유기용매 등으로 잘 씻어 넣는다. 시료량의 계측·기록은 사용하는 천칭의 교정이나 유지관리를 적절히 실시하는 것이 중요하다. 또 시료의 잔류염소 농도나 현탁물질(SS)에 대해서도 반드시 확인해 기록한다.

(c) 내부표준물질(클린업 스파이크)의 첨가

전처리 조작 전체를 보정하는 동안 표준물질로서 클린업 스파이크를 이용한다. 클린업 스파이크는 ^{13}C로 라벨된 POPs를 사용해 추출 전의 시료에 통상 0.4~2ng의 양을 첨가한다. 첨가에 즈음해서는 가능한 한 시료에 균일하게 또 수질시료와 친숙해지기 쉬운 친수성의 용매를 이용해 첨가한다. 시료에 직접 첨가하지 않고 추출한 후의 분취 시료에 첨가하는 경우에는 목적으로 하는 POPs의 추출률 등 타당성을 충분히 확인한다. 또 내부표준액의 관리는 매우 중요하고 용매의 휘산에 의한 농도 변화에 대한 배려 (높은 기밀 보존병에 의한 보존, 사용 전후의 중량 확인, 단기간에 모두 사용하는 온도 변화가 큰 환경에서 취급하지 않는 등)나 실온에 되돌리는 과정에서의 결로 영향 등에

CHAPTER 3

주의한다.

(d) 표준품의 트레이서빌리티 확보

클린업 스파이크를 포함 표준품*에 대해서는 트레이서빌리티가 보장되어 있는 것을 사용한다. 이성체의 순도 보증이나 불순물, 다른 이성체가 분석에 영향을 주지 않는 수준에서 함유되어 있는지를 확인한다. 클린업 스파이크 등에 이용하는 ^{13}C 라벨화물에 대해서는 그 순도, 특히 분석 목적물질(Native 성분 : ^{13}C의 POPs)이 존재하지 않는 것을 확인한다. POPs의 혼합 표준품을 사용하는 경우는 포함되어 있는 POPs가 서로 분석에 간섭하는 일이 있으므로 사용 시에는 사전검토한다. 내부표준액은 Native 성분의 분석에 지장을 미치지 않게 시료 농도에 대응한 적절한 농도의 것을 조제해 첨가한다. 또 물질별로 첨가 농도를 바꾸는 경우는 표준품 유래의 불순물이 목적물질에 간섭하는 일이 있으므로 주의한다. 표준액을 조제하는 경우에는 희석 조정 오차 요인도 '불확실도'에 포함한 상태에서 타당성을 확인한다.

❖ 3. 추출
(a) 추출 조작

수질시료의 추출은 유리섬유 여과지 등으로 여과를 실시해 여액은 디클로로메탄에 의한 액-액 추출이나 디스크형 고상제 등에 의한 고상 추출, 여과지상에 남은 SS 등의 여과잔사는 초음파 추출이나 속실렛 추출 등 목적물질의 추출 효율이 확인되고 있는 방법으로 추출한다. 또, POPs 분석은 목표로 하는 분석 농도 레벨이 매우 낮기 때문에 시료용기 내벽에의 흡착이 분석에 지장을 미칠 가능성이 높다. 내벽을 유기용매로 씻어 넣어 여액이나 여과잔사와 합해 분석해 시료용기 중 목적물질의 전량을 검출할 수 있도록 한다.

① 액-액 추출 : 액-액 추출에서는 한 번의 추출이 용액 1L에 대해서 디클로로메탄 100mL의 비율로 실시해, 진탕 폭 약 5cm, 매분 100회 이상의 진탕 속도로 약 20분간 추출한다. 추출률을 올리기 위해 이 조작을 3번 반복한다.

② 고상 추출 : 사용하는 고상제에는 디스크형, 칼럼형, 카트리지형이 있어 시료나 분석목적에 맞추어 이용해도 괜찮다. 또 파과용량이 확인되어 있지 않은 시료(공정수 등, 수질 조성 등이 미지의 시료)에서는 하나의 고상제에의 통수량은 5L 이하로 한다. Empore-Disk C18FF와 유리섬유 여과지 GC50을 이용한 실제의 추출 조작 예를 〈그림 3-3~3-5〉에 나타낸다. 고상으로부터의 용출은 아세톤

---

* 표준품은 의약품을 규정하는 「일본 약국방」에 의해 정의되고 있는 용어로 표준물질과 거의 같은 의미를 가진다.

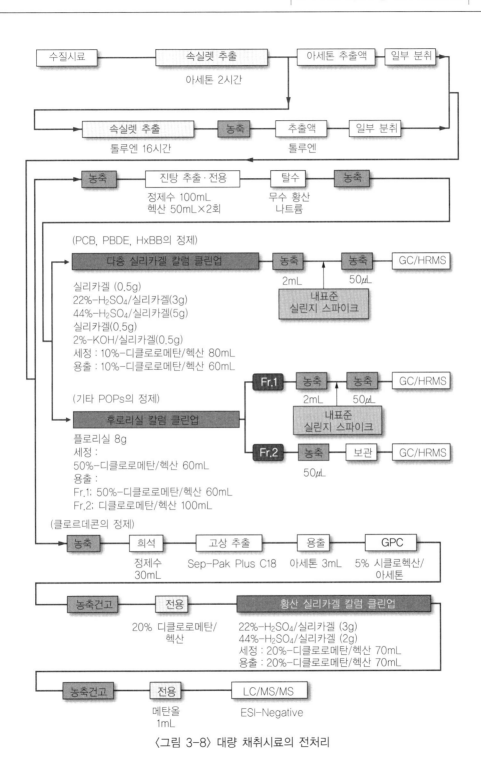

〈그림 3-8〉 대량 채취시료의 전처리

20mL 3회, 다음에 톨루엔 10mL 2회를 실시하고 유리섬유 여과지로부터의 추출은 아세톤 50mL를 이용한 초음파 추출 10분을 2번 실시한다.

③ PFOS의 추출 : 수용성이 높은 PFOS는 다른 고상제를 이용한다(그림 3-6 참조).

④ 기타 유의사항 : 대량 시료 채취의 전처리 방법을 〈그림 3-8〉에 나타냈다. 또 여과잔사를 추출할 때는 수분에 의해 추출률이 저하되는 경우가 있다. 수용성의 용매(아세톤이나 메탄올)로 미리 추출하거나 수분 제거 기능이 있는 딘스타크형 속실렛 추출을 이용하는 방법이 있다. 또, PBDE 등 브롬계 화합물의 분석에서는 추출 과정에서 광분해를 받기 쉽기 때문에 갈색 유리나 알루미늄박에 의한 차광, 실험실의 형광 등을 UV컷 사양으로 하는 등의 조치가 필요하다.

(b) 실제 시료의 추출률

실제 시료 중의 추출률에 대해서는 안정된 상태에서 추출할 수 있는지 확인한다. 또 추출 전에 첨가하는 ^{13}C 라벨화 내부표준물질과 실제 시료의 내부에 존재하고 있는 POPs에서는 존재 형태가 다르기 때문에 내부표준물질의 회수율과 목적으로 하는 POPs의 추출률은 반드시 같지 않는 것을 근거로 해 상황에 따라 적절히 대처한다.

❖ 4. 클린업

POPs 분석에서는 클린업은 필요 불가결하다. 대부분의 POPs는 소수성이면서 비교적 안정적이기 때문에 다양한 클린업 방법을 적용할 수 있지만, 일부의 POPs에 대해서는 산이나 알칼리로 분해하거나 다른 성분으로 변하는 경우가 있으므로 산이나 알칼리의 사용은 가능한 한 삼가한다.

POPs 분석의 클린업은 플로리실 칼럼 크로마토그래피가 기본이지만(그림 3-7 참조), 그 외의 칼럼 크로마토그래피도 이용할 수 있다. 칼럼 크로마토그래피를 적용하는 경우는 칼럼관에 플로리실 등을 충전할 때의 기포 제거, 적절한 시료량의 부하, 충전제의 활성도나 충전 방법, 용출 패턴의 재현성 등이 중요하다. 또 시판하는 카트리지 타입의 칼럼도 용도를 한정하면 사용할 수 있다. 덧붙여 칼럼 크로마토그래피에 의한 분획 조건의 확립에는 내부표준이나 실제 시료를 이용해 재현성과 실제 시료의 클린업 효과를 확인한 후에 적용한다.

(a) 클린업의 주의사항

오염이나 변동 요인이 적고 효율적으로 확실한 클린업이 바람직하다. 클린업을 실시하는 데 알아두어야 할 사항은 다음과 같다.

① 진한 황산 처리나 22% 황산 실리카겔에서는 Dielin과 Endrin이 분해한다.

② 44% 황산 실리카겔에서는 Aldrin와 Heptachlor epoxide가 분해한다

③ 안정성이 높은 POPs(예를 들면 DDT, HCH, PCB, PBDEs, HBB)는 황산 실리카겔 칼럼 크로마토그래피가 유효하다.

④ 질산은 실리카겔에서 Heptachlor와 저염소화 PCB의 일부가 분해한다.

⑤ DMSO/헥산 분배는 방향족 화합물의 선택적 추출과 기름의 제거 및 광물유 등 지방족 탄화수소나 지방질의 제거에 효과적이다. 또, HCB나 Aldrin의 회수율은 약간 저하한다.

⑥ 아세토니트릴/헥산 분배는 지방질의 제거에는 효과는 높지만, 광물유를 다량으로 포함하고 있는 시료에는 적합하지 않다.

⑦ 황화합물의 제거에는 아황산 테트라부틸암모늄(TBA)이나 활성화한 구리 분말, 구리팁 처리가 효과적이다. 분자상 황(S_8)은 POPs와 함께 유기용매에 추출되어 제거가 불충분하면 GC 칼럼을 손상한다.

⑧ 휘발성이 높은 POPs(HCB, HCH, Heptachlor, Aldrin, 저염소 PCB 등)는 전처리 과정이나 농축 시 휘산에 주의가 필요하다.

⑨ 환경 중 고농도에 존재하는 POPs 성분(p,p'-DDE 등)은 GC-HRMS에 대해 메모리 효과 등을 일으키기 쉽다.

⑩ 오염이 되기 쉬운 POPs(PCB, HCB, Chlordane, DeBDE, endsulfan 등)에 대해서는 실험실 내의 분위기나 먼지에도 주의를 기울인다. 특히, 현재도 사용되고 있는 브롬계 난연제의 DeBDE 등은 오염되기 쉽다.

(b) 플로리실 칼럼 클린업 조작(그림 3-7 참조)

- 20%-OCM/Hex 분획(Fr.1)에 용출하는 물질

  HCHs, HCB, Aldrin, Chlordane, Heptachlor, trans-Heptachlorepoxide, Nonachlor, Oxychlordane, DDT, DDE, DDD, Toxaphene, Mirex

- DCM 분획(Fr.2)에 용출하는 물질

  Dieldrin, Endrio, cis-Heptachlore-poxide, Endosulfan

  덧붙여 클로르데콘은 용출 속도가 매우 늦어 적용할 수 없다.

(c) 다층 실리카겔 크로마토그래피 등의 조작

다층 실리카겔 칼럼 황산(22mass%) 실리카겔 칼럼 등의 조작방법을 적용할 수 있는 물질별로 〈그림 3-3~그림 3-6〉에 나타낸다.

(d) GPC 처리

GPC 클린업은 폴리머제 겔여과 칼럼(Divinylbenzene-Styrene Copolymer 등)을 이용해 아세톤이나 시클로헥산 등의 유기용매를 용출액으로서 사용함으로써 분자량이 큰 소수성 불순물을 신속하고 고효율로 제거할 수 있다. POPs와 함께 추출되는 방해 성분(지방질/광물유/단백질/세포 단편/색소/후민산 등)을 제거함으로써 목적으로 하는 POPs의 회수가 가능하다.

(e) 회수율 향상과 소량 농축 시의 주의점

GC/MS 분석에 제공하는 최종 처리액을 작성하는 단계까지는 클린업 등 다단계의 조작에 의한 시료 용액의 이동이나 농축 과정이 포함된다. 회수율 향상을 위해서는 세심한 세척에 의한 시료 용액의 이동이나 주의 깊은 농축 조작이 필요하다. 질소 기류에 의한 소량 농축 조작에서는 목적물질이 손실하지 않게 용액 표면의 움직임이 조금 보일 정도로 질소의 유량을 조절하고, 특히 최종 용액을 100μL 이하로 농축하는 경우는 건고하지 않고 용기 내벽에 흡착이 없도록 조심하면서 신중하게 실시한다.

❖ 5. 기기분석

일반적으로 GC의 분리 칼럼은 페닐메틸실리콘계의 미극성 칼럼(DB-5, Ultra2, CP-SIL8 등) 및 중극성 칼럼(DB-17 등)을 사용한다. POPs를 상세하게 분리하기 위해서는 DB-17 등이 더 효과적이다.

저분해능의 사중극형 GC/MS는 이용하지 않고 고분해능(분해능 10000 이상)으로 선택 이온 검출법(SIM)이 가능한 이중수속형(자장-전기장형) GC/MS를 이용한다.

(a) GC/HRMS에 대해

POPs는 환경 중에서 존재량이 ppq(천조 분의 1, pg/L) 레벨의 극미량으로도 문제가 된다. 그러한 POPs의 분석에서는 1,000만 배 정도의 높은 농축 배율이 필요하고 시료액 중에는 POPs와 함께 많은 불순물이 존재한다. GC/MS의 감도와 선택성이 우수하면 일반적으로 사용되고 있는 저분해능의 질량분석계에서는 선택성, 감도 모두 불충분하다. 그 때문에 수십 펨토그램(fg($=10^{-15}$g))까지 선택적으로 정량 가능한 고분해능 GC/MS(GC/HRMS)를 이용한다. 덧붙여 SN비로부터 추측한 정량하한은 GC/HRMS 쪽이 저분해능 GC/MS에 비해 100배 정도 향상한다.

〈표 3-2〉 POPs(염소계 농약류)의 GC/MS 조건

분석기기명	Waters/Micromass사제 AUTOSPEC ULTIMA	가스 크로마토그래프-질량분석계 GC부 : Agilent Technologies HP-6890		
GC부 조작조건	분리 칼럼	DB-17HT(Agilent Technologies/J&W) fused silica capillary column 30m×0.32mm(id), 0.15μm		
	칼럼 온도	120℃ → 160℃ → 220℃ → 300℃ (1min) (20℃/min) (0min) (3℃/min) (0min) (10℃/min) (3min)		
	주입방법	온 칼럼 주입법		
MS부 조건	이온화 방법	EI		
	이온화 전압	35eV		
	이온화 전류	500μA		
	가속전압	8kV		
	인터페이스	300℃		
	이온원 온도	300℃		
	분해능	M/$\varDelta$M>10000(10% valley)		
		M^+	$[M+2]^+$	$[M+4]^+$
설정 질량수	DDT(M−CCl$_3$)	235.0081	237.0053	
	DDE(M−Cl$_2$)	246.0003	247.9975	
	DDD(M−CHCl$_2$)	235.0081	237.0053	
	Chlordane(M−Cl)		372.8260	374.8231
	Nonachlor(M−Cl)		406.7870	408.8741
	Oxychlordane(M−Cl)		386.8053	388.8024
	Heptachlor(M−C$_5$H$_5$Cl)	269.8131	271.8102	
	Heptachlor epoxide(M−Cl)		352.8442	354.8413
	Aldrin(M−C$_5$H$_6$Cl)		262.8570	264.8541
	Dieldrin, Endrin(M−C$_5$H$_6$ClO)		262.8570	264.8541
	HCB		283.8102	285.8073
	HCH(M−H$_2$Cl$_3$)	180.9379	182.9349	
	PeCBz		249.8492	251.8462
	Mirex(M−C$_5$Cl$_6$)	269.8131	271.8102	
	^{13}C$_{12}$−DDT(M−CCl$_3$)	247.0483	249.0454	
	^{13}C$_{12}$−DDE(M−Cl$_2$)	258.0405	260.0376	
	^{13}C$_{12}$−DDD(M−CHCl$_2$)	247.0483	249.0454	
	^{13}C$_{10}$−Chlordane(M−Cl)		382.8595	384.8565
	^{13}C$_{10}$−Nonachlor(M−Cl)		416.8205	418.8175
	^{13}C$_{10}$−Oxychlordane(M−Cl)		396.8387	398.8358
	^{13}C$_{10}$−Heptachlor(M−C$_5$H$_5$Cl)	274.8299	276.8269	
	^{13}C$_{10}$−Heptachlor epoxide(M−Cl)		362.8777	364.8748
	^{13}C$_{12}$−Aldrin(M−C$_5$H$_6$Cl)		269.8804	271.8775
	^{13}C$_{12}$−Dielrin,Endrin(M−C$_5$H$_6$ClO)		269.8804	271.8775
	^{13}C$_6$−HCB		289.8303	291.8273
	^{13}C$_6$−HCH(M−H$_2$Cl$_3$)	186.9580	188.9550	
	^{13}C$_6$−PeCBz		255.8692	257.8663
	^{13}C$_{10}$−Mirex(M−C$_5$Cl$_6$)	274.8299	276.8269	
	^{13}C$_{12}$−44'−DiCB(IUPAC #15)	234.0406	236.0376	
	^{13}C$_{12}$−23'4'5−TeCB(IUPAC #70)	301.9626	303.9597	

CHAPTER 3

〈표 3-3〉 톡사펜의 GC/MS 조건

분석기기명	ThermoElectron/Finnigan사제 가스 크로마토그래프-질량분석계 MAT95XL GC부 : Agilent Technologies HP-6890			
GC부 조작 조건	분리 칼럼	DB-5MS(Agilent Technologies/J&W) fused silica capillary column 60m×0.32mm(id), 0.25μm		
	칼럼 온도	120℃ → 200℃ → 300℃ (1min) (20℃/min) (0min) (3℃/min) (10min)		
	주입방법	온 칼럼 주입법		
MS부 조건	이온화 방법	NCI(Negative Chemical Ionization)법		
	반응가스	메탄		
	이온화 전압	90eV		
	이온화 전류	250μA		
	가속전압	-5kV		
	인터페이스	230℃		
	이온원 온도	130℃		
	분해능	M/ΔM>10000(10% valley)		
설정 질량수		M^+	$[M+2]^+$	$[M+4]^+$
	Parlar (M-Cl)	376.8573	378.8544	
	Parlar #50(M-Cl)		412.8154	414.8124
	Parlar #62(M-HCl-Cl)	374.8416	376.8387	
	Parlar #62(M-Cl)		412.8154	414.8124
	13C10-trans-Chlordane	417.8283	419.8254	
	13C12-HpCB	405.8428	407.8398	

Parlar #26 : 2-endo,3-exo,5-endo,6-exo,8,8,10,10-Octachlorobornane
Parlar #50 : 2-endo,3-exo,5-endo,6-exo,8,8,9,10,10-Nonachlorobornane
Parlar #62 : 2,2,5,5,8,9,9,10,10-Nonachlorobornane

〈표 3-4〉 폴리브로모디페닐에테르류 및 헥사브로모비페닐의 GC/MS 조건

분석기기명	Waters/Micromass사제 가스 크로마토그래프-질량분석계 AUTOSPEC ULTIMA GC부 : Agilent Technologies HP-6890					
GC부 조작조건	분리 칼럼	DP-1 (SGE) fused silica capillary column 15m×0.25mm(id), 0.10μm				
	칼럼 온도	120℃　　　→　　　300℃ (1min)　(10℃/min)　(5min)				
	주입방법	온 칼럼 주입법				
MS부 조건	이온화 방법	EI				
	이온화 전압	35eV				
	이온화 전류	500μA				
	가속전압	8kV				
	인터페이스	300℃				
	이온원 온도	300℃				
	분해능	M/ΔM>10000(10% valley)				
설정 질량수		$[M+2]^+$	$[M+4]^+$	$[M+6]^+$	$[M+8]^+$	$[M+10]^+$
	TeBDEs	483.7132	485.7112			
	PeBDEs		563.6216	565.6197		
	HxBDEs(M−2Br)	481.6975	483.6955			
	HpBDEs(M−2Br)		561.6060	563.6040		
	OBDEs(M−2Br)		639.5165	641.5145		
	NBDEs(M−2Br)			719.4250	721.4230	
	DeBDE(M−2Br)			797.3355	799.3335	801.3315
	HxBBs			627.5352	629.5332	
	$^{13}C_{12}$−TeBDE	495.7534	497.7513			
	$^{13}C_{12}$−PeBDE		575.6618	577.6598		
	$^{13}C_{12}$−HxBDE(M−2Br)	493.7377	495.7357			
	$^{13}C_{12}$−HpBDE(M−2Br)		573.6462	575.6442		
	$^{13}C_{12}$−OBDE(M−2Br)		651.5567	653.5546		
	$^{13}C_{12}$−NBDE(M−2Br)			731.4651	733.4631	
	$^{13}C_{12}$−DeBDE(M−2Br)			809.3757	811.3737	813.3716
	$^{13}C_{12}$−HxBB			639.5754	641.5733	

CHAPTER 3

〈표 3-5〉 엔도술판의 GC/MS 조건

분석기기명	ThermoElectron/Finnigan사제 가스 크로마토그래프-질량분석계 MAT95XL GC부 : Agilent Technologies HP-6890		
GC부 조작조건	분리 칼럼	DB-17MS(Agilent Technologies/J&W) fused silica capillary column 30m×0.25mm(id), 0.25µm	
	칼럼 온도	120℃ → 200℃ → 300℃ (1min) (20℃/min) (0min) (10℃/min) (10min)	
	주입방법	온 칼럼 주입법	
MS부 조건	이온화 방법	NCI(Negative Chemical Ionization)법	
	반응가스	메탄	
	이온화 전압	70eV	
	이온화 전류	300µA	
	가속전압	-5kV	
	인터페이스	300℃	
	이온원 온도	130℃	
	분해능	M/ΔM>10000(10% valley)	
설정 질량수		정량용	확인용
	α-엔도술판	405.8140	403.8169
	β-엔도술판	405.8140	403.8169
	$^{13}C_9$-α-엔도술판	414.8436	412.8465
	$^{13}C_9$-β-엔도술판	414.8436	412.8465
	$^{13}C_{12}$-PeCB(IUPAC#111)	337.9207	339.9178

〈표 3-6〉 클로르데콘의 LC/MS 조건

LC조건			
기종	SHIMADZU LC-20A Prominence(시마즈)		
칼럼	Develosil C30-ug-5(15cm×2.0mm (id), 5µm) (노무라화학)		
이동상 A	물		
이동상 B	메탄올		
그래디언트	0~3min	A : 40%	B : 60%
	3~7min	A : 40 → 0%	B : 60 → 100%
	7~19mim	A : 0%	B : 100%
	19~26min	A : 40%	B : 60%
이동상 유량	0.2mL/min		
칼럼 온도	40℃		
시료 주입량	10µL		

MS조건		
기종	API 4000 (AB SCIEX)	
이온화법	ESI negative	
모니터 이온	Chlordecone	506.7 → 426.5 (정량용)
		508.7 → 428.8 (확인용)
	$^{13}C_{10}$-Chlordecone	516.8 → 435.7

〈표 3-7〉 PFOS, PFOA의 LC/MS 조건

LC 조건			
기종	SHIMADZU LC-20A Prominence(시마즈)		
칼럼	Inersil ODS-SP(15cm×2.1mm(id), 3μm) (GL 사이언스주식회사)		
이동상 A	10mM 초산암모늄		
이동상 B	아세토니트릴		
그래디언트	0~1min	A : 65%	B : 35%
	1~5min	A : 65 → 50%	B : 35 → 50%
	5~15mim	A : 50%	B : 50%
	15~18min	A : 50 → 10%	B : 50 → 90%
	25~25.1min	A : 10→65%	B : 90→35%
	25.1~35min	A : 65%	B : 35%
이동상 유량	0.2mL/min		
칼럼 온도	40℃		
시료 주입량	10μL		
MS 조건			
기종	API 3200 (AB SCIEX)		
이온화법	ESI negative		
모니터 이온	PFOS	498.7 → 79.9 (정량 이온)	
		498.8 → 98.9 (확인 이온)	
	PFOA	412.7 → 368.9 (정량 이온)	
		412.7 169.0 (확인 이온)	
	$^{13}C_4$-PFOS	502.9 → 79.9	
		502.9 → 98.9	
	$^{13}C_4$-PFOA	416.9 → 372.0	
		416.9 → 169.0	

〈표 3-8〉 1,2,5,6,9,10-헥사브로모시클로르데칸(HBCD)의 LC/MS 조건

LC조건				
기종	SHIMADZU LC-20A Prominence(시마즈)			
칼럼	Inersil Express C18(2.1mm (i.d.)×100mm, 2.7μm) (Supelco)			
이동상 A	물			
이동상 B	메탄올			
이동상 C	아세토니트릴			
그래디언트	0~1min	A : 25%	B : 67%	C : 7.5%
	1~16min	A : 25 → 21%	B : 67.5 → 71.1%	C : 7.5% → 7.9%
	16~18mim	A : 25% → 0%	B : 71.1% → 90%	C : 7.9% → 10%
	18~20min	A : 0%	B : 90%	C : 10%
	20~30min	A : 25%	B : 67.5%	C : 7.5%
이동상 유량	0.2mL/min			
칼럼 온도	40℃			
시료 주입량	10μL			
MS조건				
기종	API 4000 (AB SCIEX)			
이온화법	ESI negative			
모니터 이온	HBCD	640.6 → 80.9 (정량용)		
		640.6 → 78.9 (확인용)		
	$^{13}C_4$-PFOS	652.6 → 80.9 (정량용)		
		652.6 → 78.9 (확인용)		

(b) GC/HRMS의 평가와 실제시료 분석 시의 주의점

기기분석의 조건을 〈표 3-2~표3-8〉에 예시한다(GC/MS : 표 3-2~3-5, LC/MS : 표 3-6~3-8).

① 분리 칼럼에 대하여

GC/MS에 의한 분리의 상황을 〈그림 3-9〉에 나타낸다. 엔도술판 및 클로르데콘을 제외하고 24성분을 일제 분석하는 경우의 분리 칼럼은 DB-17 MS 칼럼이 적합하다. 또, 분리 칼럼에 DB-17 HT를 사용하면 MS 조건을 13그룹으로 그룹핑 가능하므로 고감도로 분석할 수 있다.

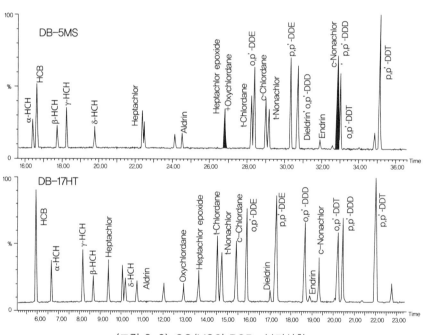

〈그림 3-9〉 GC/MS의 POPs 분리상황

② 감도에 대해

pg 이하의 주입량으로 EI법에 따르는 장치의 절대감도를 비교하면 Heptachlor, Heptachlor epoxide, Oxychlordane, Drin류 등의 감도가 낮다(그림 3-10). POPs 혼합 표준액의 검량선용 농도 계열을 다이옥신류 등의 분석 시와 같은 농도 범위에서 GC/HRMS로 분석했을 경우 상대 감도계수(RRFcs)의 변동은 1.7~4.9%로 양호하다 (표 3-9).

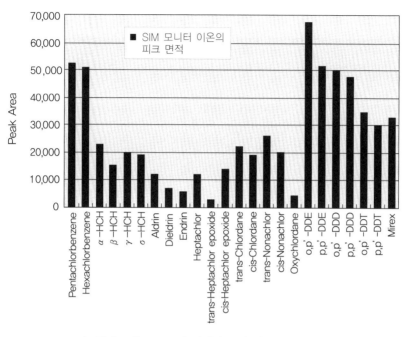

〈그림 3-10〉 POPs의 절대감도 비교(티법, 0.8g 주입)

〈표 3-9〉 상대 감도계수(PRFcs)

Native Standard	Internal Standard	RRFcs		
		평균	표준편차	RSD
Pentachlorobenzene	$^{13}C_6$-Pentachlorobenzene	0.970	0.0200	2.1%
Hexachlorobenzene	$^{13}C_6$-Hexachlorobenzene	1.000	0.0272	2.7%
α-HCH	$^{13}C_6$-α-HCH	0.918	0.0453	4.9%
β-HCH	$^{13}C_6$-β-HCH	0.840	0.0398	4.7%
γ-HCH(Lindane)	$^{13}C_6$-γ-HCH(Lindane)	0.936	0.0447	4.8%
δ-HCH	$^{13}C_6$-δ-HCH	0.910	0.0225	2.5%
Aldrin	$^{13}C_{12}$-Aldrin	0.988	0.0345	3.5%
Dieldrin	$^{13}C_{12}$-Dieldrin	0.987	0.0286	2.9%
Endrin	$^{13}C_{12}$-Endrin	1.005	0.0227	2.3%
Heptachlor	$^{13}C_{10}$-Heptachlor	1.099	0.0276	2.5%
trans-Heptachlor epoxide	($^{13}C_{10}$-Oxychlordane)	0.553	0.0250	4.5%
cis-Heptachlor epoxide	$^{13}C_{10}$-cis-Heptachlor epoxide	1.060	0.0350	3.3%
trans-Chlordane	$^{13}C_{10}$-trans-Chlordane	1.054	0.0302	2.9%
cis-Chlordane	($^{13}C_{10}$-trans-Chlordane)	0.942	0.0440	4.7%

CHAPTER 3

〈표 3-9〉 상대 감도계수(PRFcs) 계속

Native Standard	Internal Standard	RRFcs		
		평균	표준편차	RSD
trans-Nonachlor	$^{13}C_{10}$-trans-Nonachlor	1.009	0.0176	1.7%
cis-Nonachlor	$^{13}C_{10}$-cis-Nonachlor	1.030	0.0420	4.1%
Oxychlordane	$^{13}C_{10}$-Oxychlordane	0.992	0.0366	3.7%
o,p′-DDE	$^{13}C_{12}$-o,p′-DDE	0.979	0.0322	3.3%
o,p′-DDE	$^{13}C_{12}$-p,p′-DDE	0.972	0.0167	1.7%
o,p′-DDD	$^{13}C_{12}$-o,p′-DDD	0.896	0.0204	2.3%
p,p′-DDD	$^{13}C_{12}$-p,p′-DDD	0.990	0.0195	2.0%
p,p′-DDT	$^{13}C_{12}$-o,p′-DDT	0.977	0.0235	2.4%
p,p′-DDT	$^{13}C_{12}$-p,p′-DDT	0.994	0.0167	1.7%
Mirex	$^{13}C_{10}$-Mirex	1.003	0.0263	2.6%
Endosulfan Ⅰ*	$^{13}C_9$-Endosulfan Ⅰ*	1.094	0.0390	3.6%
Endosulfan Ⅱ*	$^{13}C_9$-Endosulfan Ⅱ*	1.079	0.0487	4.5

• 상대 감도계수 (RRFcs)는 0.840~1.099의 범위에 있다.
• RRFcs의 상대 표준편차(RSD)는 1.7~4.9%의 범위이고, 양호한 직선성을 확인되었다.
• RRFcs : 각 화합물의 그에 대응한 내표준물질에 대한 상대감도
* Endosulfan은 NCI법에서의 효과

③ 변동에 대해
클린업이 불충분한 시료에서는 크로마토그램상의 피크가 광범위해지거나 이온원 및 주입구 등의 오염으로 연결된다. 또, 이온화 효율의 변동, 프래그먼트 이온 등의 질량 스펙트럼의 패턴 변화, 모니터 이온의 감도변동 등이 생긴다. 게다가 이온원 주변을 유지 관리하는 등 DDT, DDD, Endrin, Heptachlor의 절대감도에 변동이 인정된다(그림 3.11). 이것들에 대해서는 ^{13}C 라벨화한 내부표준(클린업 스파이크)의 사용에 의해 상대 감도계수(RRFcs)는 안정된다. 이러한 물질 이외의 물질을 내부표준으로 이용하면 변동은 크다(그림 3-12).

(c) NCI-GC/MS(톡사펜, 엔드술판)
① 톡사펜(표 3-3 참조)
톡사펜은 국내 사용실적은 없지만 환경시료에서 미량으로 검출된다. 공업용 톡사펜의 염소화보르난 $C_{10}H_{18-x}Cl_x(x=1~18)$는 광학 이성체를 포함하면 이성체 총수는 4096종 정도로 추정된다. 현재, 생물 농축성/잔류성이 높은 3종의 톡사펜 이성체(Parlar

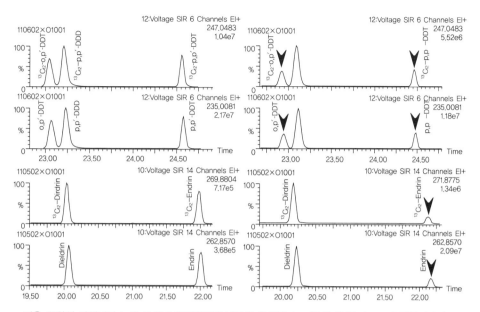

이온 주위의 메인티넌스 후 등으로 절대감도의 변동이 확인된다. 더욱이 RRFrs는 크게 변동하지만, RRFcs는 안정된다.

〈그림 3-11〉 절대감도의 변동 예

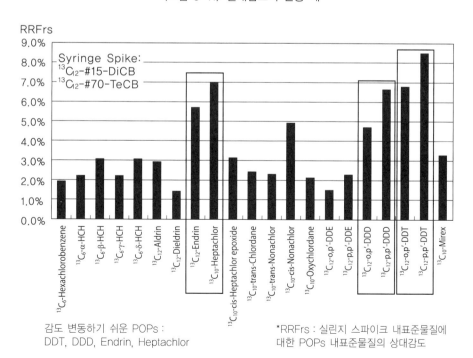

감도 변동하기 쉬운 POPs :
DDT, DDD, Endrin, Heptachlor

*RRFrs : 실린지 스파이크 내표준물질에 대한 POPs 내표준물질의 상대감도

〈그림 3-12〉 RRFrs의 변동(상대 표준편차 : RSD)

CHAPTER 3

#26, Parlar #50, Parlar #62)를 중심으로 모니터링을 하고 있다. 환경시료의 분석에서는 비교적 고농도로 공존하는 PCBs가 톡사펜의 분석을 방해하기 때문에 전처리 조작으로 PCB를 제거할 필요가 있다. EI법에서는 복잡하게 개열하기 때문에 고감도/고선택적인 검출은 어렵다. 그 때문에 부이온 화학 이온화법(NCI)을 이용한다. GC 칼럼분리를 검토한 결과 페닐메틸실리콘계의 미극성 칼럼에서는 Parlar50 및 Parlar62에 각각 주요한 PCB인 HpCB #187및 HpCB #180가 겹쳐 적절하지 않다고 판단된다. 한편 HT8-PCB(SGE, 60m, 0.25mm I.D.)를 이용했을 경우 PCB와의 분리는 비교적 양호하지만, PCB의 방해를 받을 경우에는 고분해능＞10,000으로 PCB도 함께 모니터링하는 것을 추천한다.

또, 톡사펜은 열에 지극히 불안정하기 때문에 주입부나 분리 칼럼 혹은 검출기에서 열분해가 일어날 가능성이 높기 때문에 온 칼럼 주입이 추천되고 있다. 칼럼 오븐 및 인터페이스부의 최고온도는 230℃로 설정한다. 그 외, 간섭성분이나 최적 조건에 대해서는 문헌(5)에 상세하게 기재되어 있으므로 생략한다.

② 엔도술판(표 3-5 참조)

고분해능으로 EI법과 NCI법을 비교하면 NCI법 쪽이 20~50배 감도가 좋다. 또, NCI법으로 저분해능과 고분해능을 비교하면 고분해능 쪽이 10배 정도로 고감도다. 또, 크롤덴류는 엔도술판의 모니터 이온에 간섭하기 때문에(EI, NCI법 어느 쪽이라도) 크롤덴과의 분리가 가능한 GC 조건을 검토할 필요가 있다(그림 3-13 및 표 3-5 참조). 또한 플로리실 칼럼 크로마토그래피를 이용하면 크롤덴과 엔도술판은 분리할 수 있다(그림 3-7 참조).

③ PBDEs

브롬계 난연제는 아래와 같은 분석상의 과제가 많다.
- 광분해나 열분해의 영향을 받기 쉽다.
- 분자량이 크기 때문에 GC 라인에의 흡착 등에 의해 용출하기 어렵다.
- 데카브로모디페닐에테르(DeBDE)는 국내에서 대량으로 사용되었으므로 블랭크 값이 높아지기 쉽다.

PBDEs 표준품 검량선 용액의 RRF는 monoBDE로부터 heptaBDE의 $^{13}C_{12-}$체가 시판되고 있어 그것들에 대응한 물질의 경우는 안정된 결과를 얻을 수 있지만 내부표준과 다른 이성체에서는 변동이 커지는 일이 있다(표 3-10). 또, PBDE의 높은 브롬화물은 검량선의 직선성이 매우 나쁘고 특히 DeBDE는 저농도 범위에서는 흡착의 영향이

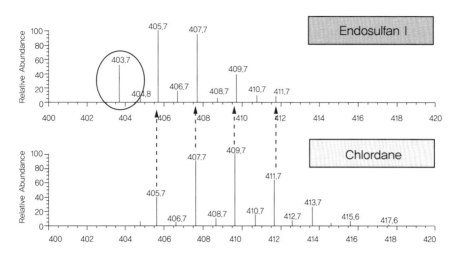

	trans-Chlordane			*α*-Endosulfan		
		mass	ratio		mass	ratio	M/ΔM
m/z 404				M	403.8169	47	
m/z 406	M	405.7978	34	M+2	405.8140	100	25050
m/z 408	M+2	407.7948	90	M+4	407.8110	79	25174
m/z 410	M+4	409.7919	100	M+6	409.8081	39	25297
m/z 412	M+6	411.7890	64	M+8	411.8052	10	25420

〈그림 3-13〉 Endosulfan과 Chlordane류의 정밀 질량 비교

나타나거나 고농도 범위에서는 주입량의 증가 이상으로 면적값이 상승하거나 한다. GC/MS 조건에 따라서도 변동이 커서 높은 브롬화물질을 정확하게 정량하기 위해서는 직선성 등의 문제로부터 목적물질과 같은 ^{13}C라벨화물 내부표준을 시료 농도와 동일한 정도로 이용하는 것이 바람직하다.

한편 농도가 높은 native DeBDE 표준액을 주입하면 장치 메모리가 생겨 그 영향이 사라지기까지 여러 차례의 용매 주입이 필요하게 된다. 그래도 고온역의 승온 분석에 있어 열분해에 의한 모니터 이온의 바탕선 상승이나 목적성분의 S/N비 저하도 관찰된다(그림 3-14). 높은 브롬화물, 특히 DeBDE의 고감도 검출을 위해서는 내열 온도가 높고 블리딩이 적은 미극성의 막압력이 얇은 칼럼(0.1μm)이 필요하고, 한편 짧은 칼럼으로 빨리 용출하는 것이 적절하다. 게다가 모니터 이온도 프래그먼트 이온(M-2Br 또는 M-4Br) 쪽이 고감도로 검출 가능하다. 또 온도의 상한은 300℃ 이하로 분석하는 것이 필요하다.

CHAPTER 3

〈표 3-10〉 PBDE 분석에서 RRF와 그 분산(RSD)

Native	¹³C-Internal	Mass		RRF	RSD (%)	DL*	STDEV	IDL (3s)	IDQ (10s)
Standard	Standard	Native	Internal	(n = 15)		n = 15 [pg/μL]			
MoBDE-3	MoBDE-3	249.982	262.022	1.05	2.6	0.437	0.017	0.052	0.175
DiBDE-7	DiBDE-15	327.892	339.932	0.51	3.5	0.397	0.016	0.048	0.159
DiBDE-15	DiBDE-15	327.892	339.932	0.98	3.8	0.394	0.007	0.022	0.075
TrBDE-17	TrBDE-28	405.803	417.843	0.89	4.7	0.388	0.015	0.045	0.152
TrBDE-28	TrBDE-28	405.803	417.843	1.02	4.0	0.405	0.020	0.061	0.202
TeBDE-49	TeBDE-47	485.711	497.751	0.67	3.0	0.409	0.016	0.049	0.164
TeBDE-71	TeBDE-47	485.711	497.751	0.65	3.7	0.428	0.009	0.026	0.086
TeBDE-47	TeBDE-47	485.711	497.751	1.03	4.0	0.400	0.004	0.013	0.044
TeBDE-66	TeBDE-47	485.711	497.751	0.60	4.7	0.419	0.008	0.025	0.082
TeBDE-77	TeBDE-47	485.711	497.751	0.97	3.9	0.402	0.015	0.045	0.148
PeBDE-100	PeBDE-99	563.622	575.662	1.30	5.8	0.396	0.024	0.072	0.241
PeBDE-119	PeBDE-99	563.622	575.662	0.82	5.6	0.400	0.027	0.080	0.268
PeBDE-99	PeBDE-99	563.622	575.662	0.95	5.5	0.392	0.028	0.085	0.283
PeBDE-85	PeBDE-99	563.622	575.662	0.76	6.0	0.388	0.028	0.083	0.276
PeBDE-126	PeBDE-99	563.622	575.662	1.05	7.3	0.395	0.021	0.064	0.212
HxBDE-154	HxBDE-154	483.696	495.736	0.91	4.8	0.398	0.014	0.041	0.136
HxBDE-153	HxBDE-153	483.696	495.736	0.95	5.5	0.401	0.012	0.035	0.116
HxBDE-138	HxBDE-153	483.696	495.736	0.72	6.3	0.389	0.006	0.017	0.055
HpBDE-183	HpBDE-183	561.606	573.646	0.86	5.6	0.407	0.035	0.105	0.350
OBDE-197	OBDE-197	641.515	653.555	0.95	3.2	2.39	0.047	0.142	0.475
OBDE-196	OBDE-197	641.515	653.555	0.91	11.9	2.17	0.064	0.193	0.642
NBDE-207	NBDE-207	719.425	731.465	1.00	4.3	2.43	0.036	0.107	0.357
NBDE-206	NBDE-207	719.425	731.465	0.69	16.9	1.91	0.080	0.240	0.801
DeBDE-209	DeBDE-209	799.334	811.374	1.02	5.1	2.66	0.058	0.173	0.576

Takasuga, et.al., Chemosphere, 57, 759-811(2004)

(d) LC/MS/MS분석

LC/MS/MS에서는 클린업이 불충분한 경우에 이온화 소외나 증감이 생겨 감도가 크게 변동하기 쉽다. 또 장치에 의해 이온화의 최적 조건도 다른 것이 많아 사용하는 분석장치에 맞는 조건설정이 중요하다.

LC/MS/MS로 분석하는 POPs의 특징은 다음과 같다.

- PFOS, PFOA : 분기사슬을 분리할 수 있는 LC 조건을 확인할 필요가 있다. 또, 탄소사슬이 다른 유사성분의 동시분석도 바람직하다 .
- 클로르데콘 : GC/MS 분석에서는 테일링한 피크밖에 얻을 수 없기 때문에 LC/MS/ MS로 측정한다. 일본에서는 농약 등록 실적은 없다.

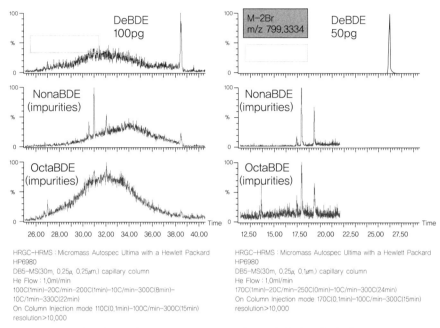

〈그림 3-14〉 Technical DeBDE(GC 칼럼 막두께 비교)

- 헥사브로모시클로도데칸(HBCD) : GC/MS에서도 LC/MS에서도 분석 가능하지만 GC/MS에서는 이성체의 분리가 곤란하다. 160℃ 이상으로 이성화를 일으켜 γ-HBCD가 α-HBCD로 변화한다. 속실렛 추출 과정에서도 변화할 가능성이 있다. 일반적으로 제재에서는 80%가 γ-HBCD이지만, 하우스 더스트나 환경시료에서는 α-HECD가 우세하다

❖ 6. 미량 분석의 어려움, 문제점과 과제

분석장치의 고감도화는 현상으로 한계에 가까운 곳까지 와 있다. 실제 시료의 극미량 분석을 하는 경우 주의해야 할 과제가 많지만, 시료 매트릭스의 영향을 한없이 배제하는 클린업 방법을 실시하는 것으로 목적은 달성된다.

⑧ 블랭크 관리 : 백그라운드 레벨이 높은 목적물질에서는 그 영향을 극력 배제해 적절한 블랭크 관리를 실시해야 한다. 고농도 시료의 영향이 전처리 기구, 분석기기 모두에 이르기 때문에 세정 등 분석환경의 충분한 정비가 필요하다. 정량하한·검출하한을 낮추기 위해서는 대량 시료 채취 및 복잡한 전처리, 시약의 대량 소비, 막대한 노력을 필요로 한다. 게다가 사용하는 용매 등 시약의 양이나 기구의 종류가 많기 때문에 오염을 받기 쉽고, 세심한 주의가 필요하다.

CHAPTER 3

② 정밀도 관리 : 목표로 하는 분석 농도 레벨이 낮아지면 실제 분석오차는 더 커진다. 그 때문에 통계적 방법에 의해 격차를 파악해 재현성이나 불확실도를 확인할 필요가 있고 최적화한 합리적 방법이나 계획이 필요하다. 대상물질의 다양화와 함께 다성분 동시측정이 현재의 흐름이고, 측정 농도 레벨의 극저농도화(ppm, ppb로부터 ppt, ppq 레벨)와 함께 고정밀도 분석과 스크리닝을 목적으로 한 신속분석이 요구된다.

③ GC/HRMS의 경험과 기술 계승 : GC/HRMS는 다이옥신 분석에 따라 널리 보급했지만, 성능 측면에서 장치의 성능 유지나 풍부한 지식이 필요하다. GC/HRMS라고 해도 방해성분은 존재해 시료에 대응해 최적인 클린업 방법을 가능한 한 적용하지 않으면 방해물질의 제거는 불가능하다. 또 이러한 방해물질의 정보가 밝혀져도 목적물질에 대한 방해성분이 과대량인 경우에는 제거가 곤란한 경우도 많아 물리화학적 성질이 매우 가까운 성분의 분리가 가장 곤란하여 화학물질의 극미량 분석이라는 과제에 대응하지 않을 수 없었다. 덧붙여, 정량분석에 있어 중요한 점은 개개의 시료 상태나 백그라운드 정보, 분석 시의 정보 혹은 정량분석 데이터를 객관적으로 판단해 올바른 결과인지를 판정할 수 있는 능력이 있는지가 관건이다.

3-2 ◆ VOCs

상온에서 기체의 화합물이나 상온에서 액체나 고체에서도 휘발성이 높기 때문에 일부가 기체로 존재하는 화합물을 휘발성 유기화합물(VOCs : Volatile Organic Compounds)이라고 한다. 대표적인 VOCs로서 벤젠 등의 방향족 탄화수소류나 트리클로로에틸렌 등의 염소화 탄화수소류 등이 있다.

일본의 경우 VOCs의 기준값 등은 하천, 호소, 해역 등의 공공 용수역에 대해 환경기준 항목으로서 발암성이 있는 벤젠을 시작해 트리클로로에틸렌, 디클로로메탄, 1,4-디옥산 등이 지정되어 환경 기준값이 정해져 있다. 또, 공공용 수역에 대해서는 환경기준 외에 중요 감시항목으로서 톨루엔, 에피클로로히드린 등이 지정되어 지침값이 정해져 있다.

지하수에 대해서는 벤젠이나 트리클로로에틸렌 등의 환경 기준값이 정해져 있다. 게다가 수돗물에 대해서는 동일한 항목에 대해 기준값이 설정되어 있는 것 외에 수질 관리상 유의해야 할 항목으로서 톨루엔이나 메틸-t-부틸에테르 등에 대해 관리 목표값이 정해져 있다.

 물시료 중의 VOCs 분석법으로서 용매 추출 후, 유기층의 일부를 GC 등의 분석장치에 도입해 측정하는 방법(용매 추출법)이 있다. 또, 휘발성을 이용해 물시료 중의 VOCs 일부 또는 전량을 기체로서 꺼내 GC/MS 등에 도입하는 방법으로서 헤드 스페이스법이나 퍼지·트랩법 등이 있다. 이러한 방법에서는 다종의 VOCs를 일괄해 동시에 분석할 수가 있다. 여기에서는 이러한 방법 가운데 가장 고감도로 분석할 수 있는

〈표 3-11〉 대표적인 VOCs와 측정이온

No	VOCs	m/z	
		정량	확인
1	염화비닐	62	64
2	1,1-디클로로에탄	61	96
3	디클로로메탄	84	86
4	메틸-t-부틸에테르(MTBE)	73	57
5	trans-1,2-디클로로에테인(trans-1,2-디클로로에틸렌)	61	96
6	cis-1,2-디클로로에테인(cis-1,2-디클로로에틸렌)	96	98
7	트리클로로메탄(클로로포름)	83	85
8	1,1,1-트리클로로에탄	97	99
9	테트라클로로메탄(사염화탄소)	117	119
10	1,2-디클로로에탄	62	64
11	벤젠	78	77
12	트리클로로에테인(트리클로로에틸렌)	95	120
13	1,2-디클로로프로판	63	62
14	브로모디클로로메탄	49	128
15	1,4-디옥산	88	58
16	cis-1,3-디클로로프로판	75	110
17	톨루엔	92	91
18	trans-1,3,-디클로로프로판	75	110
19	1,1,2-트리클로로에탄	83	97
20	테트라클로로에테인(테트라클로로에틸렌)	166	164
21	디브로모클로로메탄	129	127
22	m-크실렌	91	106
23	p-크실렌	91	106
24	o-크실렌	91	106
25	트리브로모메탄(브로모포름)	173	171
26	p-디클로로벤젠	146	148
IS1	톨루엔-d8	100	98
IS2	p-브로모플루오르벤젠	174	

CHAPTER 3

퍼지·트랩 GC/MS법을 소개한다. 대상으로 하는 VOCs를 〈표 3-11〉에 나타낸다.

〈표 3-11〉에 나타내는 물질 이외에도 분석 조건을 미리 검토해 두면, 아크릴산에스테르류, 에피클로로히드린, 트리클로로벤젠류 등의 VOCs에 대해 동시분석이 가능하다.

VOCs는 휘발하기 쉽기 때문에 채취나 분석 시 휘산하지 않게 충분히 주의한다.

또, 주변의 공기로부터 오염될 가능성이 있다. 예를 들면, 실험실 공기에는 실험 시약으로서 이용하는 톨루엔이나 디클로로메탄 등이 존재하기 때문에 채취용기의 준비나 채취한 시료의 보존 및 분석을 실시할 때에 오염되지 않게 주의한다.

또, 톨루엔이나 크실렌류 등은 가솔린이나 자동차 배기가스 중에도 포함되어 있으므로 샘플링 시나 시료를 운반할 때에 오염되지 않게 주의한다.

❖ 1. 샘플링

① 시료용기 : 시료용기로서 용량 50~250mL 정도의 스크류캡 유리병 등 기밀성이 높은 용기를 이용한다. 스크류캡으로서 4불화에틸렌 수지 실리콘 고무마개가 붙어 있는 것을 사용한다. 토양이나 저질시료에서는 입구가 넓은 병을 사용한다. 유리병 등은 세제 등으로 충분히 세정 후 물로 헹구고 건조한 다음, 약 105℃의 전기 건조기 내에서 3시간 정도 가온해 오염이 없는 장소에서 냉각한다. 냉각 후 캡을 꽉 닫아 오염이 없는 장소에 보관해 신속하게 샘플링에 사용한다.

② 채수작업 : 물시료의 채취 시에는 시료를 거품이 일지 않게 조용하게 시료용기에 가득 채우고 즉시 캡을 한다. 이때 병 내에는 공기층이나 기포가 남아 있지 않은 것을 확인한다. 공기층이 조금이라도 남아 있으면 물 중의 VOCs가 휘발하기 때문에 정확한 분석을 할 수 없다. 채취한 시료는 오염이 없는 운반용 용기에 넣어 차광·냉장해 운반한다. 덧붙여 시료 채취를 포함한 전 과정에서의 오염 유무를 확인하기 위해서 트래블 블랭크도 필요하다. 운반 후 즉시 분석하는 것이 바람직하지만, 즉시 분석할 수 없는 경우에는 시료를 오염이 없는 냉암소(4℃ 이하)에 동결하지 않게 보존한다.

❖ 2. 시약·기구

사용하는 시약, 표준품, 내부표준은 VOCs 분석에 영향을 미치지 않는 순도의 것을 이용한다.

① 분석에 사용하는 물 : 분석에는 VOCs를 포함하지 않는 물을 사용한다. 실험실에서 사용하고 있는 정제수는 VOCs로 오염되어 있는 것이 많기 때문에 다음과 같은 것을 사용한다. 모두 사용 전에 공시험을 실시해 사용하더라도 문제가 없는 것

을 확인한다.

- 증류수 또는 이온교환수 1~3L를 삼각 플라스크에 뽑아 이것을 가스풍로 등으로 강하게 가열해 액량이 약 1/3이 될 때까지 한 후, 즉시 오염이 없는 장소에 정치해 냉각한 물
- 증류수 또는 이온교환수를 탄소계 흡착제를 충전한 칼럼에 통과시켜 얻은 물
- 시판하는 미네랄워터 가운데 알칼리토류 금속염 등의 함유량이 적은 것

② 표준액의 기제 : VOCs의 표준액은 시판하는 VOCs 측정용 표준액을 이용해 조제하면 좋다. 내부 표준액은 다음과 같이 조제한다. 미리 메탄올을 30~50mL 넣은 100mL 메스플라스크에 내부표준물질(톨루엔-d_8, 플루오르벤젠, p-브로모플루오르벤젠 등) 각 100mg를 정밀하게 칭량해, 메탄올로 100mL로서 내부표준원액 (1000μg/mL)으로 한다. 이 원액을 메탄올을 이용해 적당히 희석해 내부표준액으로 한다.

③ 내부표준물질에 대해서 : 측정 대상 VOCs의 안정 동위체로 표지된 화합물을 내부표준으로서 사용하는 것이 바람직하다. 예를 들면 염화비닐의 분석에는 염화비닐-d_3를 내부표준으로서 사용한다. 염화비닐-d_3는 상온에서 기체이므로 내부표준원액은 다음과 같이 조제한다. 미리 65mL 바이알에 메탄올 50mL를 넣어 4불화에텐 수지 필름, 실리콘 고무마개 및 알루미늄 실 마개를 해 드라이아이스로 메탄올 등을 혼합한 냉매로 냉각해 둔다. 5mg의 염화비닐-d_3를 포함한 표준가스를 가스타이트 실린지로 뽑아, 준비한 바이알 중의 메탄올에 용해한 것을 내부표준 원액(100μg/mL)으로 한다.

④ 시약 조제상의 유의사항 : 표준액 등을 취급할 때는 VOCs가 휘발하기 쉬우므로 주의해야 한다. VOCs의 표준액이나 내부표준액의 농도는 대상으로 하는 VOCs의 농도나 시험 조작 조건 등에 대응해 적절한 농도가 되도록 조제한다.
홀피펫이나 메스플라스크는 세제로 세정 후 물로 잘 헹구고 다시 정제수로 세정한 후 오염이 없는 장소에서 건조한 후 사용한다.

CHAPTER 3

❖ 3. 분석 조작

분석 조작은 〈2-2-3 퍼지·트랩〉과 같다. 내부표준과 대상 VOCs의 면적을 측정해 양자의 면적비를 구해 내부표준법에 따라 정량한다. 시료에 염화나트륨 등을 첨가하면 염석 효과에 의해 퍼지의 효율을 올릴 수가 있지만, 장치 내의 유로(流路) 등에 염분이 부착하는 경우가 있으므로 주의한다.

측정 조건 예시는 다음과 같다.

[퍼지·트랩 조건]

장치	: AQUA PT 5000J PLUS
시료량	: 5mL
시료 온도	: 40℃
퍼지 시간	: 8min
트랩 온도	: 실온
드라이 퍼지 시간	: 3min
탈착 온도	: 250℃
탈착 시간	: 4min
주입 방식	: 스플릿
스플릿 유량	: 12mL/min
트랩관	: AQUA Trap-2

[GC/MS조건]

칼럼	: AQUATIC (0.25mm I.D. ×60m, df=1.0μm)
칼럼 온도	: 40℃(1min)→4℃/min→100 ℃→10℃/min→200℃(5min)
칼럼 압력	: 150kPa
이온화법	: 전자 충격 이온화(EI)
이온화 에너지	: 70eV
이온원 온도	: 210℃
측정 모드	: 선택 이온 검출법(SIM)
정량 확인 이온	: 표 3-11

VOCs의 전 이온 크로마토그램 예를 〈그림 3-15〉에 나타낸다. 덧붙여 내부표준으로 서 플루오르벤젠을 사용했을 경우 그 피크(m/z 96)는 11의 직후에 출현한다. 일반적으 로 칼럼은 페닐메틸실리콘 화학결합형(내경 0.2~0.75mm, 길이 25~120m. 막두께 0.1~ 3.0μm 정도) 칼럼이 이용된다. VOCs 측정에 사용되는 칼럼으로서 AQUATIC, AQUATIC-2, BP-1, DB-624, DB-WAX, DB-1301, InertCap 624, SPB-1, VOCAL 등의 보고 예가 있다. 다성분 동시 측정의 경우는 GC 조건이나 MS 조건을 검

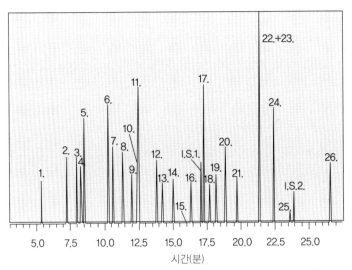

〈그림 3-15〉 VOC의 크로마토그램 예(피크 번호는 표 3-11을 참조)

토해, 측정하고 싶은 VOCs가 서로 영향을 주지 않는 분석 조건을 설정한다. 덧붙여 최적인 이온은 사용하는 기기나 측정 조건 등에 따라 바뀌는 일이 있으므로 미리 VOCs의 표준품을 이용해 질량 스펙트럼을 측정해 최적 이온을 선정한다.

❖ 4. 정량 및 계산

시료와 동량의 물에 표준액을 첨가해 몇 단계의 농도 검량선용 표준을 작성한다. 표준 농도 범위는 대상 VOCs나 측정 조건에 따라 다르지만 $0.001 \sim 1\mu g/L$ 정도로 한다. 여기에 내부표준액을 첨가해, 시료수와 마찬가지로 분석해 내부표준과 대상 VOCs의 면적비를 구해 검량선을 작성한다.

시료수 중의 각 VOCs에 대해 머무름 시간이 검량선용 표준의 머무름 시간의 ±5초 이내이며, 정량이온과 확인 이온의 강도비가 검량선용 표준 강도비의 ±20% 이하인 것을 확인한다. 다만, 불순물이 많은 시료수의 경우에는 머무름 시간이 바뀌는 일이 있는데, 이 경우는 시료수에 표준액 등을 더해 분석해 검량선을 작성하는 방법도 있다.

시료수와 블랭크 시료의 측정결과로부터 다음 식을 이용해 시료수 중의 VOCs 농도를 계산한다. 덧붙여 블랭크 시료의 검출값이 공시험에 이용한 물에 유래하는 경우에는 블랭크 시료의 검출량은 공제하지 않는다.

농도$[\mu g/L]$=(검출량[ng]-블랭크 시료의 검출량[ng])/시료량[mL]

CHAPTER 3

3-3 ◆ 농약

일본에서는 농약단속법에 근거해 등록된 농약이 아니면 제조, 판매 및 사용할 수 없다. 현재 등록되어 있는 800종 이상의 농약의 대부분은 정도의 차이가 있지만 수용성이기 때문에 비에 의한 표면유거 등에 의해 논, 밭이 되어 있는 땅, 공원, 가로수, 가정 등 사용장소로부터 하천이나 해역 등에 유출된다.

그 때문에 수환경에서 생태계에 미치는 악영향 등이 우려되고, 수질 환경기준에 튜람 등이, 주요 감시항목에는 이속사티온 등이 지정되고 있다. 또, 2010년에 개정된 골프장 농약의 잠정 지도지침에서는 베노밀 등 29농약이 추가 지정되어 대상 농약의 범위를 넓힐 수 있다. 게다가 수도법에서는 100종류 이상의 농약이 수질관리 목표항목으로 지정되고 있다. 한편 농약의 분석에 대해서는 농약의 종류가 매우 많기 때문에 개별로 분석하는 것보다 일제 분석해 목적에 따라 필요한 부분을 활용하는 편이 효율적이다. 여기에서는 일제 분석법에 대해 해설하고 검출법에 따라 일제 분석의 대상 농약이 다르므로 GC/MS와 LC/MS로 나누어 설명한다.

3-3-1 ◆ GC/MS에 의한 농약 분석

◆ 1. 샘플링

농약 오염의 실태 해명을 위해서는 지점이나 빈도 등 샘플링이 지극히 중요하다. 요도가와 수계 및 그 지류인 키스천의 조사를 예로 수질의 샘플링에 관한 유의점을 정리하면 다음과 같다.

① 조사지점 선정 : 최초로 국토지리원의 홈페이지(http://www.gsi.go.jp/) 등으로부터 25,000분의 1 정도의 지도를 입수해 지형이나 주변 상황을 확인한 후, 다음의 점에 유의해 조사지점을 선정한다.

- 기슭으로부터의 채수는 수질이 체류하거나 지류와 혼합이 불완전한 경우가 있다. 강 중앙에서의 채수가 바람직하고 다리 위로부터 채수할 수 있는 지점을 선택한다.
- 지류로부터의 영향을 조사하는 경우는 지류 최하류의 다리를 반드시 채수지점으로 선택한다. 또, 합류지점의 바로 하류에 다리가 있는 경우는 참고지점에서 채수한다.
- 주변이 농경지냐 시가지냐에 따라 검출되는 농약이 서로 크게 다르다. 지도상의 지도 기호로부터 대략적인 토지 이용을 알 수 있으므로 그것을 참고로 채수지점을 선택한다.

• 수일에 걸치는 샘플링은 시료의 시간적 변동의 차이가 커진다.

채수작업이 하루에 완료하도록 루트를 고려해 채수지점을 선택한다.

② 시기 및 빈도 : 주변의 토지 이용 형태를 근거로 해 시기와 빈도를 결정한다. 농약은 종류에 따라 출현하는 시기가 달라 출현하는 기간도 짧고 이 중에는 출현으로부터 소실까지 1개월에 못 미치는 것이 있다. 키즈가와의 조사에서는 주변이 논이기 때문에 5월 중순의 모내기 시기부터 9월의 벼베기 시기까지 주 1회의 빈도로 집중적으로 샘플링했다.

③ 채수량 : 채수량은 농약의 농도 수준으로 정해진다. 조사 개시 시는 농도를 파악할 수 없었으므로 10L를 채수했다. 이후 농도 수준이 밝혀짐에 따라 채수량을 줄일 수가 있어 최종적으로 1L의 채수로 충분했다.

❖ 2. 분석법

(a) 분석법의 개요

수질시료로부터 농약 화합물을 고상 추출해 GC/MS로 분석한다. 120종류 농약의 분석 예를 총 이온 크로마토그램(TIC)으로서 〈그림 3-16〉에, 분석 흐름을 〈그림 3-17〉에 나타낸다.

(b) 시약·기구

• 용매 : 헥산, 아세톤, 에탄올, 벤젠-잔류농약 시험용

• 고상제 : 스틸렌디비닐벤젠 공중합체 상당

• 농약 표준품 : 시약회사가 시판하고 있는 농약 혼합 표준액을 사용하고 필요에 따라서 농약 단체의 표준품을 입수

• 농약 표준액 : 여러 종의 시판하는 농약 혼합 표준액을 혼합해 $10\mu g/mL$의 혼합 원액을 조제한다. 검량선용의 표준 농도 계열은 $0.01{\sim}1\mu g/mL$의 농도 범위에서 5단계 이상의 농도로 조제한다.

• 내부표준물질 : 나프탈렌-d_8, 아세나프텐-d_{10}, 페난트렌-d_{10}, 플루오란텐-d_{10}, 크리센-d_{12}, 페릴렌-d_{12}는 표준품 규격의 것

• 내부표준액 : 각각을 아세톤에 용해해 $2,000\mu g/mL$의 원액을 조제한다. 다만, 페릴렌-d_{12}는 아세톤만으로는 녹기 어렵기 때문에 소량의 벤젠을 혼합한다. 원액을 헥산으로 희석해 $30\mu g/mL$의 혼합내 표준액을 조제한다.

• 기구 : 시험관, 삼각 플라스크, 메스실린더, 홀피펫 등

0.10%
TOT
400
6 : 40
800
13 : 20
1 200
20 : 00
1 600
26 : 40

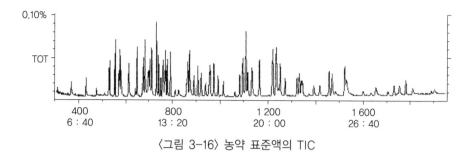

〈그림 3-16〉 농약 표준액의 TIC

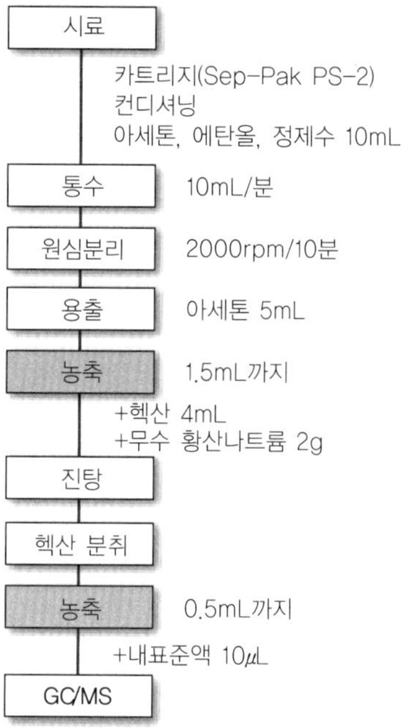

시료
카트리지(Sep-Pak PS-2)
컨디셔닝
아세톤, 에탄올, 정제수 10mL
통수
10mL/분
원심분리
2000rpm/10분
용출
아세톤 5mL
농축
1.5mL까지
+헥산 4mL
+무수 황산나트륨 2g
진탕
헥산 분취
농축
0.5mL까지
+내표준액 10μL
GC/MS

〈그림 3-17〉 분석법의 개략도

(c) GC/MS 조건

- 장치 : 사중극형 혹은 이온트랩형 GC/MS
- 주입구 : 스플릿/스플릿리스법, 280℃
- 칼럼 : DB-1, HP-1 등, 내경 0.25μm, 길이 30m, 막두께 0.25μm
- 오븐 온도 : 40℃(1min)→(20℃/min)→180℃→(2℃/min)→220℃→(5℃/min)→280℃
- 캐리어 가스 : 헬륨, 유량은 선속도로서 50cm/s(약 1mL/min)
- 측정 모드 : 전 이온 검출법(SCAN), m/z 50~600

(d) 분석 조작

수질시료 500mL를 미리 아세톤, 에탄올, 정제수 각각 10mL로 컨디셔닝한 고상 카트리지 SepPak PS-2에 매분 10mL로 통수한다. 통수 후 카트리지를 2,000rpm으로 10분간 원심분리하고 탈수해 아세톤 5mL로 용출한다. 용출액은 질소 기류하에서 1.5 mL까지 농축해, 헥산 4mL, 무수 황산나트륨 2g을 더해 진탕한다. 여과 후, 0.5mL 까지 농축한 후 30μg/mL의 혼합액 내부표준을 10μl 첨가해 GC/MS로 분석한다.

(e) 정량

정량은 농약의 면적값과 거기에 대응하는 내부표준의 면적값 비를 이용한 내부표준 법을 이용해 다음 식에 따라 실시한다. GC/MS의 측정시간이 장시간(30~60분간)에 걸쳐 측정 중의 감도변동 등도 생각할 수 있기 때문에 복수의 내부표준을 사용한다. 농약에 대한 내부표준의 대응은 GC 머무름 시간이 가까운 것을 이용한다.

$$Concentration[\mu g/L] = \frac{\left(\dfrac{A_{pesticide}}{A_{IS}} - Intercept\right)}{Slope} \times V_{final}/V_{sample}$$

$A_{pesticide}$: 농약의 피크 면적 A_{IS} : 대응하는 내부표준물질의 피크 면적

$Intercept$: 검량선의 절편 $Slope$: 검량선의 기울기

V_{final} : 시료 용액량[mL] V_{sample} : 시료량[L]

❖ 3. 분석상의 유의점

(a) 고상 추출에 대해

① 고상제의 선택 : 고상제는 순상과 역상으로 나눌 수 있다. 물시료를 통수해 농약을 흡착시키는 경우에는 역상의 고상제가 좋다. 여러 가지 농약을 일제히 추출하는 경우 농약의 수용성이 추출효율에 영향을 주어 수용성이 높은 농약일수록 고상제에 흡착하기 어렵다. 역상의 고상제로는 실리카겔에 C_{18} 등을 화학결합시킨 것과 PS-2와 같은 폴리머 근간의 것이 있고 농약 분석에서는 후자가 적합하다.

② 시료수의 통수 : 아스피레이터, 농축기 등을 이용해 시료를 고상 카트리지에 통수한다. 아스피레이터는 일정한 통수 속도의 유지가 어렵고 SS에 의한 막힘으로 유속이 저하한다. 농축기는 고가인 것은 아니지만, 일정한 유속을 유지할 수 있어 가압에 의해 통수로 인한 막힘에 대해 유속의 변화가 적다. 다만 SS가 많아 압력이 높아지는 경우는 통수 라인이 빠질 수 있으므로 주의한다.

③ 고상 카트리지로부터의 용출 : GC/MS 분석에서는 시료액 중의 수분을 제거할 필요가 있다. 고상 추출법에서는 카트리지에 남은 물이 원심분리나 질소가스를 환기하는 등의 방법을 이용해 탈수한다. 그렇지만 이러한 탈수 조작으로는 충분히 제거하는 것은 어렵고 물을 포함한 시료를 GC/MS에 반복해 주입하면 칼럼의 열화나 고스트 피크의 출현 또는 질량분석계 본체의 고장으로 연결된다.

용출 용매로 디클로로메탄 등 물과 혼화하지 않는 용매를 이용하고 무수 황산나트륨으로 탈수하는 방법도 있지만, 물과 혼화하지 않기 때문에 카트리지로부터의 용출률이 저하하는 일이 있다. 이러한 결점을 보충하기 위해 용출은 다음의 순서로 실시한다.

- 고상 카트리지를 원심분리해 대략적으로 탈수한다.
- 물과 혼화하는 아세톤을 이용해 수분도 용출시킨다.
- 아세톤을 질소 기류하에서 어느 정도까지 농축해 물과 혼화하지 않는 헥산을 더해 헥산 추출물을 무수 황산나트륨으로 탈수한다.*

(b) 질량 스펙트럼에 의한 검출물질의 확인

SCAN 측정에서는 얻어진 질량 스펙트럼으로부터 농약 화합물의 분류를 실시하지만 그 분류에 관해서는 다음과 같은 케이스도 있다.

실제의 하천수 시료와 표준액으로부터 얻을 수 있던 몰리네이트 및 페니트로티온의 질량 스펙트럼을 〈그림 3-18〉에 나타낸다. 몰리네이트는 시료와 표준액으로부터 얻어진 질량 스펙트럼이 거의 같고 시료에 포함되어 있음을 알 수 있다. 한편 페니트로티온은 표준액과 시료에서는 다른 질량 스펙트럼과 같이 보인다. 시료로부터 얻을 수 있는 질량 스펙트럼은 대상 농약의 농도에도 의존하지만, 대상 농약 이외 화학물질의 질량 스펙트럼이 혼입해 복잡하게 되는 일이 있다(그림 3-18). 검출하고 있는 것을 검출하고 있지 않다고 판단하는 것은 환경 분석자의 치명적 오류이므로 늘 유의해야 한다. 라이브러리 검색의 결과를 그대로 받아들일 것이 아니라 분석자의 올바른 지식을 토대로 판단하는 것이 중요하다.

❖ 4. 분석결과의 평가

분석결과로부터 수역의 농약 오염 상황을 알 수 있다. 여기에서는 기즈천의 조사결과를 예로 분석결과의 해석법 및 평가법에 대해 구체적으로 설명한다.

---

* 무수 황산나트륨으로는 아세톤 등 물과 혼화하는 용매의 탈수는 할 수 없다.

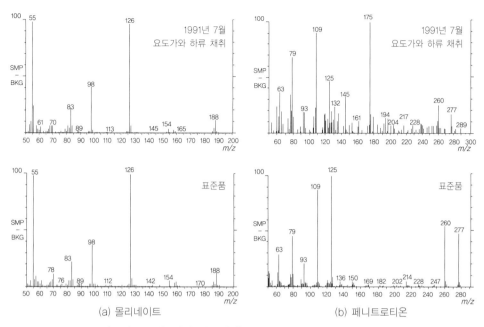

〈그림 3-18〉 실제 시료 추출물과 표준품의 질량 스펙트럼
(몰리네이트 및 페니트로티온)

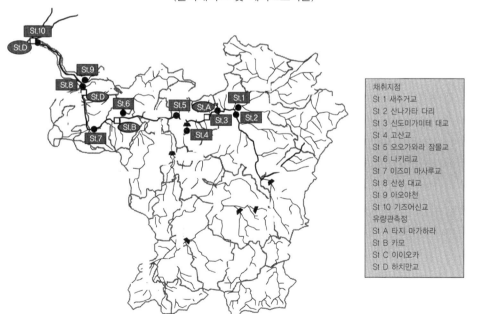

〈그림 3-19〉 기즈천 유역의 채취지점 및 유량 관측점

채취지점
St 1 새주거교
St 2 산나가타 다리
St 3 신도미가미테 대교
St 4 고산교
St 5 오오가와라 잠몰교
St 6 나키리교
St 7 이즈미 마사루교
St 8 산성 대교
St 9 아오야천
St 10 기즈어신교
유량관측정
St A 타지 마가하라
St B 카모
St C 이이오카
St D 하치만교

기즈천 조사의 채수지점을 〈그림 3-19〉에 나타낸다.

(a) 농약의 프로파일 해석

〈그림 3-20〉에 정량분석 결과로부터 작성한 농약의 프로파일을 나타낸다. 살충제 6종류, 살균제 5종류, 제초제 9종류 및 농약의 분해물 7종류의 총 27종류가 주류의 상류에서 하류까지 모두 검출되며, 하류로 감에 따라 농도 수준은 감소하고 있다. 지류에서의 검출농약 종류 및 농도를 파악하기 위해 검출농약의 용도나 물리화학적 성질 등을 우선적으로 알 필요가 있으므로 농약 편람[1] 농약 데이터 북[2]을 참고로 하면 된다.

검출된 농약의 정도는 벼 농사용으로 비교적 물에 녹기 쉽고, 살포 후 강우 등에 의해 하천에 유입했다고 생각된다. 지류마다 검출농약이 다른 것은 지역마다 다른 종류의 농약이 사용되고 있는 것 등으로 생각된다

(b) 농약의 사용시기와 월별 변화

제초제의 프레틸라클로르, 메페나셋, 살충제의 페노브카브, 살균제의 이소프로티올란 농도의 월별 변화를 〈그림 3-21〉에 나타낸다. 최고 농도를 나타내는 시기는 농약의 종류에 따라 다르다. 농약은 해충, 병해균의 방제와 잡초 제거 용도이므로 농작물의 생장에 수반해 사용시기가 다르다. 그렇지만 농업의 유출에는 기상조건이나 물의 이용상황 등이 영향을 주어 JA(농업협동조합)가 발행하는 농약 캘린더를 기본으로 농약을 사용하지만, 농약 캘린더는 JA의 회원이 아니면 입수할 수 없다. 그러나 농약 캘린더의 근원이 되는 각 도도부현이 작성하는 농약 방제 지침이면 각 도도부현의 농림관계 부국의 홈페이지로부터 입수 가능하다. 거기에는 벼라면 파종, 모 심기 및 벼베기 등의 작업마다 농약 사용시기가 있고 추천하는 농약의 제재명이 기재되어 있다.

추천 농약 중 어떤 것이 대상 유역에서 사용될지는 모르지만 이 자료와 실제 농도 변화를 대조해 보면 된다. 그러한 정보로부터 얻어진 농약의 사용시기를 〈그림 3-21〉에 화살표로 나타낸다. 이로써 사용되었던 시기에 하천에 출현했는지가 밝혀진다. 또 농약은 사용시기부터 출현시기까지의 기간이 의외로 짧다.

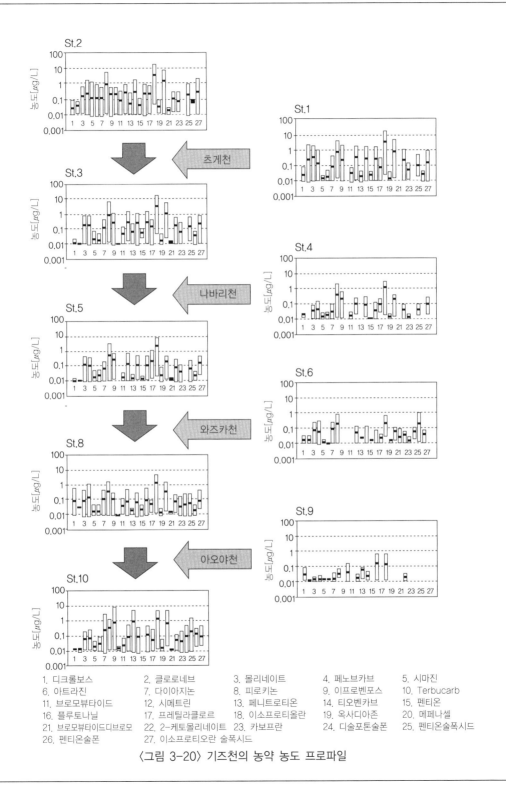

1. 디크롤보스   2. 클로로네브   3. 몰리네이트   4. 페노브카브   5. 시마진
6. 아트라진   7. 다이아지논   8. 피로키논   9. 이프로벤포스   10. Terbucarb
11. 브로모뷰타이드   12. 시메트린   13. 페니트로티온   14. 티오벤카브   15. 펜티온
16. 플루토나닐   17. 프레틸라클로르   18. 이소프로티올란   19. 옥사디아존   20. 메페나셀
21. 브로모뷰타이드디브로모   22. 2-케토몰리네이트   23. 카보프란   24. 디술포톤술폰   25. 펜티온술폭시드
26. 펜티온술폰   27. 이소프로티오란 술폭시드

〈그림 3-20〉 기즈천의 농약 농도 프로파일

CHAPTER 3

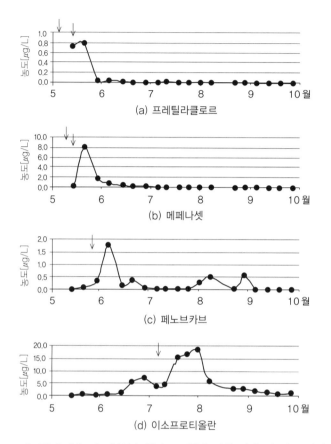

〈그림 3-21〉 기즈천의 농약 농도 월별 변화 및 농약 산포 시간

(c) 채수지점(수역)의 특징

〈그림 3-22〉에 상류(St.2), 하류(St.8) 및 지류(St.4)에서의 메페나셋의 경시 변화를 나타낸다. 지점, 그리고 최고 농도의 시기가 다른 것, 또 상류에서 하류에 걸쳐 농도가 감소하고 있는 것을 알 수 있다.

다른 최고 농도 시기는 주변의 농약 사용시기가 다른 것에 기인하고 있다. 농도 감소에 대해서는 유하에 수반하는 농약의 분해 혹은 하천 유량의 증가에 수반하는 희석이 요인인 것으로 생각된다. 분해에 대해서는 기즈천과 조사 전에 실시한 요도가와 조사에 대해 분해의 영향이 적은 것을 사전에 알고 있다. 또 농도가 한결같이 감소하고 있기 때문에 희석의 가능성이 높지만, 이를 증명하기 위해서는 수역의 유량이 필요하다. 국토교통성은 관할하는 하천의 정점에서 유량, 우량, 수위 등을 측정해 수문 수질 데이터베이스(http://www1.river.go.jp/)를 공표하고 있다. 입수 가능한 데이터는 채취지

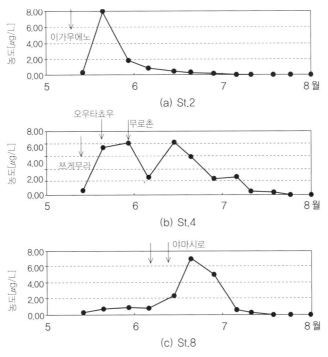

〈그림 3-22〉 기즈천의 농약의 지리적 농도 변화 및 농약 산포 시기

점과 반드시 일치하지 않지만, 가장 가까운 정점의 데이터로부터 비교할 수 있다. 기즈천은 St.3과 St.8 근처에 국토교통성의 정점이 있어 유량과 분석결과의 비교로부터 농도 현상은 유량 증가에 의한 것이 증명되었다

(d) 분해물

일부의 유기인계 농약은 염소처리로 산화물이 생성하는 것으로 알려져 있다.

그 이외의 농약에 대해서도 분해물을 조사하는 것은 중요한 분해물의 표준품은 시판되지 않은 것이 많기 때문에 농약을 염소처리해 처리액을 GC/MS로 측정해 정성한다.

기즈천의 조사에서는 7종류의 분해물이 검출되었다(그림 3-20). 대표적인 몰리네이트 및 이소프로티올란의 분해물의 경시 변화(St.2)를 〈그림 3-23〉에 나타낸다.

몰리네이트는 산화에 의해 케토몰리네이트를 생성한다. 몰리네이트에는 산소가 결합하는 위치가 3개 있어 각각 2-, 3- 및 4-케토몰리네이트가 된다. 여기에서는 2-케토몰리네이트의 농도 변화를 나타낸다. 이소프로티올란은 산화에 의해 이소프로티올란술폭시드를 생성한다. 기원이 되는 농약과 산화된 분해물의 농도 변화는 크게 변함없다. 기원 농약의 출현과 동시에 분해물도 출현하고 있기 때문에 이미 농경지에서 분해되었

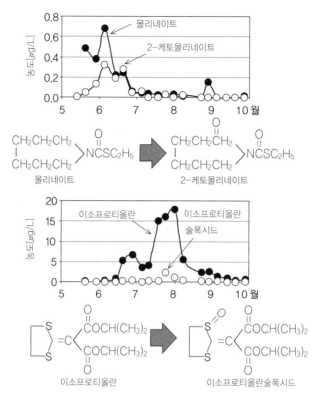

〈그림 3-23〉 몰리네이트 및 이소프로티올란과 이들 산화물의 st.2에서의 농도 경시 변화

을 것이라고 생각된다.

❖ 5. SCAN 데이터의 이용법

GC/MS의 SCAN 데이터는 타임 캡슐과 같이 때를 거슬러 올라갈 수가 있다. 그래도 정성뿐만 아니라 정량에 대해서도 개산이기는 하지만 가능하여 경시 변화, 지리적 분포를 알 수 있다.

예를 들면, 요도가와의 농약 분석을 1991~95년에 걸쳐 실시했지만 그 후 1998년에 알킬페놀 등이 환경 호르몬으로서 문제시 되어 분석이 시급하게 되었다. 환경호르몬 중에는 농약과 유사한 물질이 있다. 요도가와의 SCAN 데이터를 이용해 환경호르몬의 측정이온을 실마리로 과거의 오염상황을 검색했다.

〈그림 3-24〉에 1992년 7월의 질량 크로마토그램을 나타낸다. 몇 년이 지나면 분리 칼럼 등이 진보하므로 체류시간이나 내부표준과의 상대감도가 전혀 같다고는 할 수 없다. 그렇지만 새롭게 내부표준과 과제물질을 GC/MS로 분석해 그 결과를 이용하는 것

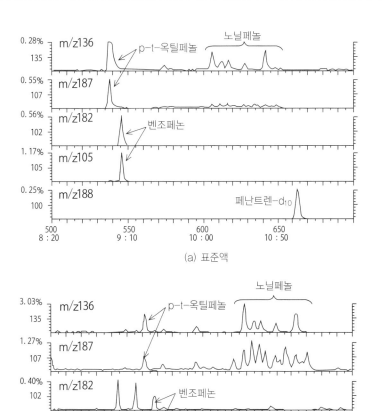

〈그림 3-24〉 환경 호르몬 물질의 질량 크로마토그램

으로 1998년 이후에 문제가 된 알킬페놀 및 벤조페논의 1991~95년의 오염상황을 알
수 있었다.

3-3-2 ❖ LC/MS에 의한 농약 분석

수질의 LC/MS에 의한 농약 분석법은 국가가 정하고 있는 것으로서, 수질오탁방지
법 등에 근거한 '골프장에서 사용되는 농약의 검사방법'[16]이나 '외인성 내분비 교란 화
학물질 조사 잠정 매뉴얼'[17], 수도법에 근거하는 '수질관리 목표설정 항목의 검사법'[18]

등이 있다. 그 외에도 환경성이 쇼와 49년부터 실시하고 있는 화학물질 환경실태조사(환경과 화학물질)에 대해 개발된 분석법 등이 있어 (독일)국립환경연구소에 의한 분석법을 데이터베이스화하여 인터넷상에 공표하고 있다[19]. 여기에서는 기초에 검토된 농약의 LC/MS 일제 분석법 가운데 실제의 수질시료에 적용되어 실적을 얻을 수 있는 분석법을 소개한다.

❖ 1. 골프장에서 사용되는 농약의 LC/MS 일제 분석

(a) 대상물질

2010년에 지침값이 추가된 골프장 사용 농약 29농약 가운데 분해물 등을 포함해 22농약을 일제 분석하는 분석법[20]을 소개한다. 대상 농약을 〈표 3-12〉에 나타낸다.

〈표 3-12〉 농약 이름, 체류시간, 모니이온 및 장치 검출한계(IDL)

농약 이름	RT[min]	프리커서 이온	프로덕트 아온	IDL [ng/mL]
아세타이프리드	3.46	223	126	0.11
이미다크로프리드	3.05	256	209	0.17
크로치아니딘	3.11	250	169	0.17
티아메톡삼	2.57	292	211	0.16
데부페노자이드	9.40	353	297	0.18
디페노코나졸	10.11	406	251	0.22
시프로코나졸-1	8.47	292	125	0.20
시프로코나졸-2	8.78	292	125	0.23
시메코나졸	9.00	294	135	0.22
티플루자마이드	9.21	529	148	0.44
테트라코나졸	9.05	372	159	0.17
테브코나졸	9.65	308	125	0.41
트리후루미졸	10.31	346	278	0.09
트리후루미졸 대사물	8.92	295	215	0.47
보스카리드	8.21	343	307	0.27
메타라키실 M	7.00	280	220	0.17
메타라키실	7.00	280	220	0.24
에톡시설푸론	5.26	399	261	0.09
옥사지클로메폰	10.40	376	190	0.15
카펜스트롤	8.64	351	100	0.24
카펜스트롤탈칼바모일체	5.02	252	119	0.23
싸이클로설파무론	6.71	422	218	0.11
메코프로프	5.37	213	141	0.61

(b) 분석법의 개요

염산으로 pH3으로 조정한 시료수 200mL를 고상 카트리지(Oasis HLB Plus)에 통수하고 메탄올 4mL로 용출한 후 LC/MS/MS로 측정한다. 분석 조작 흐름을 〈그림 3-25〉에 나타낸다.

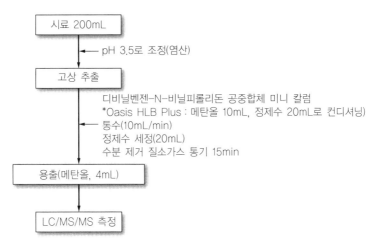

〈그림 3-25〉 골프장 농약의 분석 조작 흐름도

(c) 시약·기구
- 농약 표준품 : 시판하는 표준시약을 구입
- 염산 : 시약 특급
- 고상제 : Oasis HLB Plus(225mg)
- 메탄올 : LC/MS용
- 정제수 : 밀리 Q수(ADVANTEC AQUARWS PWE-500, PWU-200)
- 표준액 : 22농약의 표준품을 칭량해 메탄올로 500μg/mL의 표준액을 조제한다. 검량선 작성용 용액은 메탄올로 희석해 0.1~10ng/mL의 농도 범위에서 5단계 이상의 용액을 조제한다.

(d) LC/MS 조건

LC/MS/MS의 분석 조건을 〈표 3-13〉에, 표준액의 크로마토그램을 〈그림 3-26〉에 나타낸다.

〈표 3-13〉 LC/MS/MS 분석 조건

LC	
기종	Waters사제 Acquity UPLC
칼럼	Acquity HSS C18 (2.1mm×100mm, 1.8μm)
이동상	A : 5mmol/L 초산암모늄 수용액 B : 메탄올
	0→0.7min A : B=95 : 5
	0.7→1.5min A : 95→70 B : 5→30
	1.5→8.5min A : 70→30 B : 30→70
	8.5→10.5min A : 30→5 B : 70→95
	10.5→12.0min A : 5→95 B : 95→5
	12.0→14.0min A : B=95 : 5
유량	0.4 mL/min
칼럼 온도	40℃
주입량	5μL

MS	
기종	Waters사제 Acquity Premier XE
이온화 모드	ESI-positive/Negative
캐필러리 전압	1.0kV
이온 소스 온도	120℃
탈용매 가스 온도	400℃
탈용매 가스 유량	800L/hr
콘 가스 유량	50L/hr

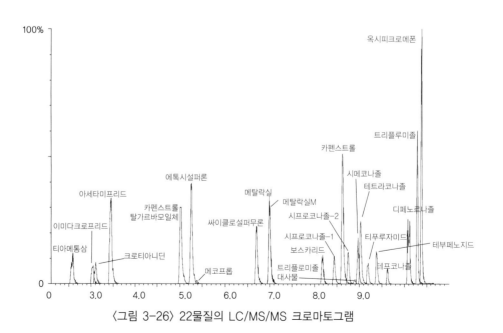

〈그림 3-26〉 22물질의 LC/MS/MS 크로마토그램

(e) 장치 검출한계 (IDL)

장치 검출한계(IDL : Instrument Detection Limit)는 '화학물질 환경실태조사 실시의 안내'[18]에 따라 0.5ng/mL의 혼합 표준액을 7회 반복분석해 다음 식으로부터 산출한다.

$$IDL[ng/mL] = t(n-1, 0.05) \times \sigma_{n-1} \times 2$$

여기서, $t(n-1, 0.05)$: 위험률 5%, 자유도 $n-1$의 t값(한쪽 편)

σ_{n-1} : 7회 반복분석의 표준편차

(f) 고상제의 종류별 회수율

고상제로부터의 회수시험 결과를 〈표 3-14〉에 나타낸다.

〈표 3-14〉 고상제의 종류별 회수율

농약명	Aqusis PLS-3	Supel-Select HLB	Oasis HLB Plus	SepPak Plus PS-2	Presep Agri	Sep Pak Vac C18
아세타미프리드	78	91	94	94	99	98
이미다크로프리드	68	83	83	89	90	95
크로차아니딘	80	85	87	89	94	60
티아메톡삼	76	81	86	87	93	38
테부페노자이드	81	84	94	99	96	102
디페노코나졸	66	74	75	22	28	83
시프로코나졸-1	88	80	94	95	100	98
시프로코나졸-2	91	89	98	97	92	99
시메코나졸	91	90	97	95	96	97
티플루자마이드	85	87	93	100	98	86
테트라코나졸	80	84	93	93	87	97
테브코나졸	79	86	97	91	69	100
트리후루미졸	67	80	83	87	59	81
트리후루미졸 대사물	83	83	83	94	30	98
보스카리드	76	69	82	86	85	89
메타라키실M	74	74	86	93	102	100
메타라키실	73	72	87	93	100	102
에톡시설푸론	81	93	94	93	91	101
옥사지크로메폰	68	79	85	71	56	81
카펜스트롤	80	81	97	85	77	98
카펜스트롤탈칼바모일체	91	99	94	91	96	98
싸이클로설파무론	71	61	80	80	50	90
메코프로프	90	94	98	92	100	99

❖ 2. 아슐람 등의 일제 분석

골프장에서 사용되는 농약 가운데 가장 저농도까지 분석할 필요가 있는 아슐람 등의 일제 분석법을 소개하는 농약의 종류와 모니터 이온을 〈표 3-15〉에 나타낸다.

〈표 3-15〉 대상물질 및 모니터 이온

성분명	정량 이온	확인 이온
아족시스트로빈	404.0/372.1	404.0/172.2
벤술프론메틸	412.0/149.2	436.0/182.1
옥사지클로메폰	377.0/190.0	377.9/161.0
티오벤캅	355.0/88.2	355.0/108.9
시듀론	233.2/94.1	233.2/137.2
프라자술프론	408.0/182.2	408.0/83.1
할로술프론메틸	436.0/182.1	435.0/139.0
아슐람	231.1/156.1	231.1/92.2

(a) 분석법의 개요

수질시료 500mL를 인산으로 pH3.5로 조정해, 고상 카트리지(PL8-3 JR)에 통수한다. 아세토니트릴 4mL로 용출해 질소가스 기류를 내뿜어 농축해 LC/MS/MS로 측정한다. 분석 조작 흐름을 〈그림 3-27〉에 나타낸다. 또, 부유물질(SS)이 많은 경우는 미리 유리섬유 여과지로 여과하고(그림 3-28), 여과잔사를 소량의 메탄올로 초음파 추

〈그림 3-27〉 아슐람 등의 분석 조작 흐름도

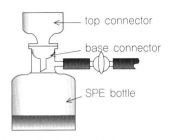

〈그림 3-28〉 여과장치의 예

출한다. 추출액에 맞추어 고상 카트리지에 통수한다.

(b) LC/MS 조건

LC/MS/MS의 분석 조건을 〈표 3-16〉에 나타낸다.

〈표 3-16〉 아슐람 등의 LC/MS 조건

LC	
기종	Shimadzu LC 10 ADvp
칼럼	ODS-3 (150mm×2.1mm, 5μm)
이동상	A : 10mmol/L 초산암모늄 수용액 B : 메탄올
	0→2min A : B=95 : 5
	2→15min A : 95→5 B : 5→95 선형 그래디언트
	15→20min A : B=5 : 95
	20→20.5min A : 5→95 B : 95→5 선형 그래디언트
	20.5→35min A : B=95 : 5
유량	0.2mL/min
칼럼 온도	40 ℃
주입량	10μL
MS	
기종	API 3200
이온화 모드	ESI-positive
이온소스 전압	4000V
이온소스 온도	600℃
네블라이저 가스	50psi 커튼가스 : 10psi
모니터 이온	표 3-15 참조

(c) 분석법의 검출한계(MDL)

분석법의 검출한계(MDL : Method Detection Limit)는 정제수 500mL에 농약 표준물질을 10ng 첨가해 〈그림 3-27〉의 분석 조작 흐름에 따라 반복분석을 실시해 IDL과 같이 그 표준편차로부터 산출한다. 〈표 3-17〉에 MDL의 산출 예를 나타낸다.

CHAPTER 3

〈표 3-17〉 검출하한(MOL)의 산출 예

성분명	아조시스트로빈	벤설푸론메틸	옥사지클로메폰	티오벤카브
첨가량 [ng]	10	10	10	10
시료액 농도 [μg/L]	0.020	0.020	0.020	0.020
분석값 1	0.018	0.019	0.020	0.014
분석값 2	0.018	0.023	0.024	0.019
분석값 3	0.017	0.021	0.025	0.015
분석값 4	0.016	0.018	0.024	0.015
분석값 5	0.019	0.025	0.025	0.021
분석값 6	0.019	0.024	0.022	0.018
평균 [μg/mL]	0.0178	0.0217	0.0235	0.0171
표준편차	0.0012	0.0026	0.0019	0.0026
상대 표준편차 [%]	6.7	12	8.2	15
MDL [μg/L]	0.005	0.010	0.008	0.011
회수율 [%]	89	108	117	85
첨가량 [ng]	10	10	10	25
시료액 농도 [μg/L]	0.020	0.020	0.020	0.050
분석값 1	0.014	0.015	0.017	0.043
분석값 2	0.017	0.017	0.017	0.046
분석값 3	0.016	0.013	0.014	0.042
분석값 4	0.017	0.015	0.016	0.044
분석값 5	0.018	0.018	0.018	0.044
분석값 6	0.019	0.019	0.019	0.041
평균 [μg/mL]	0.0167	0.0162	0.0168	0.0433
표준편차	0.0017	0.0023	0.0016	0.0018
상대 표준편차 [%]	9.9	14.1	9.5	4.1
MDL [μg/L]	0.007	0.009	0.006	0.007
회수율 [%]	84	81	84	87

❖ 3. GC/MS와 조합한 LC/MS 일제 분석

환경성은 골프장 농약의 동시분석법으로서 GC/MS와 LC/MS를 조합한 일제 분석법을 추천하고 있다[16]. 분석법의 개요를 〈그림 3-29〉에 나타낸다

❖ 4. LC/MS에 의한 일제 분석의 유의점

① EDTA의 첨가 : 튜람 등 저농도 범위의 분석에 있어 대상 화학물질의 분해 등에 의해 안정된 회수율을 얻는 것이 곤란한 농약이 있다. 수도물의 분석법[18]에서는 잔류염소를 포함한 수질시료를 분석하기 위해 에틸렌디아민4초산(EDTA)을 첨가해 분해를 억제하는 방법을 이용한다. EDTA의 첨가에 의해 튜람의 회수율이 90% 이상으로 개선된다는 보고가 있다[22].

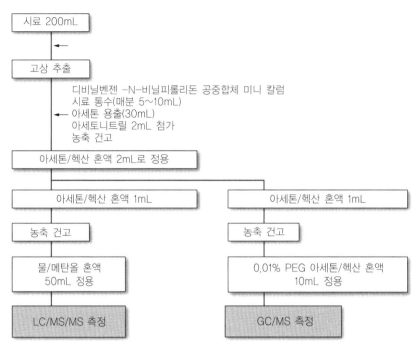

〈그림 3-29〉 GC/MS와 LC/MS를 이용한 동시분석법의 개요

② S/N에 의한 검출한계의 확인 : 현재의 화학물질 분석에서는 전술한 IDL나 MDL과 같이 분석의 격차로부터 검출한계를 산출하는 것이 많다. 그러나 적절한 n수를 얻을 수 없는 등에 의해 분산을 작게 추측해, 검출 불가능한 농도를 설정하는 일도 있다. 따라서 분산으로부터 검출한계를 설정할 때는 저농도의 크로마토그램으로부터 시그널-노이즈비(S/N, 그림 3-30)를 계산해, 분산으로부터 얻어진 검출한계가 타당한 것을 확인하는 것이 중요하다

③ 친수성 농약의 추출 : 친수성이 높은 아세페이트나 메타미드호스의 추출 예를 〈표 3-18〉에 나타낸다[23]. 고상제로는 활성탄계가 적합하다.

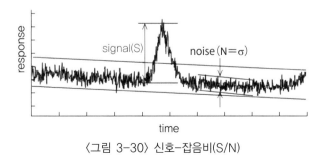

〈그림 3-30〉 신호-잡음비(S/N)

〈표 3-18〉 수용성이 높은 농약의 회수율

정제수 100mL에 농약 10ng을 첨가(옥신 코퍼 50ng)

Compaunds	PLS-3*1		AC-2*2		Compaunds	PLS-3*1		AC-2*2	
	pH3.5	pH5.8	pH3.5	pH5.8		pH3.5	pH5.8	pH3.5	pH5.8
Acephate	10	10	86	94	Siduron	95	105	0	0
Methamidophos	0	1	91	38	Azoxystrobin	92	99	0	0
Oxine-copper	76	28	0	0	Halosulfuronmethyl	84	102	0	0
Asulam	85	48	0	0	SAP	74	115	0	0
DEP	86	86	34	8	Bentazone	83	76	0	0
Thiodicarb	102	117	0	0	Triclopyl	90	76	0	0
Thiram	34	0	0	0	MCPP	92	78	0	0
Flazasulfron	98	107	0	0					

*1 Aqusis PLS-3(200mg, 6mL, GL
*2 Sep Pak Plus AC-2(Waters사제)
정제수 100mL에 각 농약 10ng 첨가(옥신 코퍼 50ng)

④ 고상 카트리지의 종류 : 물로부터 농약을 추출할 때에 사용하는 고상제에 대해서는 각 제조사로부터 많은 상품이 시판되고 있다. 고상제의 상품명과 충전 소재는 다음과 같다.

> Sep-Pak Plus PS-2 　　　: 스틸렌디비닐벤젠 공중합체
> Oasis HLB. Supel-Select HLB :
> 　　　　　　　　　　　　디비닐벤젠-N-비닐피롤리돈 공중합체
> Sep-PakAC-2 　　　　　: 활성탄
> PLS-3. Presep Agri 　　: 스틸렌디비닐벤젠 메타아크릴레이트계
> Sep PakVac C18 　　　　: 옥타데실기 화학 결합 실리카겔

3-4 • PAHs·OPEs·PAEs

다환방향족 탄화수소류(PAHs, 그림 3-31). 유기인산트리에스테르류(OPEs, 그림 3-32) 및 프탈산에스테르류(PAEs, 그림 3-33)는 널리 환경 중에서 검출된다. PAHs는 석탄, 석유 등의 화석연료에 포함되어 있고, 또 이것들과 유기물이 연소할 때에도 비의도적으로 생성된다. PAHs 중에는 발암성, 변이원성, 최기형성을 가지는 물질이 있어[24], 대표적인 PAHs인 벤조[a]피렌은 유해 대기오염 물질의 우선 대전물질로서 지정되어 있다.

한편, OPEs나 PAEs는 플라스틱 가소제나 난연제로서 공업적으로 다량으로 생산되

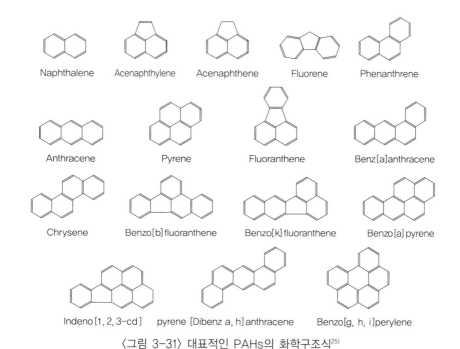

〈그림 3-31〉 대표적인 PAHs의 화학구조식[25]

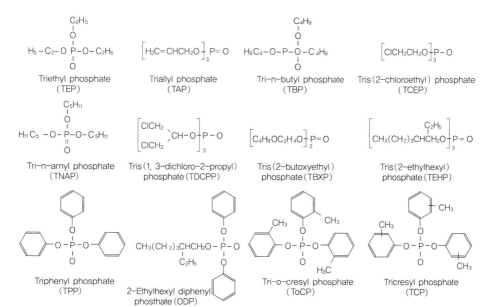

〈그림 3-32〉 대표적인 OPEs의 화학구조식[29]

CHAPTER 3

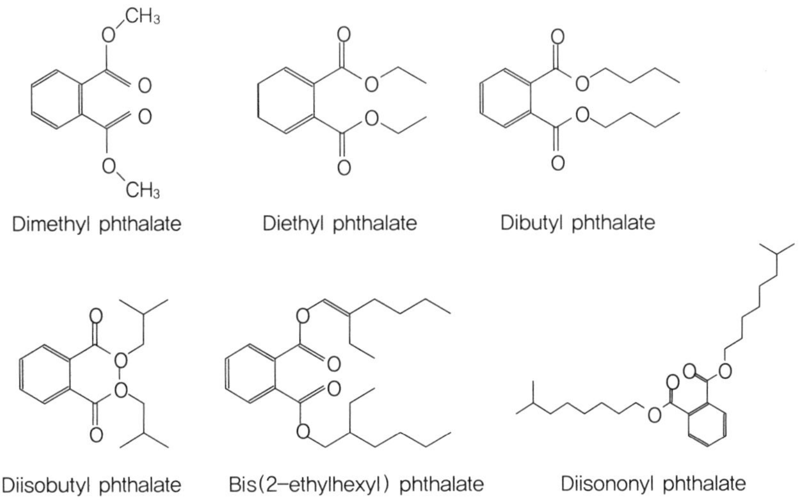

Dimethyl phthalate   Diethyl phthalate   Dibutyl phthalate

Diisobutyl phthalate   Bis(2-ethylhexyl) phthalate   Diisononyl phthalate

〈그림 3-33〉 대표적인 PAEs의 화학구조식

어 사용 과정에서 배출될 뿐만 아니라, 사용제품이 폐기되는 폐기물 처분장 등으로부터 환경 중에 방출되고 있다[26],[27]. PAEs는 내분비 교란작용이 의심되므로 일본에서는 대대적으로 환경조사가 실시되고 있다. 또, 〈그림 3-33〉에 나타내듯이 OPEs는 유기인계 농약과 지극히 유사한 구조를 가지고 있으므로 신경 독성이나 발암성이 의심되는 물질도 있다[27]. 본장에서는 전형적인 소수성 물질인 PAHs, 폭넓은 극성을 나타내는 OPEs 및 PAEs의 분석법을 비교하면서 물질이 가지는 물리화학적 성질과 분석 전처리법의 특징에 대해 설명한다. 또, 분석 블랭크의 관리가 매우 어려운 PAEs 분석상의 유의점에 대해서도 언급한다.

❖ 1. PAHs의 분석법

PAHs는 〈그림 3-31〉에 나타내듯이 닫힌 공역계와 평면구조를 가져 지극히 낮은 물용해도와 높은 옥탄올/물분배계수(LogPow)를 나타내 화학적으로도 비교적 안정(광분해에는 요주의)되어 있어 다양한 전처리 기술을 적용할 수 있다.

〈그림 3-34〉에 PARs의 대표적인 분석법을 나타낸다[30]~[33].

(a) 추출

수질시료에서는 PAHs가 소수성이므로 소수성 추출 용매인 헥산에 의한 액-액 추출법(그림 3-35)을 이용한다. 또, 고상 추출법(그림 3-36)도 적용할 수 있다. 액-액 추출에서는 10% 정도의 아세톤이 공존하더라도 추출률에 변화는 없다[33].

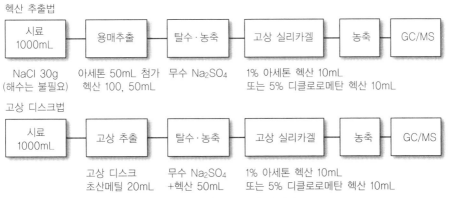

〈그림 3-34〉 PAHs의 분석법

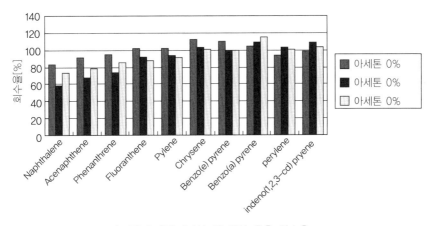

〈그림 3-35〉 PAHs의 헥산 추출 회수율

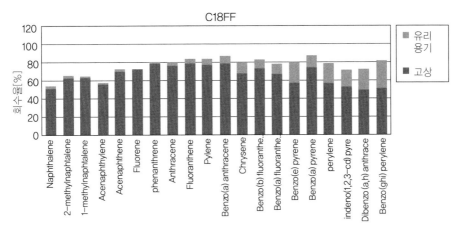

〈그림 3-36〉 고상 추출에서 PAHs의 회수율과 시료 채취 용기에의 흡착 · 잔존

CHAPTER 3

PAHs는 소수성으로 현탁물질(SS)이나 시료 보존용기에 흡착하는 성질이 있다(그림 3-36)[33]. 이 때문에 시료용기를 아세톤 등으로 세정 추출하고, 카트리지 칼럼을 이용한 고상 추출에서는 SS를 여과지로 여과 포집하여 따로 추출한다. 또, 다량의 SS를 포함한 시료에서는 디클로로메탄에 의한 액-액 추출이 헥산 추출보다 PAHs를 효율적으로 추출할 수 있다

(b) 클린업
① 칼럼 클린업
클린업에는 실리카겔 카트리지 칼럼을 사용한다. PAHs는 1% 아세톤 함유 헥산 또는 5% 디클로로메탄 함유 헥산 등의 약한 극성의 용리액으로 용출(표 3-19)하지만 5%

〈표 3-19〉 PAHs의 Sep-Pak Plus 실리카겔 카트리지 칼럼의 용출 패턴

물질명	헥산 [mL]	1% 아세톤/헥산					1st Fr.	2nd Fr.
	2	0-2	2-4	4-6	6-8	8-10	합계	합계
Naphthalene	0	56	45	1	1	1	99	0
2-Methylnaphthalene	0	42	58	1	0	1	100	1
1-Methylnaphthalene	0	44	57	1	2	1	100	1
Acenaphthylene	0	17	101	6	0	0	80	0
Acenaphthene	0	19	78	4	0	0	99	0
Fluorene	0	0	24	66	0	8	98	0
Phenanthrene	0	1	45	28	11	9	98	0
Anthracene	0	1	59	25	1	4	100	0
Fluoranthene	0	0	15	62	0	15	102	0
Pyrene	0	1	59	27	0	1	102	0
Reten	0	0	13	56	0	15	107	0
Benzo[a]anthracene	0	0	0	8	10	59	110	0
Chrysene	0	0	0	10	12	65	107	0
Triphenylene	0	0	0	10	12	65	107	0
Naphthacene	0	0	0	8	3	29	67	0
Benzo[b] fluoranthene	0	0	0	1	39	49	108	0
Benzo[j] fluoranthene	0	0	0	1	39	49	108	0
Benzo[k] fluoranthene	0	0	0	1	39	49	108	0
Benzo[e] pyrene	0	0	0	7	17	65	110	0
Benzo[a] pyrene	0	0	0	10	11	62	108	0
Perylene	0	0	0	5	22	61	108	2
3-Methylcholanthrene	0	0	1	0	59	27	104	1
Inden[1,2,3-cd] pyre	0	0	0	1	44	40	109	1
Diben[a,h] anthracene	0	0	0	0	63	24	109	1
Benzo[ghi] perylene	0	0	0	6	19	63	109	1
Anthanthrene	0	0	0	7	12	62	103	1
Coronene	0	0	0	5	20	63	109	1

주 1) 1st Fr. 합계＝헥산 2mL＋1% 아세톤/헥산 10mL의 합계값(전량 측정값)
　　 2) 2nd Fr. 합계＝30% 벤젠/5% 에탄올/헥산 10mL의 합계값(전량 측정값)

디클로로메탄 함유 헥산을 이용하는 편이 착색물질 등의 불순물질 용출이 적다. PAHs는 극성기를 갖지 않으므로 용출에 이용하는 용매는 아세톤-헥산보다 디클로로메탄-헥산 쪽이 클로로필 등의 극성 물질을 실리카겔 고상에 머무른 채로 PAHs를 용출할 수 있는 이점이 있다

폐수나 하수, 저질 등 불순물이 많은 시료를 분석할 경우는 오픈 칼럼을 이용한다. 〈표 3-20〉 및 〈그림 3-37〉에 5% 함수 실리카겔 칼럼 크로마토그래피(5g, 10mm∅)에 의한 광물유 함유 저질의 분획 결과를 나타낸다. 제1플렉션(헥산 15mL)에는 광물유 성분이, 제2플렉션(1% 아세톤/헥산 100mL)에는 PAHs가 분리되고 광물유 성분이나 제3플렉션 이후에 용출되는 방해성분과 PAHs를 완전하게 분리한다.

〈표 3-20〉 PAHs의 5% 함수 실리카겔 크로마토그래피(5g)의 용출 패턴

물질명	헥산 [mL]			1% 아세톤/헥산 [mL]									
	−5	−10	−15	−10	−20	−30	−40	−50	−60	−70	−80	−90	−100
Naphthalene	0	0	0	95	4	0	0	0	0	0	0	0	0
2-Methylnaphthalene	0	0	0	94	8	0	0	0	0	0	0	0	0
Acenaphthylene	0	0	0	61	40	0	0	0	0	0	0	0	0
Acenaphthene	0	0	0	81	21	0	0	0	0	0	0	0	0
Fluorene	0	0	0	1	90	11	0	0	0	0	0	0	0
Phenanthrene	0	0	0	2	72	10	10	2	0	0	0	0	0
Anthracene	0	0	0	7	82	7	1	0	0	0	0	0	0
Fluoranthene	0	0	0	0	49	39	2	0	0	0	0	0	0
Pyrene	0	0	0	2	85	7	0	0	0	0	0	0	0
Reten	0	0	0	0	58	27	1	0	0	0	0	0	0
Benzo[a]anthracene	0	0	0	0	0	48	30	4	0	0	0	0	0
Chrysene	0	0	0	0	0	48	30	4	0	0	0	0	0
Triphenylene	0	0	0	0	0	48	30	4	0	0	0	0	0
Naphthacene	0	0	0	0	1	53	14	1	0	0	0	0	0
Benzo[b] fluoranthene	0	0	0	0	0	4	48	16	2	0	0	0	0
Benzo[j] fluoranthene	0	0	0	0	0	4	48	16	2	0	0	0	0
Benzo[k] fluoranthene	0	0	0	0	0	4	48	16	2	0	0	0	0
Benzo[e] pyrene	0	0	0	0	0	27	41	8	0	0	0	0	0
Benzo[a] pyrene	0	0	0	0	0	40	26	3	0	0	0	0	0
Perylene	0	0	0	0	0	18	43	9	1	0	0	0	0
3-Methylcholanthrene	0	0	0	0	0	0	15	37	11	2	0	0	0
Inden[1,2,3-cd] pyre	0	0	0	0	0	1	47	21	5	0	0	0	0
Diben[a,h] anthracene	0	0	0	0	0	0	17	35	18	0	0	0	0
Benzo[ghi] perylene	0	0	0	0	0	14	43	10	0	0	0	0	0
Anthanthrene	0	0	0	0	0	29	31	6	0	0	0	0	0
Coronene	0	0	0	0	0	15	46	11	1	0	0	0	0
Naphth[2,3-a] pyrene	0	0	0	0	0	0	0	13	28	14	0	0	0

CHAPTER 3

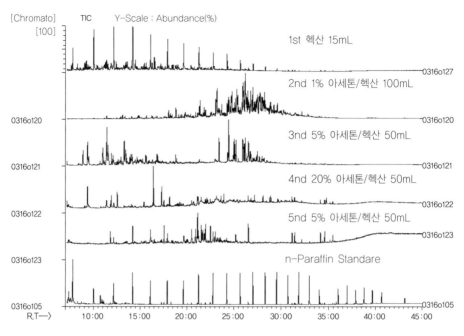

〈그림 3-37〉 5% 함수 실리카겔 크로마토그래피(5g, 10mm φ)에 의한 광물유 함유 저질의 분획

② 알칼리 분해

PAHs는 광분해성을 가지는 물질로 존재하지만 산, 알칼리 등에 대해서는 비교적 안정적이다. 이 성질에 주목해 저질이나 생물 등의 경우, PAHs의 추출이나 클린업을 목적으로 알칼리 분해법을 이용한다[30]~[32].

알칼리 분해법은 지방, 단백질, 에스테르류 등의 성분을 효율적으로 분해·제거할 수 있는 방법이며, 생체시료에서는 동질화 시료에 직접 알칼리 용액(통상 에탄올 또는 메탄올 용액)을 첨가해 시료의 분해·가용화와 추출을 동시에 실시할 수 있는 이점이 있다. 또, 산성 화합물을 거의 완전하게 제거할 수 있으며 저질 중에 다량으로 포함되는 단체 유황도 분해 제거할 수 있는 이점이 있다.

알칼리 분해법에는 가열 분해법과 실온 분해법이 있지만, 난분해성으로 안정적인 화학물질이라고 하고 있는 폴리염화비페닐(PCBs)이어도 가열 알칼리 분해를 실시하면 8염소 이상의 높은 염소화 PCBs가 현저하게 분해되고, 특히 10염소화물은 완전하게 분해한다[34]. 이와 같이 PCBs 등의 유기염소계 화합물과 동시분석을 실시하는 경우는 실온 알칼리 분해가 적합하지만 클린업 효과나 추출효율로 보면 가열 알칼리 분해법이 우수하다. 〈그림 3-38〉에 각종 추출방법에 따르는 저질 중 PAHs의 분석결과[31]를 나타내었는데, 진정한 추출효율을 검증하기 위해서는 실제 시료를 분석해 그 분석값으로

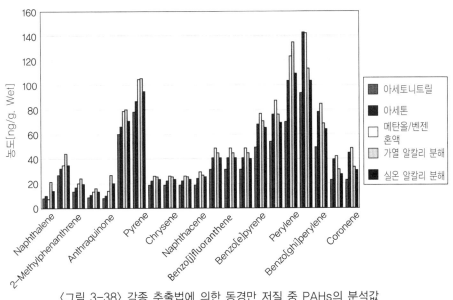

〈그림 3-38〉 각종 추출법에 의한 동경만 저질 중 PAHs의 분석값

판단해야 한다. 아세토니트릴을 이용한 액-고 추출법은 아세톤이나 가열 알칼리 분해법과 비교하면 분석값이 낮다. 소수성이 강한 PAHs의 추출률이 낮은 알칼리 분해법에서 실온 분해법은 가열 분해법과 거의 동등한 분석값을 나타내지만, 클린업 효과는 가열 분해법이 우수하므로 PCBs 등과 동시분석을 실시하지 않는 경우는 가열 분해법을 선택해야 한다. 또 PAHs는 저질에 강하게 흡착해 존재하기 때문에 디클로로메탄, 톨루엔 등을 이용한 고속 용매 추출장치(ASE : Accelerated Solvent Extractor)에 의한 방법이 높은 추출효과를 기대할 수 있다. 덧붙여 저질에는 고농도의 광물유가 존재하는 것, 생물시료에는 알칼리 분해로 분해되지 않는 방해성분이 다량으로 존재하기 때문에 알칼리 분해를 실시했을 경우라도 칼럼 클린업은 필수이다.

(c) 검출(GC/MS 분석)

PAHs의 측정은 HPLC/형광법과 GC/MS법이 사용되고 있다. HPLC/형광법은 형광을 가지는 PAHs를 고감도로 검출할 수 있지만 다성분 분석은 곤란하다.

한편 GC/MS법은 형광을 가지지 않는 물질도 포함한 다성분의 분석이 가능하며, PAHs의 EI 질량 스펙트럼은 분자이온이 강하게 검출되지만 프래그먼트 이온의 생성이 적고 강도가 낮으므로 확인 이온의 선정이 곤란해 방해가 적은 측정을 실시하기 위해서는 미리 GC분리의 조건을 충분히 검토할 필요가 있다. 또 GC/MS에서는 저비점의 나프탈렌부터 지극히 고비점의 코로넨까지 동시측정이 가능하지만, PAHs는 칼럼이나 주입구에의 흡착성이 강하고 피크가 테일링하기 쉬우므로 PAHs의 흡착성이 적고 내열성이 있는 칼럼($0.25\mu m$ 이하의 막두께의 DB-5MS, DB-17 MS 또는 HT 등)을 선정할 필요가 있다. 또 정밀도가 우수한 측정을 위해서는 주입구 인서트의 정기적인 교환, 주입구 부근의 칼럼 절단에 의한 분리능의 회복, 정기적인 칼럼 교환 등을 실시할 필요가 있다.

❖ 2. OPEs의 분석법

OPEs는 〈그림 3-32〉에 나타내듯이 대칭성이 좋은 인산 에스테르 구조를 가지지만, 황(S)을 포함한 에스테르 구조를 가지는 유기인계 농약보다 강한 극성을 가져 LogPow의 확대도 크다(2-2-1 '추출·농축' 참조). 이로 인해 칼럼 크로마토그래피의 용출 조건 등은 PAHs보다 극성을 높인 용리 용매를 사용할 필요가 있어 공존하는 불순성분과의 분리가 곤란하다.

〈그림 3-39〉에 OPEs의 대표적인 분석법을 나타낸다[35],[36].

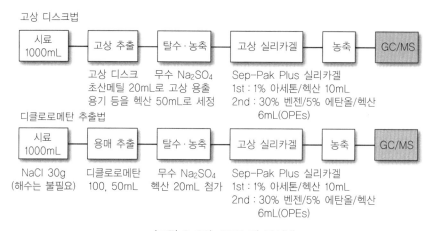

〈그림 3-39〉 OPEs의 분석법

(a) 추출

수질시료에서는 OPEs의 극성이 강하기 때문에 소수성 추출 용매인 헥산에 의한 추출율이 낮아 디클로로메탄, 초산에틸 등의 극성 용매를 사용한다. 또, 고상 추출법도 적용할 수 있고 Triethyl phosphate 등의 극성이 강한 OPEs의 회수율은 고상 추출법이 액-액 추출법보다 높은 경향을 나타낸다(3-2-1 '추출·농축' 참조).

(b) 클린업

수질시료의 클린업은 불순물이 적으므로 카트리지 칼럼을 사용할 수 있다. 충전재로 실리카겔을 이용하는 경우는 제1플렉션(1% 아세톤/헥산 용액 10mL)에 광물유나 PAHs를 제거한 뒤 제2플렉션(30% 벤젠/5% 에탄올/헥산 용액 6mL)에 OPEs를 용출한다. 〈표 3-21〉에 나타내듯이 방향족계의 OPEs(TPP, TCP, τ현P 등)는 비교적 극성이 약한 5% 아세톤/헥산으로 용출 가능하지만, 알킬계의 OPEs(TEP, TAP, TBP, TCPP, CRP 등)는 에탄올을 함유하는 높은 극성의 용리액을 필요로 한다. 덧붙여 제1플렉션에는 PAHs가 용출하므로 한 번의 추출로 OPEs와 PAHs를 분획해 동시분석할 수 있다.

〈표 3-21〉 OPEs의 Sep-Pak Plus 실리카겔 칼럼의 용리 패턴(예비실험)

물질명(약호)	헥산 3mL	1%Ac 10mL	2%Ac 5mL	5%Ac 5mL	10%Ac 5mL	5%EtHex 5mL	5%EtBz 5mL
Triethyl phosphate(TEP)	0	0	0	0	3	63	12
Triallyl phosphate(TAP)	0	0	0	1	6	80	2
Tributyl phosphate(TBP)	0	0	0	1	96	11	4
Tris(2-chloroethyl) phosphate(TCEP)	0	0	0	0	0	1	120
Tris(chloropropyl) phosphate(TCPP)	0	0	0	2	6	74	4
Tri-n-amyl phosphate(TNAP)	0	0	0	2	87	2	2
Tris(1,3-dichloro-2-propyl) phosphate(TDCP)	0	0	0	1	25	53	1
Triphenyl phosphate(TPP)	0	0	0	94	0	0	0
2-Ethylhexyl diphenyl phosphate(ODP)	0	0	0	77	0	0	0
Tris(2-butoxyethyl) phosphate(TBXP)	0	0	0	0	0	80	17
Tris(2-ethylhexyl) phosphate(TOP)	0	0	0	110	1	0	0
Cresyl diphenyl phosphate(CDP)	0	0	0	92	0	0	0
Dipcresyl phenyl phosphate(DCP)	0	0	0	85	0	0	0
Tricresyl phosphate(TCP)	0	0	1	94	0	0	0
Xylenyl Di phenyl phosphate(XDP)	0	0	7	79	1	0	0
Tris(isopropylphenyl) phosphate(TIPP)	0	2	45	26	1	0	0
Trixylenyl phosphate(TXP)	0	0	50	26	0	0	0
Tris(2,3-dibromopropyl) phosphate(TDBPP)	0	0	0	2	2	66	1
Tris(4-tert-butylphenyl) phosphate(TBPP)	0	1	86	4	0	0	0

주 1) 물질명의 약호는 그림 3-32 참조
   2) Ac : 아세톤, Et : 에탄올, Hex : 헥산, Bz : 벤젠

알킬계의 OPEs가 용출하는 분획은 높은 극성의 용리액에 의해 클로로필, 후민질 등의 착색 불순성분이 용출해 GC 칼럼 등의 열화를 부르는 원인이 되지만, 이들 착색성분은 그래파이트 카본 칼럼(예를 들면, Env-Carb)에 의해 쉽게 제거할 수 있다. 그 결

CHAPTER 3

과를 〈표 3-22〉에 나타냈다. 실리카겔 등의 착색성분과 함께 용출하는 알킬계 OPEs는 착색성분이 용출하지 않는 Env-Carb의 헥산 분획에 용출하므로 방해성분의 용출이 인정되는 경우는 Env-Carb에 의한 클린업을 실시한다. Env-Carb는 방향족계 OPEs의 회수율이 낮지만, 실리카겔 등의 칼럼에서는 그래파이트 카본 칼럼 처리를 필요로 하는 알킬계 OPEs를 방향족계 OPEs와는 다른 분획에 용출할 수 있다.

〈표 3-22〉 OPEs의 그래파이트 카본 칼럼(ENVI-Carb, 250mg)의 용출 패턴(예비 실험)

물질명	헥산	50% 아세톤/헥산			Bz:Ac:Hex(3:3:4)		벤젠	톨루엔
	0-5mL	5-10mL	0-5mL	5-10mL	0-5mL	5-10mL	10mL	5mL
TEP	106	2	1	0	1	0	1	0
TAP	97	1	2	1	3	3	1	1
TBP	92	1	0	1	1	1	0	1
TCEP	82	1	1	1	0	0	0	0
TCPP	97	0	3	1	1	2	1	2
TNAP	95	1	1	2	1	1	1	0
TDCP	87	1	0	1	1	1	0	1
TPP	62	16	1	0	0	0	0	0
ODP	78	1	0	0	0	0	0	0
TBXP	60	1	4	0	0	0	0	0
TOP	95	0	0	0	0	0	0	0
CDP	7	45	15	0	0	0	0	0
DCP	1	29	39	0	0	0	0	0
TCP	0	7	61	2	0	0	0	0
XDP	3	31	44	2	1	0	1	0
TIPP	51	0	1	0	0	1	0	0
TXP	0	4	61	7	1	0	0	0
TDBP	39	5	4	0	0	0	1	0
TBPP	63	10	1	0	0	0	0	0

주 1) 물질명의 약호는 그림 3-32 참조
　　2) Ac : 아세톤, Et : 에탄올, Hex : 헥산, Bz : 벤젠

　하수나 평저질 등 불순물이 많은 시료는 카트리지 칼럼의 사용이 곤란하기 때문에 오픈 칼럼을 사용한다. 〈표 3-23〉에 5% 함수 실리카겔 크로마토그래피(5g, 10mm ϕ)에 의한 분획 결과를 나타냈지만, 제1플렉션(헥산 15mL)에는 광물유 성분이, 제2플렉션(1% 아세톤/헥산 100mL)에는 PAHs가 분리되며 방향족계의 OPEs는 제3플렉션(5% 아세톤/헥산 100mL)에, 알킬계의 OPEs는 제4플렉션(30% 벤젠/5% 에탄올/헥산 100mL)에 용출된다.
　또한 이 조건으로는 제1 및 제2플렉션에 용출하는 유기염소계 농약 등의 내분비 교

〈표 3-23〉 OPEs의 5% 함수 실리카겔 크로마토그래피(5g)의 용출 패턴

물질명	Hexane 15mL	1% AcHex 100mL	5% AcHex 50mL	30% Bz5% EtHex 0-20mL	30% Bz5% EtHex 20-40mL	30% Bz5% EtHex 40-60mL	5% EtHex 20mL
TEP	0	0	0	0	64	0	0
TAP	0	1	0	0	82	0	0
TBP	0	0	0	42	36	0	0
TCEP	0	0	0	0	103	0	0
TCPP	1	0	0	0	96	0	0
TNAP	1	0	1	85	3	0	1
TDCP	0	0	0	0	96	0	0
TPP	0	0	99	1	0	0	0
ODP	0	0	64	0	0	0	0
TBXP	0	0	0	0	95	0	0
TOP	0	0	87	0	0	0	0
CDP	0	0	95	0	0	0	0
DCP	0	0	98	0	0	0	0
TCP	0	0	97	0	0	0	0
XDP	0	0	99	0	0	0	1
TIPP	0	0	101	0	0	0	0
TXP	0	0	102	0	0	0	0
TDBP	0	0	0	0	69	0	0
TBPP	0	9	80	0	0	0	0

주 1) 물질명의 약호는 그림 3-32 참조
　 2) Ac : 아세톤, Et : 에탄올, Hex : 헥산, Bz : 벤젠

란 화학물질(표 3-24)이나 제2플렉션에 용출하는 PAHs(표 3-20)를 효율적으로 분획해 동시분석할 수 있다. 알킬계의 OPEs가 용출하는 제4플렉션은 불순성분이 용출해 착색하지만, 이들 불순성분은 수질시료와 같이 그래파이트 카본 칼럼(Env Carb)에 의해 용이하게 제거할 수 있다.

❖ 3. PAEs의 분석법

PAEs는 플라스틱 가소제로서 다양한 제품에 다량으로 사용되기[26] 때문에 환경 중에서 검출되며, 분석 과정에서 오염이 생기기 쉽고 정밀도가 우수한 분석이 곤란하다고 알려져 왔다.

(a) 오염방지의 일반 사항

오염원인은 분석에 사용하는 유리기구, 시약 등에 기인하거나 실험실 중 대기나 분

〈표 3-24〉 염소계 농약 등의 5% 함수 실리카겔 크로마토그래피(5g)의 용출 패턴

물질명	헥산	1% 아세톤/헥산				
	0-30mL	0-50mL	50-60mL	60-70mL	70-80mL	80-90mL
4-Nitrotoluene	0	0	13	94	1	1
Benzophenon	0	0	8	117	0	0
α-HCH	0	120	0	0	0	0
β-HCH	0	0	17	92	0	0
γ-HCH	0	10	28	75	1	0
δ-HCH	0	0	1	17	41	43
HCB	106	0	0	0	0	0
Chlordene	110	0	0	0	0	1
Alachlor	0	1	0	225	0	1
Heptachlor	93	0	0	0	1	0
Aldrin	96	0	1	0	0	0
Octachlorostylene	106	0	1	0	0	1
Oxychlordane	1	91	1	7	1	1
Heptachlor-exo-epoxi	1	7	16	94	1	0
Heptachlor-end-epoxi	0	2	23	94	1	1
2, 4, 8-TCDF	108	0	0	0	0	0
trans-Chlordane	2	116	0	0	0	0
o, p′-DDE	108	0	0	0	0	0
cis-Chlordane	7	107	0	0	0	0
trans-Nonachlor	55	46	0	0	0	0
α-Endsulfan	10	126	1	1	4	3
p, p′-DDE	111	0	0	1	0	0
Dieldrin	2	1	14	93	1	1
o, p′-DDD	3	106	0	9	0	0
Nitrofene(NIP)	98	2	3	10	4	2
Endrin	107	0	1	2	1	0
β-Endsulfon	1	7	2	3	5	7
cis-Nonachlor	0	113	0	0	0	0
p, p′-DDD	4	113	0	0	0	0
o, p′-DDT	49	29	0	0	0	0
p, p′-DDT	54	11	1	0	0	0
Kepone(Chlordecon)	2	114	2	1	0	1
Endsulfan Sulfate	3	1	1	0	1	1
Di(2-ethylhexyl)Adi	2	2	12	130	3	1
Methoxychlor	0	0	9	106	0	0
Kelthane(Dicofol)	0	0	7	84	14	0
Mirex	98	0	0	0	0	0
Benzo[a]pyrene	0	105	0	0	0	0

진으로부터도 오염된다. 이 때문에 가열 가능한 시약이나 유리기구 등은 전기로로 가열해 블랭크 값을 저감하는 동시에 가능한 한 분석 조작을 간소화해 오염에서의 노출을 감소시킨다.

(b) 추출

〈그림 3-40〉은 PAEs의 분석법(교반추출법)을 나타낸다. 이 방법에서는[37] 가열처리 (250℃)에 의해 블랭크를 저감화한 유리용기에 마개를 막은 상태로 샘플링 현장에 반입해 시료수를 채취 후, 즉시 마개를 막아 실험실에 반입하는 방식을 채택하고 있다. 실험실에서는 서로게이트 화합물과 2mL의 헥산을 첨가한 후 마개를 막고 고상 추출한다. 추출 용매의 사용량을 줄이는 것이나, 샘플링 후 즉시 밀폐하는 것으로 시약이나 실내오염의 가능성을 배제하고 있다. PAEs의 오염원이 〈그림 3-41〉에 나타내듯이 작업자의 손가락에 있다고 지적되어, 니트릴계의 장갑을 끼면 적절히 블랭크를 관리할 수가 있어 오염의 영향을 거의 받지 않는 분석이 가능하다(그림 3-42 참조). 또한 교반추출법은 소량의 헥산을 이용하므로 〈그림 3-43〉에 나타내듯이 약간 극성이 있는 저분자의 PAEs의 회수율이 낮다. 그것들을 분석 대상으로 하는 경우는 서로게이트 물질을 사용해 회수율을 보정한다.

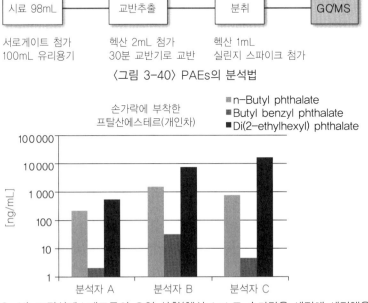

〈그림 3-40〉 PAEs의 분석법

〈그림 3-41〉 프탈산에스테르류의 오염 상황(헥산 1mL로 손가락을 세정해 세정액을 측정)

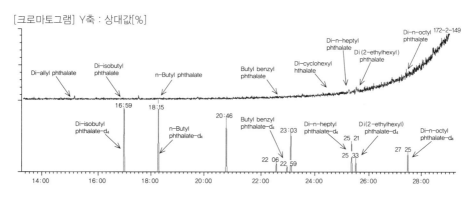

〈그림 3-42〉 조작 블랭크의 크로마토그램(상단 : 블랭크 시료, 하단 : 표준품)

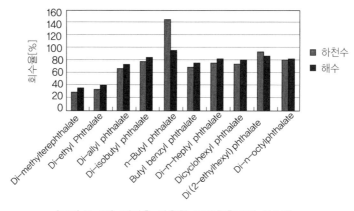

〈그림 3-43〉 헥산을 이용한 교반추출법의 회수율

(c) 클린업

종래의 PAEs 분석에서는 오픈 칼럼을 이용한 칼럼 크로마토그래피에 의한 클린업을 실시했다.

PAEs는 극성이 비교적 높으므로 5% 정도 함수한 플로리실을 이용하는 추출이나 칼럼 크로마토그래피 조작에 다량의 용매·시약을 사용하는 것, 또 전처리 조작에 장시간을 필요로 하는 것으로부터 블랭크 값의 컨트롤이 어려웠다. 이 결점을 해소하기 위해「외인성 내분비 교란 화학물질 조사 잠정 매뉴얼」[(33)]에서는 겔 침투 크로마토그래피(GPC : Gel Permeation Chromatography)에 의한 클린업법을 이용한다. 〈그림 3-44〉에 나타내는 GPC 장치를 이용하고 GPC 칼럼에 의해 분자량이 큰 순서로 용리시킨 시료액 중의 성분으로부터 목적물질을 분취할 수가 있다. 또 오토인젝터와 플렉션 컬렉터를 사용함으로써 클린업의 자동화도 가능하다.

GPC에 주입된 시료는 특정 체류시간으로 분리, 분취되고 다시 밀폐계에서 조작할 수 있기 때문에 오픈 칼럼을 이용하는 방법에 비해 큰 폭으로 블랭크 값의 저감을 꾀할 수 있다.

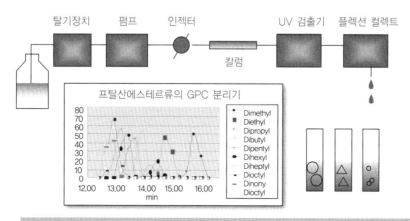

GPC의 조건 칼럼 : Shodex GLMpak PAE-2000(200mm⌀×300mm)
용리조건(아세톤 : 시클로헥산(95 : 5) 4mL/분 40℃)

〈그림 3-44〉 GPC 장치의 구조

〈표 3-25〉 대표적인 환경오염 물질의 GPC 칼럼의 용출 패턴
(칼럼 : GLNpak PAE-2000, 이동상 : 아세톤)

Rt	Compounds
10min~	n-Paraffin(>C₁₇), CPs(40% Cl), Di(2-ethylhexyl) Adipate
12min~	n-Paraffin(>C₁₇), CPs(70% Cl), α-Endsulfan, Diisopropylnaphthalene Tetraphenylethylene, Tetraphenyltin Di-i-BP, Di-n-BP, Dipent-P, BPBG, Dihexyl-P, bENZYL BUTHL-P, Di(2-butoxy)Phthalate Dichclo-P, DihepP, DEHP, Diphnyl-P, DinonyP, dl-n-octyl Phthalate, Nonachlor
14min~	PCBs, Biphenyl, PCTs, Terphenyl, 4-Nitrotoluene, HCHs, Chlordene, Heptachlor Aldrin, Octachlorostylene, Oxychlordane, Heptachlor-epoxi, Chlordane, Nonachlor DDTs, NIP, Dieldrin, Endrin, β-Endsulfon, Endslfan Sulfate, Methoxychlor Mirex, Stylene-Dimers&Trimers, Dimethylnaphthalen, Benzophenone, 1-Phenynaphthalene Ttrphenylmethane, Reten, 4-Benzylbiphenyl, Tetraphenylene, p-Quaterphenyl TEP, TAP, TCEP, TCRR-1, TPP, TDBP(OPEs), DMP, Dimethltere-Phthalate DEP, Diethyltere-P, Di-iso-Propyl-P, Di-n-propyl-P, Dially Phthalate, Pesticides
16min~	PCNs, Naphthalene, 1-Naphthol, 2,3,8-TCDF, Dibenzofuran, Dibenzo-p-dioxin, PBDEs Stylene-Dimers&Trimers, HCB, Acenaphthene, Fluorene, Dibenzothiophene, Phenanthren Anthracene, Fluoranthene, 2,3-benzofluorene, NAC, Fthalide, MPP-sulfoxide
18min~	Kepone, Benzo[c]cinnoline, Anthraquinone, Pyrene, Benzo[a]anthracene, Chrysene Triphenylene, Naphthacene, Benzo[b+j+k]fluoranthene, 3-Methylcholanthrene Dibenz[a, h]anthracen
20min~	Benzo[a]pyrene, Benzo[e]pyrene, Perylene, Indeno[1,2,3-cd]pyrene, Benzanthrone
22min~	Benzo[ghi]perylene, Anthanthrene, Naphtho[2,3-a]pyrene

GPC의 예로서 GLNpak PAE-2000 칼럼을 이용한 대표적인 환경오염 물질의 용출 상황을 〈표 3-25〉에 나타낸다. 다양한 물질을 서로 분리할 수 있고, 특히 이 칼럼에서는 기본 골격이 같은 할로겐계 화합물(비페닐과 PCBs. 폴리염화타페닐, 브롬화비페닐, 나프탈렌과 PCNs 등)은 같은 체류시간을 나타내는 특징을 가져 종래의 클린업 기술과 병용하는 것으로 보다 효율적인 분석법을 조립할 수가 있다.

3-5 ◆ 내분비 교란 화학물질(환경 호르몬)

Extend 2005[39]에서 조사된 화학물질 가운데, 송사리에 의한 비텔로제닌 어세이, 파셜 라이프 사이클 시험 및 풀 라이프사이클 시험 등에 의해 내분비 교란작용을 가질 가능성이 높다고 평가된 비스페놀A, 4-t옥틸페놀 및 4-노닐페놀(분기형)의 분석법을 설명한다.

아울러 이러한 화학물질보다 강한 내분비 교란작용을 가지고, 또한 환경수로부터 높은 빈도로 검출되는 천연 여성 호르몬 에스트라디올-17-β 및 인공 여성 호르몬 에스트론과 에티닐에스트라디올의 분석법에 대해 설명한다.

❖ 1. 비스페놀A의 분석

비스페놀A의 분석법은 하수도의 내분비 교란 화학물질 수질 조사 매뉴얼[40] 및 JIS K 0450-20-10[41]가 공표되어 있다. 비스페놀A는 아직도 생물에게 영향을 주는 농도 레벨이 분명하지 않으므로 가능한 한 저농도까지 정량하는 것이 요구된다. 그 때문에 극미량 분석으로 일상 과제가 되는 분석장치와 블랭크의 관리 방법이 JIS의 부속서 1 및 2에 각각 기재되어 있어 그 점에 대해서도 설명한다.

수환경 중의 비스페놀A 농도는 2011년에 해역에서 $0.028\mu g/L$[42], 하천에서 $0.085\mu g/L$[43]로 비교적 높은 농도로 검출되고 있다.

(a) 분석법의 개요

시료수를 고상 추출해 클린업한 후 서로게이트로서 비스페놀A-d$_{16}$를 첨가해 N,O-비스(트리메틸실릴) 트리플루오로아세트아미드(BSTFA)에 의해 트리메틸실릴화(TMS 화)를 실시한 후 내부표준으로서 피렌-d$_{10}$를 더해 GC/MS로 분석한다. 분석 조작 흐름을 〈그림 3-45〉에 나타낸다.

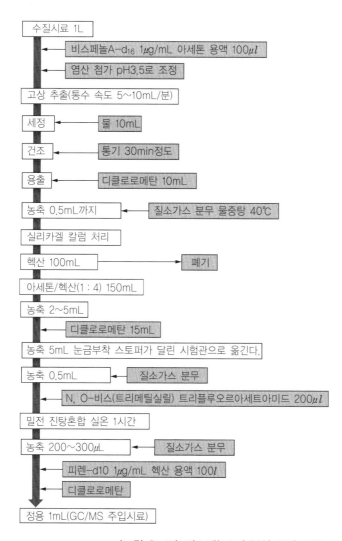

수질시료 1L
← 비스페놀A-d₁₆ 1μg/mL 아세톤 용액 100μl
← 염산 첨가 pH3.5로 조정
고상 추출(통수 속도 5~10mL/분)
세정 ← 물 10mL
건조 ← 통기 30min정도
용출 ← 디클로로메탄 10mL
농축 0.5mL까지 ← 질소가스 분무 물중탕 40℃
실리카겔 칼럼 처리
헥산 100mL → 폐기
아세톤/헥산(1 : 4) 150mL
농축 2~5mL
디클로로메탄 15mL
농축 5mL 눈금부착 스토퍼가 달린 시험관으로 옮긴다.
농축 0.5mL ← 질소가스 분무
← N, O-비스(트리메틸실릴) 트리플루오르아세트아미드 200μl
밀전 진탕혼합 실온 1시간
농축 200~300μL ← 질소가스 분무
← 피렌-d10 1μg/mL 헥산 용액 100l
← 디클로로메탄
정용 1mL(GC/MS 주입시료)

〈그림 3-45〉 비스페놀A의 분석 조작 흐름

(b) 시약·기구·장치

　분석에 있어 사용하는 시약·기구의 일람을 〈표 3-26〉에, GC/MS의 분석 조건 예를 〈표 3-27〉에 나타낸다.

(c) 분석 조작

① 샘플링

아세톤 등으로 잘 세정한 스토퍼가 달린 유리병(1L)을 이용한다. 시료 채취 후 즉시 분

CHAPTER 3

석하는 것이 바람직하지만 곤란한 경우는 0~10℃의 냉암소에 동결하지 않게 보존한다.

〈표 3-26〉 비스페놀A의 분석에 사용하는 시약·기구

시약·기구	개 요
표준품(내부표준물질을 포함)	시판하는 표준시약 등급의 제품
아세톤 등의 유기용매	잔류농약 시험용
N₂O-비스(트리메틸실릴)트리플루오르아세토아미드	GC 분석용
함수 실리카겔	실리카겔을 130℃에서 15시간 이상 가열해 데시케이터 중에서 방랭한 후, 스토퍼가 달린 삼각 플라스크에 취하고 실리카겔에 대하여 중량비 5%가 되도록 물을 가해 마개를 하고 가볍게 흔들어 발열이 종료한 후, 30분간 이상 진탕기에서 교반하여 균질화한 것. 또한 실리카겔은 입경 150~200μm의 것을 사용해 사전에 메탄올 등으로 세정하여 건조한 것을 사용한다.
황산나트륨	사용 전에 전기로에서 600℃로 6시간 이상 가열해 데시케이터 중에 보관한 것.
물	정제수 1L를 염산을 이용하여 pH3.0으로 하고 디클로로메탄 50mL에 의해 용매 추출을 2회 실시하여 농축한 것을 BSTFA에 의해 유도체화하고 이것을 GC/MS에 도입하여 비스페놀의 트리메틸실릴화물과 동일한 위치에 피크가 출현하지 않는지 확인한다.
고상 카트리지	예를 들면, Waters사제 Sep-pack PS-2, 사전에 비스페놀A의 용출 패턴을 확인해 검출에 필요한 용매량을 구해둘 것.
고상 추출장치	가압식이 바람직하다.
스토퍼가 달린 눈금 시험관	10mL용
유리 칼럼	내경 1cm, 전체 길이 약 30cm, 코크 부착, 상부에 원통형 적하 깔대기를 고정시킨 것.
유리울	사용 전에 전기로에서 600℃로 6시간 이상 가열해 데시케이터 중에 보관한 것.
유리섬유 여과지	사용 전에 전기로에서 600℃로 6시간 이상 가열해 데시케이터 중에 보관한 것.
파스퇴르 피펫	유리제의 것.
증발기	압축기능을 가진 것이 바람직하다.
질소	99.99% 이상의 것.

〈표 3-27〉 비스페놀A의 GC/MS 조건

GC 조건		
분석용 칼럼	DB-5MS 30m×내경 0.25mm, 막두께 0.25μm	
승온 조건	100℃(1min)→20℃/min→200℃→5℃/mim→230℃(2min)	
시료 주입	1μL, 스플릿리스	
주입구 온도	240℃	
질량분석 조건		
이온원 온도	200℃	
전자가속전압	70eV	
사중극 온도	100℃	
측정 모드	SIM	
정량 조건		
측정 질량수	정량용	확인용
비스페놀A 유도체화물	357	372
비스페놀A-d16 유도체화물	368	386
피렌-d$_{10}$	212	

② 추출·농축

시료 중 비스페놀A는 합성 흡착제를 이용하는 고상 추출법 또는 디클로로메탄을 이용하는 액-액 추출법에 의해 추출한다. 여기에서는 사용 용매량을 큰 폭으로 삭감할 수 있는 고상 추출법에 대해 말한다.

수질시료 1L를 1M 염산을 이용해 pH를 약 3.5로 조정해 서로게이트(분석 전체의 내부표준)로서 100ng의 비스페놀A-d$_{16}$를 첨가한다. 아세톤 10mL 및 물 10mL로 컨디셔닝한 고상 카트리지에 시료를 10~20mL/min의 유속으로 통수한다. 통수 속도는 가압식 고상 추출장치를 이용해 조정하는 것이 바람직하지만, 일정한 유속을 유지할 수 있으면 아스피레이터라도 좋다. 통수 후 물 10mL를 이용해 고상 카트리지를 세정하고 30분간 공기를 통기하여 탈수한다. 디클로로메탄 10mL로 용출해 눈금이 있는 마개 달린 시험관에 용출액을 받는다. 이것에 완만하게 질소가스를 내뿜어 약 0.5mL까지 농축한다.

미리 통수 속도나 용출 용매의 종류나 양을 확인해 두면 고상 카트리트지 대신에 통수 속도가 빠른 디스크형 고상제를 이용해도 괜찮다

③ 클린업(실리카겔 칼럼 크로마토그래피)

크로마토그래프관에 〈표 3-26〉에 나타낸 함수 실리카겔 5g을 헥산으로 습식 충전해, 무수 황산나트륨을 칼럼의 상단 약 2cm 적층한다. 사용 직전에 무수 황산나트륨이

헥산의 액면보다 조금 위에 나오도록 헥산을 유출시켜, 추출·농축 조작으로 얻어진 농축액을 파스퇴르 피펫을 이용해 실리카겔 칼럼에 부하한다. 시료에 사용한 시험관의 내벽을 소량의 디클로로메탄으로 세정해 세액을 실리카겔 칼럼에 부하한다. 칼럼의 상부에 원통형의 적하 깔때기를 장착해 헥산 100mL를 이용해 유속 1.0mL/min로 용출한다. 헥산 분획은 폐기하고 다음으로 아세톤-헥산(1 : 4) 150mL로 용출하여 나스 플라스크에 받아 용출액을 회전증발기로 약 5mL까지 농축하고, 다시 디클로로메탄 15mL를 더해 재차 약 5mL로 농축한다. 이것을 눈금이 있는 마개 달린 시험관으로 옮긴 후 나스 플라스크의 내벽을 소량의 디클로로메탄으로 세정해 농축액과 합한다.

④ 유도체화(TMS화)

상기 농축액에 완만하게 질소가스를 내뿜어 0.5mL 정도로 농축한다. BSTFA 200μL를 넣고 즉시 마개를 해 충분히 흔들어 섞은 후 실온에서 약 1시간 정치해 TMS화한다. TMS화 후, 질소가스를 완만하게 내뿜어 200~300μL로 농축한다. 다음으로 1μg의 피렌 d_{10}(예 : 10μg/mL 헥산 용액을 100μL)을 첨가해 디클로로메탄으로 1mL로 정용해 GC/MS용 시료액으로 한다.

(d) 블랭크 시험

물 1L를 이용해 전술한 분석 조작을 실시해 블랭크 시험용 시료액을 조제한다. 시료와 같이 GC/MS로 분석해 블랭크 값을 관리한다.

(e) 검량선 및 정량

검량선용 표준액의 농도는 비스페놀A 농도 0.01~0.3μg/mL의 범위에서 서로게이트의 비스페놀A-d_{16}의 농도 0.1μg/mL가 되도록 조제한다.

표준액은 시료와 같이 BSTFA에 의해 유도체화를 실시한 후 피렌d_{10}을 농도 1μg/mL가 되도록 첨가한다. 이것을 GC/MS로 분석했을 때에 얻을 수 있는 비스페놀A-TMS체와 서로게이트-TMS체의 피크 면적의 비 및 각 주입량의 비를 이용해 검량선을 작성해 내부표준법에 의해 시료 중의 비스페놀A 농도를 정량한다.

(f) 비스페놀A 분석의 유의점

- 회수율의 확인 : 비스페놀A의 분석에서는 추출률 등에 추가해 유도체화율에 의한 변동이 생긴다. 그 때문에 내부표준으로서 더한 피렌-d_{10}을 이용해 서로게이트(비스페놀A-d_{16})를 정량해 개개의 시료에서 서로게이트의 회수율이 50~120%에 있는지 확인한다.

• 유도체화물에 대해 : 유도체화한 비스페놀A-TMS체는 불안정하기 때문에 시료 조제 후 즉시 분석할 필요가 있다. 보관하는 경우는 냉암소(4℃ 이하)로 하고 보관하는 기간은 1일 이내로 한다.

❖ 2.4-노닐페놀, 4-t-옥틸페놀의 분석

수환경 중의 4-노닐페놀 및 4-t-옥틸페놀은 비이온계 합성세제의 노닐페놀폴리에톡실레이트 등이 하수처리시설에서 생물분해에 의해 생기는 것으로 알려져 있다. 내분비 교란작용에 대한 예측 무영향 농도는 4-노닐페놀이 $0.608\mu g/L$, 4-t-옥틸페놀이 $0.992\mu g/L$라고 추측하고 있다[44]. 또, 환경에서 생물분해가 늦고 수환경 중에 장기간 잔류할 우려가 있다.

하천이나 해역 등의 농도는 4-노닐페놀이 불검출 $0.41\mu g/L$, 4-t-옥틸페놀이 불검출 $0.039\mu g/L$이다[42],[43].

이들 화학물질의 분석법은 JIS K 0450-20-10[46]에 규정되어 있다. 또, 4-노닐페놀은 복수 이성체의 혼합물이며 이성체로 독성이 달라 분별 정량이 필요하기 때문에 JIS K 0450-60-10[47]에서는 이론상 170종류 존재한다고 되어 있다. 이성체 가운데 주요한 13이성체에 대해 분별 정량하는 방법을 규정하고 있다. 이 두 분석법은 전처리 및 정량 조작으로 공통되는 부분이 많으므로 여기에서는 이성체별 4-노닐페놀과 4-t-옥틸페놀을 동시분석하는 분석법을 소개한다.

(a) 분석법의 개요

서로게이트 물질로서 ^{13}C로 라벨화한 4-노닐페놀 및 4-t-옥틸페놀을 첨가한 후 고상 추출을 이용해 추출·농축한다. 농축 추출액에 내부표준으로서 페난트렌d_{10}를 첨가해 GC/MS로 분석한다.

덧붙여 4-노닐페놀의 이성체별 분석에서는 시판되고 있는 4-노닐페놀의 표준품이 많은 이성체를 포함해 제조사마다 조성비가 다르므로 미리 표준품의 조성비를 GC-FID에 의해 분석하는 것이 필요하다. 분석 조작 흐름을 〈그림 3-46〉에 나타낸다.

(b) 시약·기구·장치

분석에 사용하는 시약·기구를 〈표 3-28〉에, GC/MS의 분석 조건을 〈표 3-29〉에 예시한다.

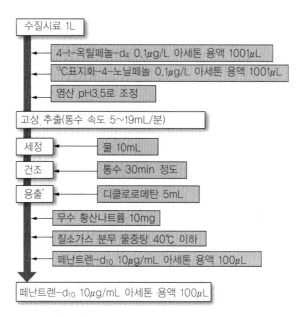

〈그림 3-46〉 4-노닐페놀 및 4-t-옥틸페놀의 분석 조작 흐름

〈표 3-28〉 4-노닐페놀 및 4-t-옥틸페놀의 분석에 사용하는 시약·기구

시약·기구	개 요
표준품(내표준물질을 포함)	시판하는 표준시약 등급의 것.
아세톤 등의 유기용매	잔류농약 시험용
황산나트륨	사용 전에 전기로에서 600℃로 6시간 이상 가열하고 데시케이터 중에 보관한 것.
물	정제수 1L를 염산을 이용하여 pH3.0으로 해, 디클로로메탄 50mL에 의해 고상 추출을 2회 실시하여 농축한 것을 GC/MS에 도입하여 4-노닐페놀 및 4-옥틸페놀의 대상 이성체와 같은 위치에 피크가 출현하지 않는 것을 확인할 것.
고상 카트리지	예를 들어, Waters사제 Sep-pack PS-2 사전에 4-노닐페놀을 각 이성체 및 4-t-옥틸페놀의 용출 패턴을 확인해 추출에 필요한 용매량을 구해둘 것.
고상 추출장치	가압식의 것이 바람직하다.
마개 달린 눈금이 있는 시험관	10mL용
유리섬유 여과지	사용 전에 전기로에서 600℃로 6시간 이상 가열하고 데시케이터 중에 보관한 것.
파스퇴르 피펫	유리제
증발기	압력조절 기능을 가진 것이 바람직하다.
질소	99.99% 이상의 것.

〈표 3-29〉 4-노닐페놀 및 4-t-옥틸페놀의 GC/MS 측정 조건

GC조건	
분석용 칼럼	DB-5MS 30m×내경 0.25mm, 막두께 0.25μm
승온 조건	50℃(4min)→8℃/min→280℃(5min)
시료 주입	1μL, 스플릿리스
주입구 온도	240℃
캐리어 가스 유량	1mL/min

질량분석 조건	
GC 접속부 온도	250℃
이온원 온도	250℃
전자가속전압	70eV
사중극 온도	100℃
측정 모드	SIM

정량 조건		
측정 질량수	정량용	확인용
4-(2,4-디메틸헵탄-4-일) 페놀	121	163
4-(2,4-디메틸헵탄-2-일) 페놀	135	220
4-(3,6-디메틸헵탄-3-일) 페놀	149	191
4-(3,5-디메틸헵탄-3-일) 페놀	149	191
4-(2,5-디메틸헵탄-2-일) 페놀	135	107
4-(3,5-디메틸헵탄-3-일) 페놀	149	121
4-(3-에틸-디메틸헵탄-2-일) 페놀	135	107
4-(3,4-디메틸헵탄-4-일) 페놀	163	121
4-(3,4-디메틸헵탄-3-일) 페놀	149	107
4-(3,4-디메틸헵탄-4-일) 페놀	163	121
4-(2,3-디메틸헵탄-2-일) 페놀	135	220
4-(3-디메틸헵탄-3-일) 페놀	191	149
4-(2,4-디메틸헵탄-3-일) 페놀	135	107
4-t-옥틸페놀	135	107
^{13}C표식화 4-노닐페놀	113	
4-t-옥틸페놀-d$_4$	188	
페난트렌-d$_{10}$	111	

(c) 분석 조작

시료 채취는 아세톤으로 잘 세정한 스토퍼 유리병(1L)을 이용해 채취 후 즉시 분석하되, 분석할 수 없는 경우는 0~10℃의 냉암소에 보관한다. 다만, 시료는 동결하지 않게 주의한다. 시료의 추출은 고상 추출법, 또는 용매 추출법에 의해 실시하지만 여기에서는 사용 용매량을 큰 폭으로 삭감할 수 있는 고상 추출법에 대해 설명한다.

　수질시료는 염산을 이용해 pH를 약 3.5로 조정해, 4-t-옥틸페놀-d₄, 0.1㎍ 및 ¹³C 라벨화 4-노닐페놀 0.1㎍(각각 1㎍/mL의 아세톤 용액을 사용)을 첨가한 후, 고상 카트리지에 5~10mL/min의 통수 속도로 통수한다. 고상 카트리지는 사용 직전에 아세톤 10mL 및 물 10mL로 컨디셔닝한다. 통수 후, 물 10mL를 이용해 고상 카트리지를 세정해 30분 정도 흡인해 탈수한다. 디클로로메탄 5mL를 이용해 고상 카트리지로부터 목적으로 하는 화학물질을 용출해 낸다. 눈금이 있는 마개 달린 시험관에 받는다. 용출 시의 유속은 2mL/min 정도로 한다.

　고상 카트리지 대신에 디스크형 고상을 이용할 수도 있지만, 미리 유량이나 추출 용매의 필요량을 확인할 필요가 있다. 용출액을 무수 황산나트륨으로 탈수해, 청정한 질소가스를 완만하게 내뿜어 1mL까지 농축한 후 10㎍/mL 페난트렌-d₁₀/아세톤 용액을 0.1mL를 더하고 GC/MS용 시료액으로 한다.

(d) 블랭크 시험

　시료 수와 동량의 블랭크 수를 이용해 상기의 조작을 실시해 블랭크 시료를 조제한다.

(e) 4-노닐페놀 표준품의 조성 분석

　100㎍/mL의 4-노닐페놀 표준액을 GC-FID를 이용해 분석해 크로마토그램상의 각각의 이성체의 피크 면적이 이성체 총 면적에 차지하는 비율을 산출함으로써 이성체의 조성비를 구한다. 시판되고 있는 표준품을 분석했을 때의 FID 크로마토그램을 〈그림 3-47〉에 산출한 이성체 조성을 〈표 3-30〉에 예시한다.

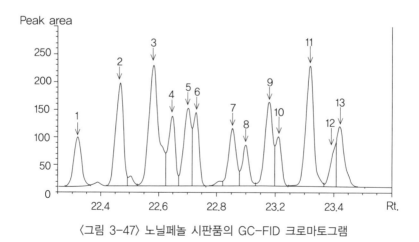

〈그림 3-47〉 노닐페놀 시판품의 GC-FID 크로마토그램

〈표 3-30〉 4-노닐페놀 이성체 조성비의 산출 예

이성체 No	이성체 이름	RT	피크 면적	조성비 [%]
1	4-(2,4-디메틸헵탄-4-일) 페놀	22.32	164.5	5.3
2	4-(2,4-디메틸헵탄-2-일) 페놀	22.47	340.1	10.9
3	4-(3,6-디메틸헵탄-3-일) 페놀	22.58	520.5	16.7
4	4-(3,5-디메틸헵탄-3-일) 페놀	22.65	215.2	6.9
5	4-(2,5-디메틸헵탄-2-일) 페놀	22.70	257.7	8.3
7	4-(3-메틸-디메틸헵탄-2-일) 페놀	22.85	191.9	6.2
8	4-(3,4-디메틸헵탄-4-일) 페놀	22.90	123.0	3.9
9	4-(3,4-디메틸헵탄-3-일) 페놀	22.98	273.2	8.8
10	4-(3,4-디메틸헵탄-4-일) 페놀	23.01	128.8	4.1
11	4-(2,3-디메틸헵탄-2-일) 페놀	23.12	418.0	13.4
12	4-(3-디메틸헵탄-3-일) 페놀	23.21	98.2	3.2
13	4-(3,4-디메틸헵탄-3-일) 페놀	23.22	193.2	6.2

GC-FID 조건	
분석용 칼럼	DB-5, 30m×내경 0.25mm, 막두께 0.25μm
승온 조건	50℃(4min) → 8℃/min → 280℃(5min)
시료 주입	1μL 스플릿리스 주입 방식
주입구 온도	240℃
캐리어 가스 유량	1mL/min
검출기 온도	280℃

(f) 검량선의 작성 및 정량

검량선용 표준액의 농도 계열은 4-노닐페놀에 관해서는 0.01~0.7μg/mL, 4-t-옥틸페놀에 대해서는 0.01-0.3μg/mL의 범위가 실정에 맞다. 서로게이트([13]C 라벨화4-노닐페놀 및 4-t-옥틸페놀-d_4)의 농도는 0.1μg/mL으로 하고 내부표준(페난트렌-d_{10})의 농도는 1μg/mL로 한다. 검량선을 이용하고, 4-페놀은 [13]C 라벨화 4-노닐페놀의 피크 강도비로부터 4-t-옥틸페놀은 4-t-옥틸페놀-d_4와의 피크 강도비로부터 각각 내표준법에 의하여 정량한다. 또, 4-노닐페놀에 관해서는 표준액의 크로마토그램 패턴으로부터 13이성체를 분류한다. 본 분석에서는 분석 조작 시의 회수율을 확인하기 위해 서로게이트의 회수율을 계산한다. 구체적으로는 표준액의 서로게이트와 내부표준인 페난트렌-d_{10}의 피크 면적비와 시료의 피크 면적비를 비교하고 백분율을 구하여 50~120%의 범위에 있는지 확인한다.

(g) 4-노닐페놀과 4-t-옥틸페놀 분석의 유의점

• 불순물의 제거 방해물질의 영향을 받는 경우는 실리카겔 칼럼에 의한 정제가 유효하다.

• 4-노닐페놀의 조성분석 : 여기서 예시한 GC-FID 조건에서는 4-노닐페놀의 체류시간은 22-24분 사이다. 표준품에 따라서는 전후에 비교적 큰 피크가 출현하는 일도 있다. 피크 형상의 패턴 등에 유의해 각 피크를 확인하는 것이 중요하다.

❖ 3. 에스트라디올 17-β, 에스트론, 에티닐에스트라디올의 분석

물 중의 에스트라디올 17-β의 분석법에 대해서는 외인성 내분비 교란 화학물질 조사 잠정 매뉴얼(1999)[48], 에스트라디올 유사물질의 분석법에 대해서는 요점 조사항목 등 조사 매뉴얼(2003)이 제공되고 있어 각각 유도체화-GC/MS 및 LC/MS/MS를 이용하는 방법이 제시되어 있다. 여기에서는 고감도로 분석할 수 있는 LC/MS/MS를 이용하는 분석법을 해설한다.

환경수 중의 에스트라디올 17-β와 에스트론의 농도는 국토교통성의 조사에 의해 0.92ng/L, 7.73ng/L(하천수, 최댓값)[43]가 검출되고 있다. 에스트라디올 17-β는 10 ng/L의 농도에서도 에스트로겐 작용을 미치는 것으로부터 향후의 감시가 중요해지고 있다.

(a) 분석법의 개요

수질시료를 고상 추출해 플로리실 칼럼을 이용해 클린업한 후 LC/MS/MS로 분석한다. 〈그림 3-48〉에 분석 조작 흐름을 나타낸다. 덧붙여 에스트라디올류의 포합체로서 황산 포합체나 글루크로산 포합체 등이 알려져 있지만, 환경에서의 존재 농도는 낮다.

(b) 시약·기구

분석에 사용하는 시약 및 기구를 〈표 3-31〉에 나타낸다.

(c) LC/MS 조건

LC/MS의 분석 조건을 〈표 3-32〉에 예시한다.

(d) 분석 조작

에스트라디올류의 분석에서는 샘플링한 시료를 즉시 분석할 수 없는 경우 VOCs 등과 달리 생물분해를 막기 위해 동결 보존한다.

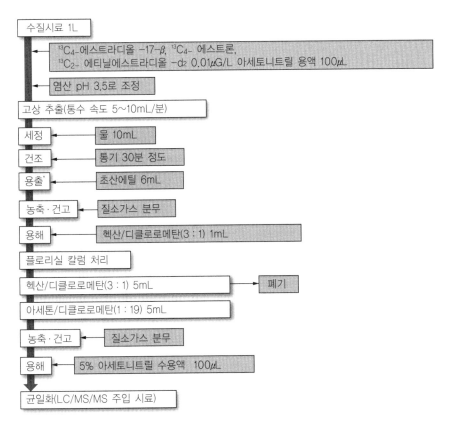

〈그림 3-48〉 에스트라디올 17-β, 에스트론 및 에티닐에스트라디올의 분석 흐름(전처리)

수질 시료수 1L를 분석에 제공한다. 현탁물질(SS)이 많은 경우는 유리섬유 여과지로 여과해, 여과잔사를 10mL 정도의 메탄올로 세정해 세정액과 합한다. 여액에 내부표준액 1ng(각각 $^{13}C_4$에스트라디올 17-β, $^{13}C_4$-에스트론, $^{13}C_2$-에티닐에스트라디올-d_2. 0.01μg/mL 아세토니트릴 용액 100μl)를 첨가한 후, 고상 카트리지를 고상 추출장치에 세트한다. 고상 카트리지는 사용 직전에 메탄올 10mL 및 물 10mL로 컨디셔닝한다. 고상 카트리지의 통수 속도는 10~20mL/min로 해 통수 후, 물 5mL로 고상 카트리지를 세정한 후 통기에 의해 탈수한다.

초산에틸 6mL로 용출해 용출액을 마개 달린 시험관에 받아 완만하게 질소가스를 내뿜어 건조한다. 질소 분사 조작 시는 용출액의 가열은 실시하지 않고 비교적 빨리 건조하므로 주의한다. 또, 탈수가 불충분한 경우 용출액에 물이 혼입해 질소 분사에서는 건조할 수 없는 것이 있다. 건조한 시료를 헥산-디클로로메탄(3:1) 1mL를 이용해 용해해 플로리실 칼럼에 부하한다. 헥산-디클로로메탄(3:1) 5mL를 이용해 플로리실 칼

〈표 3-31〉 에스트라디올 17-*β*, 에스트론 및 에티닐에스트라디올의 분석에 사용하는 시약·기구

시약·기구	개 요
에스트라디올 17-*β*	표준용 시판시약
에스트론	표준용 시판시약
에티닐에스트라디올	표준용 시판시약
$^{13}C_4$-에스트라디올 17-*β*	내표준용 시판시약
$^{13}C_4$-에스트론	내표준용 시판시약
$^{13}C_2$- 에티닐에스트라디올-d2	내표준용 시판시약
아세토니트릴	잔류농약 시험용
메탄올	잔류농약 시험용
고상 추출 카트리지	예를 들면, Waters Sep-Pack PS-2
플로리실 칼럼 카트리지	예를 들면, 배리안사제 Bond Elute FL
유리섬유 여과지	사용 전에 전기로에서 600℃로 6시간 이상 가열해 데시케이터 중에 보관한 것.
질소가스	99.99% 이상의 것.
물	초순수 그레이드의 것.
고상 추출장치	가압식인 것이 바람직하다.

〈표 3-32〉 에스트라디올 17-*β*, 에스트론 및 에티닐에스트라디올의 LC/MS/MS 분석 조건

HPLC부	
칼럼	Waters SunFire C18 3.5 mm (2.1 X 150 mm)
칼럼 온도	40℃
이동상	5% 2-프로판올 in 이동상 A: 물, 이동상 B: 메탄올
그래디언트	15%B(0min)→55%B(1min)→90%B(10min)→11min(1min hold))
주입량	60μL
유속	0.2mL/min

질량분석부	
이온화법	Negative ESI
캐필러리 전압	3.2kV
탈용매 가스	600L/h(400℃)
이온원 온도	120℃

측정 질량수

대상 물질명	프리커서 이온	프로덕트 이온	콜리전 전압 [V]	콘 전압 [V]
에스트라디올-17-*β*	271	145	42	50
에스트론	269	145	38	50
에티닐에스트라디올	295	145	40	50
$^{13}C_4$-에스트라디올-17-*β*	275	149	42	50
$^{13}C_4$-에스트론	273	149	38	50
$^{13}C_2$-에티닐에스트라디올-d2	299	145	40	50

럼을 세정한 후, 아세톤-디클로로메탄(1 : 19) 5mL로 목적물질을 용출한다. 용출액은 마개 달린 눈금이 새겨진 시험관에 받아 질소가스를 완만하게 내뿜어 건조한다. 100μL 의 5% 아세토니트릴/수용액을 더하여 잔사를 용해시키고 LC/MS용 시료액으로 한다.

(e) 조작 블랭크 및 첨가 회수시험

조작 블랭크는 물 1L를 이용해 같은 조작을 실시하는 첨가 회수시험은 물 1L에 대상 물질을 1ng 첨가해 실시한다.

(f) 기타 에스트라디올류의 분석법

에스트라디올이-17-β에 대해서는 유도체화-GC/MS에 의한 분석법도 있지만 여기 에서는 번잡한 조작을 거치지 않고 고감도 분석이 가능한 LC/MS/MS법을 소개했다. 에스트라디올류에 대해서는 바이오어세이에 의한 분석법도 보고되고 있으며, 근래에는 각각의 에스트로겐 화학물질을 개별로 정량 가능한 것도 개발되고 있다. 그렇지만 바 이오어세이에 의한 정량은 기기분석과 비교하면 정량성이나 재현성이 뒤떨어지는 것이 지적되고 있다. 다만, 신속 간단하고 쉽게 에스트로겐 물질의 유무를 확인하기에는 유 효한 방법이며 분석의 목적을 명확하게 해 기기분석과 구분하여 사용하는 것이 바람직 하다

3-6 ◆PCB 및 다이옥신류

폴리염화비페닐(PCB : Polychlorinated Biphenyls)은 일본에서는 1954년부터 제 조가 시작되어 1972년까지 약 54,000t이 사용되었다[50]. 현재 PCB의 제조, 수입, 사 용은 1968년의 '카네미유증' 사건을 계기로 제정된 「화학물질의 심사 및 제조 등의 규 칙에 관한 법률(화심법, 1973년)」에 의해 원칙적으로 금지되고 있다. 또, 환경기본법에 근거한 수질환경 기준으로 지정되어 '검출되지 않을 것'이라고 하는 어려운 기준값이 설정되어 있다(시험법에는 GC-ECD법이 규정되고 검출한계는 0.0005mg/L). 2004 년 발효된 POPs 조약(3-1 'POPs' 참조)의 대상물질에도 지정되어 있다

한편, 다이옥신류는 농약 등의 불순물에 포함되거나 연소 등에 의해 발생하는 비의 도적 생성 화학물질의 대표격이다. 지극히 강한 독성을 가지기 때문에 사회적 관심이 높고 2000년에는 「다이옥신류 대책 특별 조치법」이 제정되었다. 수질환경기준은 일일 허용 섭취량(TDI : Tolerable Daily Intake)인 4pg-TEQ/kg·체중을 기본으로 식품 으로서의 어패류에의 생물 농축성을 고려해 1pg-TEQ/L이라고 하는 매우 낮은 기준

값이 설정되어 있다.

PCB 및 다이옥신류의 분석에 대해서는 〈표 3-33〉에 나타내듯이 많은 분석 매뉴얼이 정비되어 있다. 여기에서는 이것들을 기본으로 수질 모니터링을 실시하는 데 필요한 조작 순서의 개요와 유의점에 대해 설명한다.

❖ 1. PCB 및 다이옥신류의 구조 및 규제

PCB 및 다이옥신류의 화학구조를 〈그림 3-49〉에 나타낸다. PCB는 피페닐에 1~10개의 염소가 치환한 화합물이며 이론적으로는 209종의 성분이 존재한다. 일본의 PCB 규제값은 전 성분의 총 농도로 평가할 뿐 다이옥신류는 폴리염화디벤조-파라-다이옥신(PCDDs : Polychlorinated dibenzo p-dioxins), 폴리염화디벤조퓨란(PCDFs : Polychlorinated dibenzofurans) 및 코플라나 PCB(Co-PCBs : Coplanar PCB)라고 하는 3종의 화합물군의 총칭이다. PCDDs와 PCDFs에는 염소의 치환 위치나 수의 차이에 따라 이론적으로 75종과 135종의 성분이 존재하지만, 규제 대상은 4염화 이상으로 독성이 강한 물질뿐이다. 또. Co-PCBs는 오르토 위치에 1개 이하의 염소 밖에 치환하고 있지 않는 12종의 PCB를 대상으로 해 PCDDs나 PCDFs와 동등의 독성을 가지기 때문에 다이옥신 유사 PCBs(DL-PCBs : Dioxin-like PCBs)라고도 부른다. 다이옥신류의 규제는 가장 강한 독성을 가지는 2,3,7,8-Tetrachlorodibenzo-p-dioxin(2,3,7,8-TeCDD)을 1로서 한 독성 등가 계수(TEF : Toxic Equivalency Factor)로 환산한 독성 당량(TEQ : Toxic Equivalent)의 합계값으로 실측 농도를 평가한다. TEF는 새로운 과학적 지식에 기초하여 WHO 등에 의해 수시로 개정하므로 주의가 필요하다.

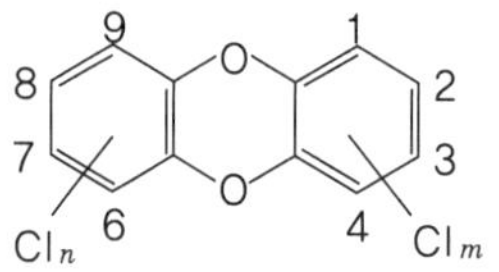

(a) 폴리염화디벤조-파라-다이옥신
(PCDDs) Polychlorinated dibenzw-p-dioxins

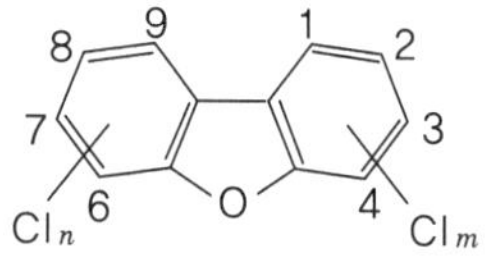

(b) 폴리염화디벤조퓨란(PCDFs)
Polychlorinated dibenzofurans

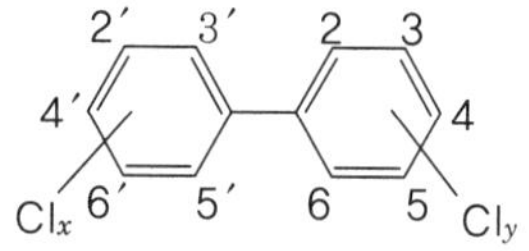

(c) 폴리염화비페닐
Polychlorinated biphenyls

〈그림 3-49〉 PCB와 다이옥신류의 화학구조

〈표 3-33〉 PCB와 다이옥신류의 주요 매뉴얼 일람

대상물질	매체	매뉴얼명	소관	발행 (개정)년도
PCB	수질	수질오염에 관한 환경성 기준에 대한 부표3. PCB의 측정방법	환경성(1971년 환경청 고시 제59호)	2011년
	배수	K0093.2006「공업용수·공장배수 중의 폴리클로로비페닐(PCB) 시험방법」	경제산업성 산업기술 환경국	2006년
	저질	저질 조사방법	환경성 환경관리국 물환경부 물환경관리과	2001년
	간이분석	절연유 중의 미량 PCB에 관한 간이측정법 매뉴얼(제3판)	환경성 폐기물·리사이클 대책부 산업폐기물과	2011년
PCB· 다이옥신류	폐기물	특별관리 일반 폐기물 및 특별관리 산업 폐기물에 관한 기준의 검정방법	환경성(1992년 후생성 고시 제192호)	2004년
다이옥신류	수질	다이옥신류에 관계한 수질조사 매뉴얼	환경청 수질보전국 수질규제과	1998년
	수질·폐수	JIS K 0312:2008「공업용수·공장폐수의 다이옥신류의 측정방법(추보 1)」	경제산업성 산업기술환경국	2008년
		JIS K 0312:2005「공업용수·공장폐수의 다이옥신류의 측정방법」	경제산업성 산업기술환경국	2005년
	수도	수도 원수 및 정수 중의 다이옥신류 조사 매뉴얼(개정판)	환경성노동성 건강국 수도과	2007년
	저질	다이옥신류에 관한 저질조사 측정 매뉴얼	환경성 물·대기환경국 물환경과	2009년
	토양	다이옥신류에 관한 토양조사 측정 매뉴얼	환경성 물·대기환경국 물환경과	2009년
	대기· 강하물	다이옥신류에 관한 대기환경 조사 측정 매뉴얼	환경성 물·대기환경국 물환경과	2008년
		대기 강하물 중의 다이옥신류 측정분석 지침	환경청	1998년
	생물	야생생물의 다이옥신류 축적상황 등 조사 매뉴얼	환경성 환경보전부 환경안전과 환경리스크 평가실	2002년
		다이옥신류에 관한 수생생물 조사 잠정 매뉴얼	환경청 수질보전국 수질관리과	1998년
	폐기물· 폐가스 등	JIS K 0311:2008「폐가스 중의 다이옥신류의 측정방법(추보 1)」	경제산업성 산업기술 환경국	2008년
		JIS K 0311 : 2005「폐가스 중의 다이옥신류의 측정방법」	경제산업성 산업기술 환경국	2005년
		폐기물 처리에 있어서 다이옥신류 표준 측정분석 매뉴얼	후생성 생활위생국 수도환경부 환경정비과	1997년
		다이옥신류 대책 특별조치법 시행규칙 제2조 제2항 제1호의 규정에 기인하여 환경대신이 정한 방법	환경성(2004년 환경성 고시 제80호)	2004년
		해양오염 및 해양재해의 방지에 관한 법률 시행령 제5조 제1항에 규정하는 매립 장소 등에 배출하는 폐기물에 포함된 금속 등의 검정방법	환경성(1973년 환경성 고시 제14호)	2003년

CHAPTER 3

〈표 3-33〉 PCB와 다이옥신류의 주요 매뉴얼 일람(계속)

대상물질	매체	매뉴얼명	소관	발행(개정)년도
다이옥신류	식품	식품 중 다이옥신류의 측정방법 잠정 가이드라인	후생농동성 의약식품국 식품안전부	2008년
	사람조직 등	탯줄의 다이옥신류 분석에 관한 잠정 매뉴얼	환경보건부 환경안전과 리스크 평가실	2002년
		혈액 중의 다이옥신류 측정 잠정 매뉴얼	후생성 생활위생국	2000년
		모유 중의 다이옥신류 측정 잠정 매뉴얼	후생성 생활위생국	2000년
	사료	사료 중의 다이옥신류의 측정법 잠정 가이드라인	농림수산성 생산국 축산부 사료과	2004년
	간이분석	배출가스, 분진 및 불탄 벼의 다이옥신류 간이측정법 매뉴얼(기기분석법)	환경성 물·대기환경국 총무과 다이옥신 대책과	2010년
		배출가스, 분진 및 불탄 벼의 다이옥신류 간이측정법 매뉴얼(생물검정법)	환경성 물·대기환경국 총무과 다이옥신 대책과	2010년
		저질의 다이옥신류 간이측정법 매뉴얼	환경성 물·대기환경국 물환경과	2009년
		토양의 다이옥신류 간이측정법 매뉴얼	환경성 물·대기환경국 토양환경과	2009년
	정도관리	다이옥신류의 환경측정에 관한 정도관리 지침	환경성	2010년
		다이옥신류의 환경측정을 외부에 의탁하는 경우의 신뢰성 확보에 관한 지침	환경성	2010년
		다이옥신류의 환경측정에 관한 정도관리의 안내(생물검정법)	환경성	2010년
		다이옥신류 조사에 있어서 식품관리 매뉴얼(안)	국토교통성 하천국 하천환경과	2008년

❖ 2. 분석법의 개요

〈그림 3-49〉에 나타내듯이 PCB 및 다이옥신류는 모두 2개의 벤젠고리를 기본 골격으로 가지는 유기염소계 화합물이며 물리화학적 성질이 유사하다. 그 때문에 샘플링이나 분석 조작에 공통되는 점은 많지만 기원이나 독성이 다르기 때문에 환경 중 농도나 규제값은 크게 다르다. 일반적으로 환경 중에서는 비의도적으로 생성하는 다이옥신류의 농도는 낮고 제품으로서 사용된 PCB의 농도는 높다. 또, 다이옥신류는 독성이 지극히 강하기 때문에 기준값이 PCB보다 꽤 낮게 설정되어 극미량 분석이 요구된다. 다이옥신류는 개개의 성분을 정확하게 분별 정량할 필요가 있으므로 화학물질 분석 중에서도 특히 고도의 기술과 경험이 필요하므로 정밀도 관리에 대해서도 엄격하게 규정되어 있다.

PCB 및 다이옥신류의 전처리 방법을 추출과 클린업으로 나누어 〈그림 3-50〉 및 〈그

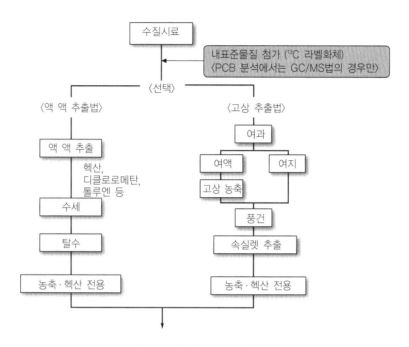

〈그림 3-50〉 PCB와 다이옥신류의 추출방법

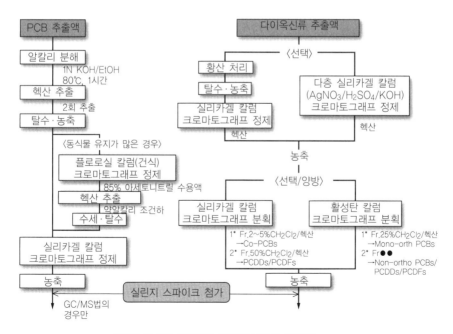

〈그림 3-51〉 PCB와 다이옥신류의 클린업

CHAPTER 3

림 3-51〉에 나타낸다.

❖ 3. 샘플링

환경기준을 평가하기 위한 수질조사에서는 원칙적으로 수질이 안정되어 있는 날에 수역을 대표하는 지점에서 표층수를 채취한다. PCB나 다이옥신류는 소수성이 높고 저질 중의 농도가 높기 때문에 저질이 혼입하지 않게 세심한 주의가 필요하다. 또, 수질시료의 채취에는 흡착이 적은 유리제 또는 스테인리스제 기구나 용기를 이용해 용기 중의 전량을 분석에 사용하고, 용기 내면도 소량의 친수성 유기용매로 씻어 넣어 시료로 한다. 채수량은 목표 정량 하한값이나 평가해야 할 농도(통상은 기준값)와 사용하는 분석장치의 감도와의 관계나 재분석의 가능성 등으로부터 결정한다. 또 채취한 시료는 오염이나 분해, 잔류염소 등에 의한 2차 생성을 충분히 배려한 뒤 0~10℃의 냉암소에서 보존한다.

일반적으로 수질시료는 농도가 낮아 오염이나 변질이 일어나기 쉽기 때문에 채수 후에는 가능한 한 신속하게 추출을 실시한다.

조사지점에 대해서는 재조사를 할 수 있도록 목표물과의 위치관계 등으로부터 정확한 채수장소를 특정해야 한다. 또, 샘플링 시에는 조사결과를 해석할 때에 시료를 객관적으로 특징지울 수 있는 데이터를 가능한 한 기록해야 한다. 예를 들면, 현탁물질(SS) 농도로부터는 저질 등의 감김 가능성을 평가할 수 있어 염화물 이온 농도는 하천의 기수역이나 상류로부터의 수질 영향을 생각하는 데 중요한 데이터가 된다.

❖ 4 분석 조작

(a) 추출

① 추출법의 선택

PCB 및 다이옥신류의 분석에서는 액-액 추출법과 고상 추출법의 양쪽 모두를 이용할 수가 있다(그림 3-50). PCB에서는 헥산에 의한 액-액 추출법을 이용하는 것이 많고 SS를 많이 포함하고 있는 시료의 경우는 아세톤을 첨가해 추출률을 확보한다. 한편 다이옥신류에서는 폐수의 경우는 비교적 농도가 높기 때문에 톨루엔이나 디클로로메탄에 의한 액-액 추출법을 이용하지만, 농도가 낮은 하천이나 해역 등의 공공용 수역의 조사에 대해서는 대량 시료의 추출이 가능한 고상 추출법을 이용하는 것이 많다.

② 고상 추출

수질시료를 유리섬유 여과지(GF)로 여과한 후 여액을 디스크형 고상제(예 : 엠포아® 디스크) 혹은 폴리우레탄 폼(PUF) 등의 흡착제에 통과시킨다.

　　다이옥신류는 시판하는 직경 90mm의 디스크형 고상제 한 장으로 25L 정도의 실제 시료를 추출할 수 있다[52]. 또, 후생노동성의 수도원수 「정수 중의 다이옥신류 조사 매뉴얼」에서는 100mm(직경)×100mm(높이)의 PUF로 이론상 2,000L 이상의 시료로부터 다이옥신류를 추출할 수 있다고 여겨지고 있어 저농도의 해양수 조사 등에서도 활용되고 있다.

　　PCB에서도 고상 추출법을 사용할 수 있지만 다이옥신류보다 물 용해성이 높은 성분이 많기 때문에 저염소화 성분의 손실을 일으키기 쉬워 주의가 필요하다.

　　③ 여과지와 고상제로부터의 추출(속실렛 추출)

　　고상 추출에 사용한 GF와 고상제는 톨루엔이나 디클로로메탄 등으로 속실렛 추출한다. 속실렛 추출법은 고형시료에서 안정된 추출률을 얻을 수 있다. 다만 소수성 용매로 속실렛 추출을 실시하는 경우는 시료의 수분 제거가 불충분하면 충분한 추출률을 확보할 수 없으므로 시료를 통수한 고상제로부터 가능한 한 수분을 제거할 필요가 있다. 그렇지만 GF나 고상제를 장시간 건조시키면 오염이나 목적성분이 휘산하는 원인이 된다. 따라서 이것을 회피하기 위해서 불충분한 건조 상태로 친수성 용매를 병용해 추출하든가 US EPA Method 1613으로 채용되고 있는 속실렛/딘스타크 추출기를 사용할 필요가 있다.

(b) 클린업

　　추출액은 알칼리 분해나 황산 처리 및 여러 종류의 칼럼 크로마토그래피를 조합해 클린업을 실시한다(그림 3-51).

　　① PCB 분석의 클린업

　　PCB 분석에서는 최초로 알칼리 분해를 실시한다. 이 경우에는 추출액에 1M-수산화칼륨/에탄올 용액을 더해 비등수욕상에서 1시간 가열해 알칼리 분해(비누화)해 냉각 후, 헥산과 물을 더해 PCB를 액-액 추출한다. 이 방법은 많은 불순물을 제거할 수 있지만 과도한 가열에 의해 탈염소화 반응을 일으키는 경우가 있기 때문에 예비시험을 실시해 적절한 온도와 환류시간을 결정할 필요가 있다. 또, 피로갈롤 수용액을 항산화제로서 사용해 탈염소를 억제하는 방법도 제안되고 있다[54]. 기름 성분이 많은 시료에서는 알칼리 분해 처리 후 실온까지 냉각하면 비누 성분이 분리해 그 후의 헥산 추출이 곤란해지기 때문에 따뜻한 상태(50℃ 정도)로 헥산을 더한다. 다만 헥산의 비점 이상의 온도에서는 돌비하므로 주의한다.

　　알칼리 분해 후, 실리카겔 칼럼 크로마토그래피를 이용해 클린업한다. 습식 충전한 실리카겔 칼럼으로부터의 PCB 용출은 헥산만으로 실시한다. 덧붙여 불순물이 많은 시

CHAPTER 3

료는 실리카겔 크로마토그래피 전에 플로리실 칼럼에 의한 클린업을 실시한다. 플로리실 칼럼은 실리카겔 칼럼과 다르게 건식 충전에 의해 조제한다. 시료액을 부하한 플로리실 칼럼으로부터 질소 기류로 헥산을 제거한 후, 85% 아세토니트릴 수용액으로 PCB를 용출한다. 이 방법은 동식물 유지류를 효율적으로 제거할 수 있다. 또, 습식 충전한 플로리실 칼럼을 이용할 수도 있어 그때에는 15% 디에틸에테르/헥산 용액으로 PCB를 용출한다.

② 다이옥신류 분석의 클린업

다이옥신류 분석에서는 황산 처리와 실리카겔 칼럼 크로마토그래피를 이용한다. 황산 처리는 헥산에 용매 전용한 추출액에 진한 황산을 더하고 진탕해, 유기물이나 착색 성분 등의 불순물을 수용성으로 분해해 황산층에 이행시키는 것으로 제거한다. 이후 PCB 분석과 마찬가지로 실리카겔 칼럼 크로마토그래피를 실시한다. 황산 처리와 실리카겔 칼럼 크로마토그래피에 의한 정제는 불순물의 함유량에 맞춘 처리를 실시할 수 있다. 반면, 다검사 대상물체를 동시에 처리하는 것은 어렵다. 따라서 다시료의 병행처리에는 황산, 수산화칼륨, 질산은을 함침시킨 실리카겔을 적층한 다층 실리카겔 칼럼 크로마토그래피를 이용한다.

이것은 전술한 처리에 의한 정제에 추가해 수산화칼륨이나 질산은 등에 의해 산성 성분이나 유황 성분, DDE, 지방족 탄화수소류 등을 동시에 제거할 수 있다. 다만 다층 칼럼을 재현성 좋게 조제하려면 숙련이 필요하며 불순물의 처리 허용량에 한계가 있는 등의 결점이 있다. 또, 열화한 질산은은 일부의 다이옥신류 성분을 손실시킬 가능성이 있으므로 주의한다. 다이옥신류 분석에서는 추가해서 활성 알루미나나 활성탄을 이용한 칼럼 크로마토그래피를 실시해, PCDDs/PCDFs의 검출에 간섭하는 PCBs를 분리한다.

③ 알루미나 칼럼 크로마토그래피

활성 알루미나는 저극성 물질이라면 극성이 가까운 화합물 상호를 분획할 수 있다. 다만 활성도나 불순물의 영향에 의해 목적물질이나 방해물질의 용출 패턴이 변화하기 쉽다. 특히, TEF는 설정되어 있지 않지만 오염원이나 유래를 추정하는 데 중요한 성분인 1,3,6,8-TeCDD나 1,3,7,9-TeCDD는 추출 조건이 변동하기 쉬워 손실을 일으키기 쉽기 때문에 주의가 필요하다

④ 활성탄 칼럼 크로마토그래피

활성탄 칼럼은 활성탄 함유 실리카겔을 이용한 칼럼 크로마토그래피를 이용한다. 활성탄은 평면구조를 가지는 화합물로 구조 선택적인 흡착성을 가지기 때문에 다양한 방해물질로부터 다이옥신류를 선택적으로 분리·정제할 수 있다. 그렇지만 활성탄의 흡착력은 강하고, 다이옥신류를 용출하기 어렵기 때문에 활성탄의 밀도를 줄여 소량의 활성탄을 실리카겔에 혼합한 것을 이용한다. 이 방법에 의해 비평면 구조인 오르토 위치에 염소가 부가하고 있는 PCBs와 평면구조의 PCDDs/PCDFs나 Co-PCBs를 효율적으로 분획할 수 있다. 다만 8염소화다이옥신 등의 높은 염소화 성분은 용출하기 어렵기 때문에 회수율이 낮은 경우도 있다. 최근에는 시판하는 활성탄 카트리지를 이용한 신속 처리도 제안되고 있다.

⑤ 클린업 시의 주의점

여기서 가리킨 클린업 방법은 모두 PCB나 다이옥신류 유래나 환경동태의 해석에 유용한 정보인 성분조성을 변화시킬 가능성이 있다. 전처리에 있어 각 성분의 거동을 충분히 이해해 미리 목적으로 하는 성분 모두를 확실히 회수할 수 있어 성분조성을 변화시키지 않는 조건을 확인하는 것이 중요하다.

(c) 검출법(정량)

① PCB의 검출법

수질 환경기준에서 PCB의 존재는 그 총량을 기준으로 하고 있고, PCB의 성분마다의 분별은 그다지 중요하지 않기 때문에 팩트 칼럼을 이용한 GC-ECD법만이 규정되고 있다. 또, 정량을 위한 표준액에는 카네크롤(KC)제품 KC-300, KC-400, KC-500, KC-600을 등량으로 혼합한 것을 이용한다. 이것은 전술한 것처럼 PCB가 공업제품이며 환경 중에서 검출되는 PCB는 제품에 유래해 성분조성이 공업제품과 유사하기 때문이다.

폐수 등의 분석법인 JIS K 0093에서는 상세한 조사가 필요한 경우에는 시료에 내부표준물질(서로게이트 물질)로서 안정 동위체(^{13}C)로 라벨화한 PCB를 염소수마다 1종류 이상 더해 GC/MS를 이용해 분석하는 방법을 규정하고 있다. 다만, GC/MS를 이용해 PCB를 검출하는 경우는 크로마토그램상에 높은 염소화 PCB로부터 탈염소한 프래그먼트 이온의 피크가 출현하기 때문에 각 성분의 분류나 정량에는 충분히 주의가 필요하다.

② 다이옥신류의 검출법

다이옥신류의 검출법에는 높은 선택성과 감도가 요구된다. 그 때문에 분석장치는 캐필러리 칼럼 가스 고분해능 질량분석계(GC/HRMS)를 선택 이온 검출법(SIM) 모드로 이용한다.

또, 서로게이트 물질(다이옥신류 분석의 경우는 '클린업 스파이크'라고 부른다)은 적어도 염소 수마다 1종류 이상의 PCDDs와 PCDFs의 2,3,7,8위 염소 치환 성분 및 모든 Co-PCBs의 ^{13}C 라벨화체를 이용하는 것이 매뉴얼로 정해져 있다(표 3-34). 또, GC/HRMS로 측정하기 직전에 다른 종류의 ^{13}C 라벨화한 성분(실린지 스파이크라고 부른다)을 더해 전처리에서의 클린업 스파이크의 손실 정도를 확인한다.

〈표 3-34〉 다이옥신류의 독성 등가 계수(TEF, WHO 2006)

성분	TEF	성분	TEF
PCDDs		Co-PCBs	
2,3,7,8-TeCDD	1	Non-ortho PCBs	
1,2,3,7,8-PeCDD	1	3,3',4,4'-TeCB(#77)	0.0001
1,2,3,4,7,8-HxCDD	0.1	3,4,4',5-TeCB(#81)	0.0003
1,2,3,6,7,8-HxCDD	0.1	3,3',4,4',5-PeCB(#126)	0.1
1,2,3,7,8,9-HxCDD	0.1	3,3',4,4',5,5'-HxCB(#169)	0.03
1,2,3,4,6,7,8-HpCDD	0.01	Mono-ortho PCBs	
OCDD	0.0003	2,3,3',4,4'-PeCB(#105)	0.00003
PCDFs		2,3,4,4',5-PeCB(#114)	0.00003
2,3,7,8-TeCDF	0.1	2,3',4,4',5-PeCB(#118)	0.00003
1,2,3,7,8-PeCDF	0.03	2',3,4,4',5-PeCB(#123)	0.00003
2,3,4,7,8-PeCDF	0.3	2,3,3',4,4',5-HxCB(#156)	0.00003
1,2,3,4,7,8-HxCDF	0.1	2,3,3',4,4',5-HxCB(#157)	0.00003
1,2,3,6,7,8-HxCDF	0.1	2,3',4,4',5,5'-HxCB(#167)	0.00003
1,2,3,7,8,9-HxCDF	0.1	2,3,3',4,4',5,5'-HpCB(#189)	0.00003
2,3,4,6,7,8-HxCDF	0.1		
1,2,3,4,6,7,8-HpCDF	0.01		
1,2,3,4,7,8,9-HpCDF	0.01		
OCDF	0.0003		

GC/HRMS에서는 독성이 다른 성분의 분리를 보다 엄밀하게 실시해 다이옥신류의 정확한 TEQ를 산출하기 위해 TEF를 가지는 성분을 가능한 한 단리하는 것이 요구된다. 따라서 사용하는 캐필러리 칼럼은 각 성분의 용출위치가 명확한 것을 선택한다. 일반적으로 성분 수가 많은 4~6염소화의 PCDDs와 PCDFs의 검출에는 분리능이 좋은 강극성 칼럼을 이용해 고비점으로 비교적 성분이 적은 7 및 8염소화의 PCDDs와 PCDFs-Co-PCBs의 측정에는 고온 사용이 가능한 미극성 칼럼을 이용한다. 높은 극성 칼럼으로는 SP-2331(슈펠코사제)나 S일-1 88(크롬팩사제), 미극성 칼럼으로는 DB-5MS(J&W사제)나 HT-8PCB(칸토화학사제) 등이 있다.

현재까지 TEF를 가지는 다이옥신류 성분 모두를 단리할 수 있는 분리 칼럼은 없지만 최근에는 분리가 보다 좋은 칼럼의 개발이나 사용 예도 보고되어[56],[57] 효율 좋은 분석의 참고로 할 수 있다

GC/HRMS의 질량분석에는 고감도로 정량범위가 넓은 이중수속형 질량분석계를 이용해 분해능 10,000 이상으로 측정한다. 이 경우 충분히 높은 분해능이 유지되지 않으면 크로마토그램의 바탕선의 혼란이나 방해 피크가 출현한다(그림 3-52). 또 목적으로 하는 화학물질끼리 프래그먼트 이온의 간섭을 피할 수 없는 경우가 있으므로 SIM의 모니터 이온을 선택하는 경우는 미리 자신이 사용하는 분리 칼럼에서의 간섭성분을 조사해 둔다.

또 SIM에서는 분자이온이나 그 동위체 이온을 모니터해, 정량에 사용하는 이온과 동위체 이온의 강도 비교에 의해 검출물질을 분류한다.

최근의 장치는 프로그램 소프트웨어에 의해 정성이나 정량을 자동화하고 있는 것이 많겠지만, PCB나 다이옥신류는 피검성분이 많아 근접한 피크가 출현하기 때문에 정성

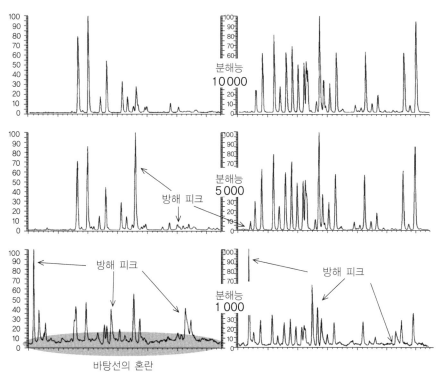

〈그림 3-52〉 GC/MS 측정 시의 분해능 저하에 의한 방해물질의 영향
(저질시료의 PCDDs(좌)와 PCDFs(우)의 5염화물 SIM 크로마토그램)

CHAPTER 3

오류를 일으키기 쉬워 정량하는 경우에는 비의도적 생성물질인 PCDDs나 PCDFs와 공업제품 유래의 Co-PCBs에서는 시료에 따라 농도가 크게 다른 일이 있다. 따라서 검출된 목적물질이 검량선의 정량범위에 들어가 있는지, 시료량, 분취량 등 정량에 필요한 값에 대해 반드시 확인한 뒤에 분석결과를 평가할 필요가 있다.

❖ 5. 정밀도 관리

① PCB 분석의 정밀도 관리

PCB 분석에서는 정밀도 관리의 허용한계를 명료하게 규정하고 있는 것은 적고 JIS K 0093의 GC/MS법으로 클린업 스파이크의 회수율을 50~120%로 규정하고 있을 뿐이다.

② 다이옥신류 분석의 정밀도 관리

다이옥신류의 분석법을 정하고 있는 매뉴얼에는 클린업 스파이크의 회수율 50~120% 이외에 많은 정밀도 관리항목이 규정되어 있다. 이것은 극미량 분석의 조작은 매우 복잡한데다 다이옥신류의 분석결과에 대해 사회적으로 높은 신뢰성이 요구되기 때문이다. 환경성은 다이옥신류 분석의 정밀도 관리에 관한 지침을 작성해 분석기관의 자격 요건을 정하고 있다.

또 경제산업성도 계량법에 근거한 특정 계량 증명 사업자(MLAP : Specified Measurement Laboratory Accreditation Program) 인정제도에 있어 분석기관의 정밀도 관리시스템과 분석능력을 심사하고 있다. 이것들에 의해 현재 다이옥신류 분석의 정밀도 관리는 매우 높은 수준이다. 따라서 일상의 분석 업무에서는 매뉴얼이나 지침 등에서 정밀도 관리항목을 정밀히 조사해 순서를 확인한 뒤에 내부 정밀도 관리를 실행할 필요가 있다 다만, 그것만으로는 실제 분석결과의 신뢰성을 확보할 수 없는 경우도 있다.

여기서 분석결과로부터 분석의 신뢰성을 평가하는 방법에 대해 설명한다.

❖ 6. 분석결과의 신뢰성

분석자가 전항의 정밀도 관리에 준거해 아무리 정밀한 조작순서의 확인이나 기록을 실시했다고 해도 오류가 생길 가능성은 있다. 국가사업으로 실시한 대규모 다이옥신류 조사결과의 타당성 평가 과정에서 몇 개의 다이옥신류 분석에 관한 문제점이 밝혀졌다.

① 빗나간 값의 추출

효율적으로 빗나간 값(이상값)을 찾아내는 방법이 필요하고 거기에는 매체별 평균 농도 등을 통계처리하는 것으로 대응할 수 있다. 그 방법으로서 카메다[58]는 각 시료의 TEQ와 총 농도에 차지하는 각 성분의 비율이나 주된 성분의 농도비 등으로부터 빗나 간 값이나 이상한 데이터를 발견하는 방법을 제안하고 있다. 또, 분석한 성분조성 정보 로부터 이상 데이터를 찾아내는 방법도 보고되고 있다[59].

일본에서의 다이옥신류의 주된 유래는 PCDDs와 PCDFs에서는 연소나 염소 표백과 정에서의 생성이나 농약(CNP, PCP 등)의 불순물 등이 있고 Co-PCBs에서는 연소과 정에서의 생성과 PCB 제품(카네크롤 등)이 있다.

그러한 크로마토그램은 특징적이고 명백하게 차이가 나타난다(그림 5-53, 그림 5-54). 환경시료는 그것들이 혼재하는 크로마토그램을 주지만, 수질시료에서는 PCDDs 와 PCDFs는 연소계와 농약(CNP, PCP), Co-PCBs는 PCB 제품의 성분조성에 유사

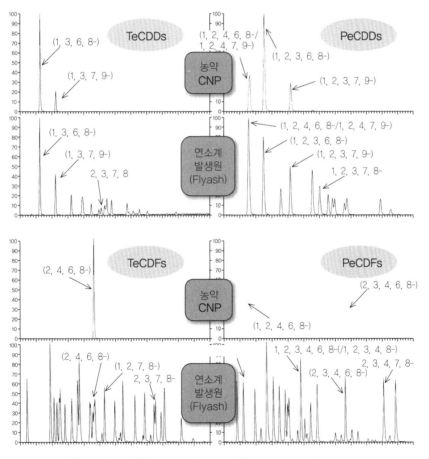

〈그림 3-53〉 발생원에 따른 PCDDs 및 PCDFs의 성분조성 차이
(연소계 발생원과 농약 CNP 불순물, 4염소화물 및 5염소화물)

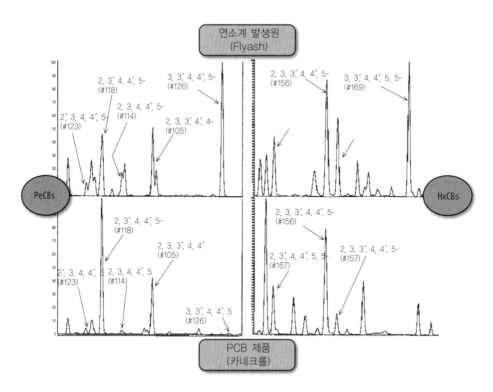

〈그림 3-54〉 발생원에 따른 Co-PCBs의 성분조성 차이(연소계 발생원과 PCB 제품)

하며 일반적으로 많다.

　이러한 시점에서 크로마토그램을 확인하면 시각적으로 특이적인 크로마토그램의 시료를 추출할 수 있다. 또, 시료가 많은 경우는 모든 크로마토그램을 훑어보는 것은 곤란하기 때문에 그 조성을 정리하고, 〈표 3-35〉와 같은 판정기준을 설정, 활용하여 특이 데이터를 추출하는 방법도 효율적이다.

　② 특이 데이터 시료의 정밀 조사

　이러한 판정방법으로 추출된 특이 데이터는 품질관리 보고서에 기록되고 있는 시료채취법, 분석법, 표준시료, GC 인젝션 리스트, GC칼럼 분리, rock mass 변동, 장치 절대감도, 분해능, 감도 변동, 회수율, 블랭크, 검량선, 칼럼 분획시험, 동위체비, 크로마토그램 형상 등에 대해 정밀히 조사한다. 이상의 작업을 대규모 조사의 분석결과에 적용한 결과, 일부 시료에 대해 오염이나 부적절한 전처리 조작, 부적절한 GC/MS분석 등의 문제점이 확인되었다(표 3-36).

　이와 같이, 실제의 다이옥신 분석에서는 정밀도 관리규정에 근거한 분석 조작의 확인 뿐만 아니라, 성분조성 등 분석결과 그 자체에도 주의해야만 분석결과의 신뢰성을

〈표 3-35〉 성분조성에 따른 특이 데이터 판정기준

1차 판정기준
• 1368-TeCDD>1379-TeCDD의 관계가 있는가?(갑각류는 제외) • 12478-HxCDD<123678-HxCDD의 관계가 있는가? • Co-PCB의 #118가 검출되고 잇는가? • #118>#105>#77>#126>#169의 관계가 있는가?(생물시료 이외)

	2차 판정기준
PCDDs	• 2378-TeCDD가 ΣTeCDDs의 5% 이하인가? • 12378-PeCDD가 ΣTeCDDs의 10% 이하인가? • 123478-HxCDD가 ΣHxCDDs의 10% 이하인가? • 123678-HxCDD가 ΣHxCDDs의 10% 이하인가? • 123789-HxCDD가 ΣHxCDDs의 10% 이하인가? • 1234678-HpCDD가 ΣHpCDDs의 30~65% 범위에 있는가? (PCP 오염의 영향이 큰 경우는 적합하지 않다)
PCDFs	• 2378-TeCDF가 ΣTeCDFs의 10% 이하인가? • 12378-PeCDF가 ΣPeCDFs의 10% 이하인가? • 23478-PeCDF가 ΣPeCDFs의 10% 이하인가? • 12378-PeCDF가 23478-PeCDF의 50~200%의 범위에 있는가? • 123478-HxCDF가 ΣHxCDFs의 15% 이하인가? • 123678-HxCDF가 ΣHxCDFs의 15% 이하인가? • 123789-HxCDF가 ΣHxCDFs의 5% 이하인가? • 234678-HxCDF가 ΣHxCDFs의 20% 이하인가? • 1234789-HpCDF가 ΣHpCDFs의 15% 이하인가? • 1234678-HpCDF > 1234789-HpCDFs의 관계가 있는가? • 1234789-HpCDF가 1234678-HpCDFs의 40% 이하인가?
Co-PCBs	• Co-PCBs에서 #118가 최대, #105가 2번째의 이성체인가? • #156 > #157 > #169의 관계가 있는가? • #126가 #77의 25% 이하인가? • #169가 #126의 20% 이하인가? (연소계 발생원의 영향이 큰 경우는 적합하지 않다) • #81가 #77의 20% 이하인가? • #105가 #118의 60% 이하인가? • #123가 #105의 20% 이하인가? • #157가 #156의 50% 이하인가? • #169가 #157의 15% 이하인가? (연소계 발생원의 영향이 큰 경우는 적합하지 않다)

확보할 수 있다. 그러한 방법은 국토교통성의 「하천, 호소 등에 있어서의 다이옥신류 상시 감시 매뉴얼(안)」에도 활용되고 있어 신뢰성이 높은 분석값을 얻는 데 참고가 된다. 다만, 이상 데이터가 반드시 분석의 하자에 의한 가외치는 아니라는 것도 감안하여 여기에 나타내는 방법을 적용하고자 한다.

CHAPTER 3

〈표 3-36〉 다이옥신류의 데이터 정밀조사로 확인된 문제점 및 원인(예)

	문제점	원 인
전처리~정제	• 2차 오염	질소 퍼지용 노즐의 오염 고농도 시료의 혼입 (오염)
	• 특이적인 이성체 조성 • 회수율의 저하	칼럼 분획 미스 (극성 용매의 혼입, 시료의 과부하)
측 정	• 정량용 크로마토그램상의 이상 　피크 분해가 불충분 　바탕선 상승 　방해 피크의 출현	캐필러리 칼럼의 열화 분해능 부족 부적절한 모니터 이온
	• rock mass의 변동	장치 이상, 시료 정제 부족
	• 피크의 포화(정점)	측정범위의 확인 부족 시료량 조정 미스
정량/계산	• 피크 할당(분류) 오류 • 계산 오류 • 데이터(수치) 입력 오류 • 전기 오류 • 희석(분취)률의 차이	재확인 부족

❖ 7. 향후의 과제

일본에는 사회적 요구로 인해 PCB나 다이옥신류에 관련되는 많은 분석 매뉴얼이 정비되어 세계에 유례없는 규모의 분석결과와 분석기술이 축적되고 있다. 따라서 PCB나 다이옥신류 분석은 시간이나 노력과 함께 경비가 소요되기 때문에 오염범위를 신속히 파악하기 위한 스크리닝을 목적으로 한 분석방법이 필요해졌다. 현재 폐기물이나 토양, 저질 등의 조사에서는 간이분석법이 활용되고 있지만, 수질분석과 같이 저농도 시료에의 적용은 여전히 곤란한 상황에 있다. 게다가 효율적인 오염대책을 위해서도 폭넓은 성분조성 정보의 축적도 필요하지만, TEF가 설정되어 있지 않은 다이옥신류나 상세한 PCB의 성분정보는 적다.

이러한 과제에 대응하기 위해서 화학물질 문제의 최전선에 있는 현장 분석자에게는 향후 광범위한 최신 지식의 축적이 요구된다. 더욱이 국제적으로는 잔류성 유기 오염물질(POPs)의 대책이 급속히 진행되어 대상물질도 증가하고 있다. 그 때문에 국내에서도 PCB나 다이옥신류 이외에도 미량 화학물질의 분석이 요구되고 있다. 그러한 화학물질 대책을 효율적으로 진행하기 위해서도 정밀도가 우수한 분석결과에 근거한 상황해석이 필요 불가결하다.

3-7 ✦ 합성세제

비누, 세제에 포함되는 계면활성제는 공업용품 혹은 일용품으로서 다양한 용도로 대량 이용되고 있어 우리의 생활에 빠뜨릴 수 없는 화학물질의 하나이다.

계면활성제는 동일 분자 내에 친수기와 소수기(친유기)를 가져 기름과 물의 경계면의 표면장력을 저하시키는 등 계면의 물리화학적 성질을 변화시킨다. 물에 녹였을 때에 친수기 부분이 전리해 이온이 되는 이온성 계면활성제와 이온이 되지 않는 비이온 계면활성제로 대별된다.

이온성 계면활성제는 음이온 계면활성제, 양이온 계면활성제 및 양성 계면활성제로 분류된다. 현재 100종류 이상의 합성 계면활성제가 가정용 세제, 공업용 세제·분산제, 농약용 유화제의 주성분으로서 이용되고 있다

여기에서는

① 옛날부터 대표적인 수질오염 물질로 알려져 있는 음이온 계면활성제의 직쇄 알킬벤젠술폰산염(LAS : Linear-Alkylbenzene Sulfonates)

② 계면활성제로서의 생산량이 가장 많은 비이온 계면활성제인 폴리옥시에틸렌알킬에테르(2002년경부터, 지금까지 가장 생산량이 많았던 LAS를 넘고 있다)

③ 환경 호르몬 물질인 노닐페놀 등 알킬페놀류의 원인물질로 알려진 있는 알킬페놀에톡실레이트의 분석법에 대해 설명한다.

3-7-1 ✦ 직쇄 알킬벤젠술폰산염(LAS)

2010년 일본의 LAS의 연간 생산량은 108,835t(알킬아릴설포네이트로서)로 폴리옥시에틸렌알킬에테르에 정상의 자리를 빼앗겼지만 화학물질 중에서는 생산량이 두드러지게 많다.

수질분야는 이전부터 음이온 계면활성 물질 혹은 메틸렌블루 활성물질(MBAS : Methylene Blue Active Substances)로서 수돗물, 하수. 하천수, 해수 등을 대상으로 모니터링되고 있다.

또, 국가는 1999년에 제정한 화관법(PRTR법)에 대해 제1종 지정 화학물질로 지정해 환경오염 물질로서 명확하게 자리매김했다.

LAS의 수질분석은 LAS가 술폰산기를 가지므로 메틸렌블루와 이온쌍을 생성하여 클로로포름에 추출 후 흡광광도법으로 분석해 음이온 계면활성제 총량(비누를 제외한다)으로서 정량하는 방법이 이용되고 있다.

그렇지만 다양한 합성 계면활성제가 개발되어 독성 등의 관점으로부터 LAS 단체로서 분석하는 필요성이 높아져 고속 액체 크로마토그래피(HPLC)를 이용하는 방법이 개발되었다. 1990년대 후반부터는 검출기로 질량분석계를 이용하는 고속 액체 크로마토그래피/질량분석법(LC/MS)을 보급해 환경성이 실시하고 있는 화학물질 조사(「화학물질과 환경」으로서 조사결과를 매년 공표)나 환경 호르몬 조사[62]~[66] 등의 분석법에 적용되고 있다.

다만, 조사 개시 당초는 LC/MS의 설치 기관 수가 적었기 때문에 「요점 조사항목 등 조사 매뉴얼」 등과 같이 HPLC-형광검출기와 LC/MS 양쪽을 병용하는 것이 많다. 그 후, 텐덤형 질량분석계(MS/MS)의 보급과 함께 2004년 이후는 LC/MS/MS를 이용하는 분석법이 주류가 되어 실적이 있는 분석법을 정리한 「화학물질의 분석법과 그 해설」에도 LC/MS/MS를 채택하고 있다. 여기에서는 환경성이 환경 모니터링에 적용하고 있는 LC/MS/MS를 이용하는 분석법에 대해 설명한다.

❖ 1. LAS의 구조(동족체와 이성체)

LAS의 구조를 〈그림 3-55〉에 나타낸다. 알킬벤젠의 부위가 소수기, 술폰산의 부위가 친수기를 구성한다. 알킬기의 탄소수는 통상 10~14이고, 동족체의 조성은 나라에 따라 다소 다르지만, 일본의 경우는 C_{10}-LAS : 7~16%, C_{11}-LAS : 19~39%, C_{12}-LAS : 20~50%, C_{13}-LAS : 5~27%, C_{14}-LAS : <1~3%이다[60]. 또, 술폰산을 포함한 페닐기가 알킬사슬의 어느 탄소에 결합하느냐에 따라 복수의 이성체가 존재한다. 동족

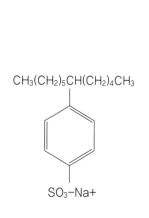

〈그림 3-55〉 LAS(나트륨염)의 분자 구조
(C₁₂LAS의 경우)

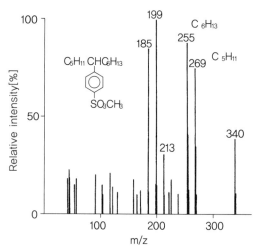

〈그림 3-56〉 LAS-메틸화합물의 질량 스펙트럼

체나 이성체의 종류에 따라 생태독성이 다르므로 LAS의 분석에서는 동족체·이성체 조성을 분명히 하는 것이 중요하다

LAS의 이성체는 술폰산의 부분을 5염화인 혹은 디아조메탄 등으로 메틸화해 GC/MS를 이용해 LAS 메틸화물의 질량 스펙트럼을 측정함으로써 정성할 수 있다[61]. 탄소사슬의 끝으로부터 6번째 위치에 페닐기가 결합하고 있는 C_{12}-LAS의 메틸화물의 질량 스펙트럼은 〈그림 3-56〉과 같이 된다. 페닐기가 결합하고 있는 탄소 양측의 알킬

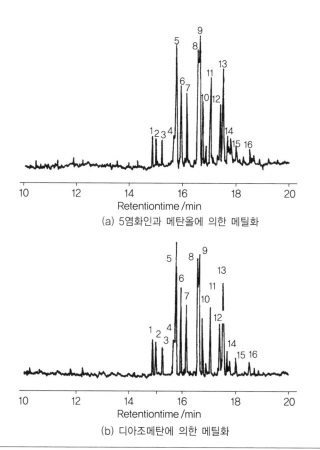

(a) 5염화인과 메탄올에 의한 메틸화

(b) 디아조메탄에 의한 메틸화

피크 1 : C_{10}-LAS($R' = C_4H_9$), 2 : C_{10}-LAS($R' = C_3H_7$), 3 : C_{10}-LAS($R' = C_2H_7$), 4 : C_{10}-LAS($R' = CH_3$), 5 : C_{11}-LAS($R' = C_5H_{11}$ and C_4H_9), 6 : C_{11}-LAS($R' = C_3H_7$), 7 : C_{11}-LAS($R' = C_2H_5$), 8 : C_{12}-LAS($R' = C_5H_{11}$), 9 : C_{11}-LAS ($R' = CH_3$) and C_{12}-LAS($R' : C_4H_9$), 10 : C_{12}-LAS($R' = C_3H_7$), 11 : C_{12}-LAS($R' = C_2H_5$), 12 : C_{13}-LAS($R' = C_6H_{13}$ and C_5H_{11}), 13 : C_{12}-LAS($R' = CH_3$) and C_{13}-LAS($R' = C_4H_9$), 14 : C_{13}-LAS($R' = C_3H_9$), 15 : C_{13}-LAS($R' = C_2H_5$), 16 : C_{13}-LAS($R' = CH_3$)
GC/MS 조건-칼럼　Ultra-2 (cross linked 5% phenyl methyl silicone,　0.32 mm i.d.×25 m df=0.52 μm)；
오븐 온도　60℃(1분)→30℃/분→150℃→10℃/분→280℃(5분)
이온화 에너지 70eV　주입량 2μL

〈그림 3-57〉 LAS의 이성체 패턴(GC/MS)

기가 이탈한 프래그먼트 이온이 검출되어 페닐기 결합 탄소의 위치를 알 수 있다. 이 방법에 따라 시판되고 있는 LAS의 이성체를 정성한 예를 〈그림 3-57〉에 나타낸다. 이 경우 주로 16종류의 이성체 및 동족체가 포함되어 있다

❖ 2. 분석법

고상 추출법을 이용해 추출·농축을 실시해 LC/MS/MS로 분석하는 분석 흐름을 〈그림 3-58〉에 나타낸다.

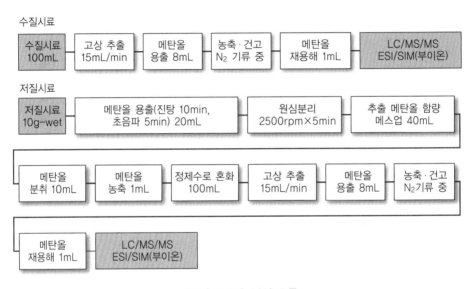

〈그림 3-58〉 분석 흐름

(a) 샘플링

채수기 도구는 스테인리스제를 이용하고 시료용기에는 정제수 및 메탄올로 세정한 마개 달린 유리용기를 사용한다. 유리용기의 세정은 LAS를 포함하지 않은 세제를 이용한다. LAS를 포함한 세제를 이용하면 세정 후의 헹굼을 충분히 해도 오염을 막을 수 없다.

분석은 시료 채취 다음에 신속하게 실시하는 것이 바람직하지만 산성 상태(시수 1L에 대해서 진한 염산 1mL 첨가 약 pH3)로 해 생분해를 억제하면 수 주간 정도의 냉장 보존이 가능하다.

(b) 표준품의 선택

C_{10}-LAS로부터 C_{14}-LAS까지 5종류의 동족체가 각각 1000mg/L의 농도로 포함되

어 있는 메탄올 표준액이 단독 또는 혼합 표준액으로서 시판되고 있다. 또 C_{12}-LAS (DBS : Dodecylbenzene Sulfonate)에 대해서는 직쇄형의 단체 표준(순도 95% 이상)이 분체로 시판되고 있다

HPLC-형광검출기를 채용하고 있는 「요점 조사항목 등 조사 매뉴얼」이나 「상수 시험법」에서는 동족체의 혼합비가 불명한 혼합 표준액을 이용한다. 이 경우, 포함되어 있는 각 동족체의 정확한 농도는 LAS 분자 중의 알킬기에 의한 벤젠고리에의 전자 공여 효과가 동족체, 위치 이성체의 알킬사슬상이나 알킬사슬 결합 부위의 차이에 영향을 받지 않고 몰형광계수가 동일하다고 가정해 크로마토그램으로부터 계산한다. 구체적으로는 혼합 표준품을 용해한 표준액 각 동족체의 피크 면적과 기지 농도의 DBS 단체의 피크 면적을 비교해 분자량 비를 이용해 각 동족체의 조성을 구하고, 그 결과로부터 각 동족체의 검량선을 작성하는 방법을 이용한다.

그렇지만 LC/MS/MS에서는 조성비를 알 수 없는 동족체 혼합 표준액을 LC/MS/MS 분석의 표준으로 이용하는 것은 적절하지 않다. 그 때문에 「화학물질의 분석법과 그 해설」에서는 단체 표준품이 있는 DBS를 기준으로 각 동족체의 농도를 DBS 환산으로 구하는 방법(DBS 환산법)을 이용한다.

(c) 전처리

수질시료 100mL를 직경 1μm의 유리섬유 여과지로 흡인 여과한 후 액을 ODS (옥타데실실릴기 수식 칼럼 C_{18} 칼럼) 등의 실리카겔계나 폴리머계 카트리지형 고상제로 통수 속도 10~15mL/min로 통수한다. 고상 추출에는 농축기로 불리는 가압형 고상 추출용 정유량 펌프를 이용한다. 보존을 위해서 염산 산성으로 한 수질시료를 그대로 통수하면 회수율이 저하하기 때문에 1M 수산화나트륨 수용액을 이용해 pH를 약 7로 조정해 고상제에 통수한다.

고상 카트리지를 정제수로 세정해 펌프 흡인 등으로 간극수를 제거한 뒤 메탄올로 LAS를 용출한다. 용출액에 질소가스를 완만하게 분사 건고한 후 초음파 등을 이용해 1mL의 메탄올로 재용해 정용해 LC/MS/MS 분석의 시료액으로 한다.

(d) LC/MS 조건

- LC 조건 : LC의 분리 칼럼에는 ODS계, 이동상에는 0.1mM 포름산나트륨 : 메탄올=20 : 80(일정 용매 조성 모드 : 유량 : 0.5mL/min)을 이용한다. 표준액을 분석했을 때의 피크 형상이 양호한 경우에는 포름산나트륨 대신에 정제수라도 좋다. 크로마토그램의 재현성을 높이기 위해서 칼럼 온도는 40℃로 일정하게 유지

한다.

- MS 조건 : 이온트랩형 질량분석계의 분석 조건을 예시한다. 스프레이 : 전압 4.0kV, 캐필러리 전압 : 4.0V, 캐필러리 온도 : 260℃, 상대 콜리전 에너지 : 50%, 질소 유량 : 100mL/min, 이온화·부이온 일렉트로 스프레이 이온화 (nega-ESI), 검출법 : 다중 반응 검출법(MRM : Multiple Reaction Monitoring), 측정 이온 : 프리커서 이온=각 동족체의 분자이온(M$^-$) C$_{10}$-LAS m/z 297, C$_{11}$-LASm/z 311, C$_{12}$-LAB m/z 325, C$_{13}$-LAS m/z 339, C$_{14}$-LAS m/z 353, 프로덕트 이온 : m/z 184, 시료 주입량 : 20μL

❖ 3. 유의점

(a) 질량 스펙트럼

LAS 혼합 표준품의 질량 스펙트럼을 〈그림 3-59〉의 왼쪽 위에 나타낸다. C12-LAS의 분자이온 m/z 325를 프리커서(precursor) 이온으로 했을 경우 프로덕트 이온의 질량 스펙트럼을 〈그림 3-59〉의 오른쪽 위에 나타낸다. 프로덕트 이온 질량 스펙트

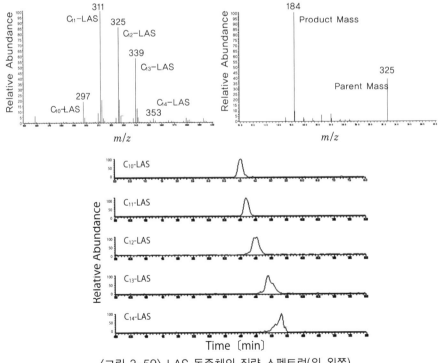

〈그림 3-59〉 LAS 동족체의 질량 스펙트럼(위 왼쪽)
프로덕트 질량 스펙트럼(위 오른쪽) 및 LC/MS/MS 크로마토그램(아래)

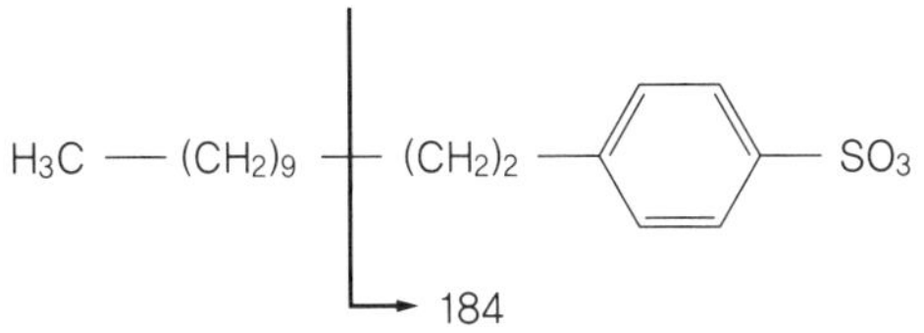

〈그림 3-60〉 C$_{12}$-LAS의 플레그멘테이션

럼의 기준 피크(Base Peak)를 나타내는 m/z 184의 귀속은 〈그림 3-60〉과 같다. LC/MS/MS의 측정은 MRM법을 이용해 트랜지션의 프리커서 이온에는 각각의 LAS 동족체의 분자이온을 사용해 프로덕트 이온에는 m/z 184를 사용한다.

(b) 크로마토그램

각각의 LAS 동족체의 분자이온과 m/z 184의 트랜지션에 의한 MRM 크로마토그램을 〈그림 3-59〉에 나타낸다. 이 트랜지션을 이용함으로써 각각의 LAS 동족체를 선택적으로 검출한다. 또한, HPLC-형광검출기에서는 동족체의 페닐 위치 이성체도 분리되지만 LC/MS/MS의 크로마토그램에서는 이성체는 단일 피크가 된다.

(c) 검출한계 및 정량한계

LAS 표준액을 첨가한 반복시험의 격차로부터 산출한 분석법의 검출한계 및 정량한계는 검출하한이 $0.049\mu g/L$, 정량하한이 $0.15\mu g/L$(시료량 10.0mL, 최종액량 1mL, DBS 환산값)이다.

(d) 고상제

카트리지형 고상제를 이용하는 경우 충전제 성형 시의 계면활성제 사용에 의한 오염이 보인다.[67] 이것은 아세톤, 정제수를 이용한 통상의 컨디셔닝으로는 충분히 제거할 수 없다. 오염의 농도 레벨은 카트리지마다 다르기 때문에 개개의 카트리지에 대해 오염을 확인하는 작업이 필요하다. 구체적으로는 컨디셔닝하기 전에 메탄올 1mL를 카트리지 칼럼에 부하해 통액 후의 메탄올 중 LAS 농도를 측정한다. 메탄올 중에 C$_{12}$-LAS가 $20\mu g/L$ 이상의 농도로 검출되는 경우는 분석에 지장을 일으키므로 그 카트리지는 사용하지 않는다.

(e) 표준품에 의한 질량 스펙트럼의 차이

시판하는 표준품으로는 프로덕트 이온 질량 스펙트럼의 기준 피크가 m/z 184는 아니고, m/z 171이 되는 경우가 있다. 이것은 같은 동족체에서도 이성체 함유 비율이 다른 시약이 표준으로서 판매되고 있기 때문이다[68]. 실제로 생산·소비되고 있는 가정용 세제에 포함되는 LAS를 LC/MS/MS로 분석했을 경우 프로덕트 이온 질량 스펙트럼의 기준 피크는 m/z 184이며, m/z 171의 강도는 매우 약하다. 표준품을 선택할 때 실제의 환경오염을 평가하는 데 적합한 표준품을 선택해야 한다.

(f) 정량 방법

HPLC-형광검출기에서는 표준품의 LAS 동족체의 조성비를 산출하는 경우 크로마토그램의 피크 강도를 참고로 하고 있다. 그러므로 LC/MS/MS에서는 크로마토그램의 피크 강도비는 이온화율 등에 영향을 받고 동족체에서 다르다. 따라서 LC/MS/MS를 이용하는 경우에 HPLC-형광검출기와 같은 방법을 이용하는 것은 적절하지 않다. 그 때문에 LC/MS/MS로 분석하는 경우는 단일 표준품을 얻을 수 있는 DBS를 이용하고 DBS 환산으로서 개개의 동족체를 정량하는 편이 좋고 환경성이 1974년부터 환경 중의 다양한 화학물질을 계속 조사하고 있는 환경 화학물질 안전성 총 점검조사에서는 LAS의 정량에 DBS 환산법이 채용되고 있다.

3-7-2 ❖ 비이온 계면활성제

비이온 계면활성제는 전해질의 영향을 받기 어렵기 때문에 LAS 등의 다른 모든 종류의 계면활성제와 병용할 수 있는 이점을 가진다. 대표적인 비이온 계면활성제로는 알코올에톡실레이트(AE : Alcohol Ethoxylate, 별명 : 폴리옥시에틸렌알킬에테르)나 알킬페놀에톡실레이트(APEO : Alkylphenol Ethoxylate, 별명 : 폴리옥시에틸렌알킬페닐에테르)가 있다.

이러한 구조를 〈그림 3-61〉 및 〈그림 3-62〉에 나타낸다. APEO 가운데 알킬기가 C_9H_{19}의 것이 노닐페놀에톡실레이트(NPEO Nonylphenol Ethoxylates), C_8H_{17}의 것이 옥틸페놀에톡실레이트(OPEO : Octylphenol Ethoxylates)이다. 1990년 이후 알

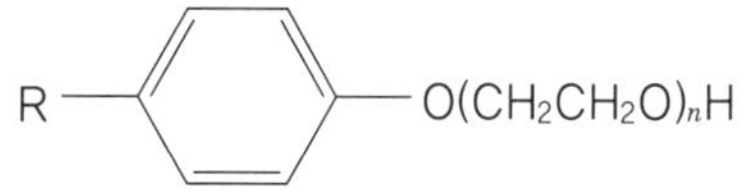

$$R - \underset{\text{benzene ring}}{\bigcirc} - O(CH_2CH_2O)_nH$$

그림 3-61 알킬페놀에톡실레이트(APEO)의 구조

$$R-O(CH_2CH_2O)_nH$$

〈그림 3-62〉 알킬페놀에톡실레이트(AE)의 구조

킬 페놀에톡실레이트의 분해물인 노닐페놀이나 옥틸페놀은 내분비 교란 작용을 가지는 것이 지적되어 환경 호르몬 물질로서 문제시되고 있다. 비이온 계면활성제의 분석법에 대해서는 후생노동성이나 국토교통성이 소관하는 수도나 하수도를 대상으로 한 분석법이 있다. 그것들을 〈표 3-37〉에 나타낸다[69]~[71]. 수도에서는 고상 추출한 후, 티오시아노코발트(Ⅱ)산 암모늄 용액을 더하고 흡광광도법에 의해 정량한다. 하수도의 내분비 교란 화학물질을 대상으로 하고 있다.

매뉴얼에서는 브롬화 처리해 이황화탄소로 추출한 후 GC-MS를 이용해 정량한다. 이것들은 비이온 계면활성제의 폴리에틸렌기를 대상으로 정량하는 방법이며, 개개의 물질의 정량에는 적합하지 않다. 또, 하수 시험 방법 추가 보충 잠정판[73]에서는 노닐페놀에톡실레이트를 대상물질로서 고상 추출 HPLC-형광법을 이용해 다른 비이온 계면활성제와 분리 정량하는 방법을 규정하고 있지만 HPLC-형광법은 불순성분과의 분리나 개별 성분의 피크 분리에 과제가 있다. 한편 LC/MS는 각 대상물질에 특징적인 이온을 검출하고, LC부에서 완전한 피크 분리를 할 수 없는 경우에도 선택성이 높은 성분별 농도로서 정량할 수가 있어 그 존재 상황을 상세하게 알 수가 있기 때문에 환경 화학물질의 수질분석에 적절하다. 여기에서는 LC/MS를 이용하는 분석법에 대해 해설한다.

<표 3-37> 비이온 계면활성제의 분석방법(공정법)

항목	매뉴얼	분석법 개략
비이온 계면활성제	「수질기준에 관한 성령의 구정에 근거한 후생노동대신이 정한 방법」(2003년 7월 22일 후생노동 고시 261호 별표 표 28)	고상 추출-흡광광도법
비이온 계면활성제 (폴리옥시에틸렌형)	「하수도에 있어서 내분비교란 화학물질 수질조사 매뉴얼」(1999년 8월 (사)일본 하수도협회)	용매 추출-브롬화-GC-MS법
노닐페놀 에톡실레이트	하수시험방법/추보잠정판 (내분비교란 화학물질편 및 크립토스포리듐 편) 2002년	고상 추출-HPLC 형광법

❖ 1. 표준품에 대해

화학물질 분석에서 분석의 기준이 되는 표준품의 신뢰성은 중요하다. 그렇지만 비이온 계면활성제에는 단품의 표준품이 적어 적절한 표준품을 입수할 수 없는 경우가 많다. 또, 시판 중인 표준시약도 혼합물이 많아 CAS 번호가 같아도 함유 조성에 차이가 있는 일도 있다. 한편 실제로 사용되고 있는 계면활성제는 탄소수나 그 분기, 에톡시 사슬 수 등이 다른 성분의 혼합품이다. 여기서, 단품의 표준품을 입수할 수 없는 경우는 실제로 사용되고 있는 함유량 기지의 공업품을 표준품으로 이용해 동족체의 합계량으로서 정량한다.

❖ 2. 폴리옥시에틸렌알킬에테르(AE)의 분석법

AE는 농약이나 절삭유를 시작으로 많은 공업용 에멀전의 유화제, 프린터 잉크의 분산제, 화장품, 의약품의 유화·분산제, 가용화제로서 사용되고[72] 최근에는 환경 호르몬의 원인물질로서 화제가 된 NPEO의 대체품으로서 사용되고 있다.

AE는 하천에서는 2~3일에 95% 이상 분해한다고 보고되고 있지만[73], 사용량이 많기 때문에 분해하기 전에 차례차례로 하천 등에 배출되어, 수질환경 중에 존재하고 있을 가능성도 지적되고 있어 그것들에 의한 생태계의 영향 등이 염려되고 있다. 화관법(PRTR법)에서는 제1종 지정물질로 등록되어 환경오염 물질로서 자리매김하고 있다.

이하 대상물질의 구조에 대해서는 알기 쉽게 하기 위해, 예를 들면 알킬사슬의 탄소수가 12, 에톡시 사슬이 1에서 14까지인 혼합물에 대해서는 $C_{12}EO(1-14)$의 약호를 이용한다. 여기에서는 기보[74]의 분석법으로 중수소 라벨화 표준품인 $C_{12}EO(7)-d_{25}$를 서로게이트로 사용해 정밀도를 향상시킨 분석법을 설명한다.

(a) 전처리

시료수 100mL를 Waters제 Oasis HLB 고상 카트리지에 통수한다. 고상 카트리지에 이온교환형 고상 카트리지 Waters제 Sep Pak Accell plus CM 및 QMA를 연결해 백플러시 방식으로 아세토니트릴 20mL를 이용해 용출과 동시에 클린업을 실시한다. 용출액을 질소기류에 의해 농축한 후 1mL에 정용해 LC/MS용 시료액으로 한다.

(b) 검출

$C_{12}EO(1-14)$의 개별 표준품을 이용한 개별 분석법에 대해 설명한다. LC/MS 조건을 〈표 3-38〉에 나타낸다. AE는 포지티브 모드의 일렉트로 스프레이 이온화법(ESI : ElectroSpray Ionization)에 의해 $[M+NH_4]^+$ 이온을 고감도로 얻을 수 있다. 에톡시 사슬이 하나인 대상 화합물에서는 $[M+NH_4]^+$에 추가해 $[M+Na]^+$도 관측되지만 모두 피크 강도로서는 약하다.

정량에는 $[M+NH_4]^+$을 이용한다. 용리액에는 50mM 초산암모늄 및 아세토니트릴을 이용한다. 각각 목적물질의 정량용 이온을 〈표 3-39〉에, 5ng/mL의 표준액을 측정할 때의 크로마토그램을 〈그림 3-63〉에 나타낸다. 이 조건에 대해 대상물질은 에톡시

사슬 수가 큰 것부터 순서대로 용출되어 나온다. 본법에 따르는 장치 검출하한값
(IDL : Instrumental Detection Limit)은 $C_{12}EO(1-14)$에 있어서 0.01ng/mL(시료
환산 농도 0.1ng/L)였다.

〈표 3-38〉 LC/MS 조건($C_{12}EO(1-14)$ 개별정량법)

MS	Agilent 1100MSD SL	HPSL	Agilent 100
이온화법	ESI	유속	0.2mL/min
검출 이온 종별	Positive	칼럼	Shodex GF-310 2D
측정 모드	SIM	이동상	(A) 50mM 초산암모늄
가스 온도	320℃		(B) 아세토니트릴
건조가스 유량	10.0L/min		30/70(5min)-10min-80/20(3min)
프래그먼트 전압	50~150V	주입량	10μL
네블라이저 압력	50psig	칼럼 온도	40℃
캐필러리 전압(+)	3,500V		
선택 이온(m/z)	[M+NH4]$^+$		

〈표 3-39〉 정량용 이온($C_{12}EO(1-14)$ 개별정량법)

대상물질	정량용 이온(m/z)	대상물질	정량용 이온(m/z)
$C_{12}EO_1$	248	$C_{12}EO_9$	600
$C_{12}EO_2$	292	$C_{12}EO_{10}$	644
$C_{12}EO_3$	336	$C_{12}EO_{11}$	688
$C_{12}EO_4$	380	$C_{12}EO_{12}$	732
$C_{12}EO_5$	424	$C_{12}EO_{13}$	776
$C_{12}EO_6$	468	$C_{12}EO_{14}$	820
$C_{12}EO_7$	512	$C_{12}EO_7$-d_{25}	537
$C_{12}EO_8$	556		

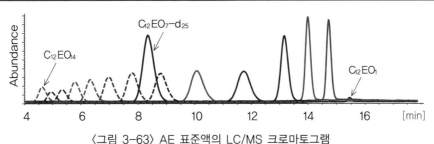

〈그림 3-63〉 AE 표준액의 LC/MS 크로마토그램

(C) 그룹핑에 의한 분석법

PRTR법 지정물질로서의 AE는 "알킬기의 탄소수가 12부터 15까지인 것 및 그 혼합
물에 한한다"로 되어 있다. 여기서는 LC/MS의 분리 칼럼에 소수성의 칼럼을 이용하는

것에 의해 알킬 사슬 길이별 면적값을 얻어 많은 동족체를 포함한 그룹으로서 간편하게 정량하는 방법을 설명한다.

예로서 Neodol25-9(알킬기의 탄소수가 12에서 15, 에톡시 사슬의 중심 분포가 9; 마루젠케미컬주식회사)를 이용한 방법을 나타낸다. SCAN 측정에 의해 질량 스펙트럼이 확인된 알킬 사슬 12에서 15, 에톡시 사슬 1에서 20의 범위를 대상으로 한다. 정량을 간편하게 하기 위해 칼럼은 옥타데실 실리카계의 것을 이용해 알킬 사슬별 총 이온 크로마토그램으로부터 면적값 합계를 구해 검량선을 작성해 정량한다

이 경우 추출도 간소화하고, 시료수 100mL를 Waters제 Oasis HLB 고상 카트리지에 통수해 백플러시로 아세토니트릴 5mL를 이용해 용출하는 방법을 이용해도 좋다. 용출액은 질소기류에 의해 농축해 1mL로 정용해 LC/MS 분석한다. 폐수가 대상이기 때문에 IDL은 1ng/mL(시료 환산 10ng/L)이다.

LC/MS 조건을 〈표 3-40〉 및 〈표 3-41〉에, 100ng/mL(시료 환산 농도 1μg/L) 표준액의 크로마토그램을 〈그림 3-64〉에 나타낸다.

AE를 포함한 공업제품에는 알킬 사슬 및 에톡시 사슬의 길이나 분기 패턴이 크게 다른 경우가 있어 개별의 표준물질을 입수할 수 없는 경우에는 각각의 검출감도가 다르기 때문에 정확한 정량을 하는 것이 어렵다. 그러한 경우 실제로 사용하고 있는 제품의 AE(AE 함유량 기지의 것)를 이용해 특징적인 이온을 선택해 배출량을 파악한다.

〈표 3-40〉 LC/MS 조건(PRTR법 대상물질로서의 정량법)

MS	Agilent 1100MSD SL	HPLC	Agilent 1100		
이온화법	ESI	칼럼	SUMIPAX ODS L-05-2015 5μm		
검출 이온 종별	Positive		2mmφ ×15cm		
측정 모드	SIM	이동상	(A) 50mM 초산암모늄		
가스 온도	320℃		(B) 아세토니트릴		
건조 가스 유량	10.0L/min		Time	Solv.B	Flow
프래그먼트 전압	50~150V		0.00	60.0	0.2
네블라이저 압력	50psig		15.00	90.0	0.2
캐필러리 전압(+)	3,500V		25.00	95.0	0.2
선택 이온(m/z)	[M+NH4]⁺		25.01	60.0	0.2
			35.00	60	0.2
		칼럼 온도	40℃		

〈표 3-41〉 정량용 이온(PRTR법 대상물질로서의 정량법)

그룹명	MSD1	MSD2	MSD3	MSD4
에톡시 사슬 수　　알킬 사슬	C_{12}	C_{13}	C_{14}	C_{15}
1	248	262	276	290
2	292	306	320	334
3	336	350	364	378
4	380	394	408	422
5	424	438	452	466
6	468	482	496	510
7	512	526	540	554
8	556	570	584	598
9	600	614	628	642
10	644	658	672	686
11	688	702	716	730
12	732	746	760	774
13	776	790	804	818
14	820	834	848	862
15	864	878	892	906
16	908	922	936	950
17	952	966	980	994
18	996	1010	1024	1038
19	1040	1054	1068	1082
20	1084	1098	1112	1126

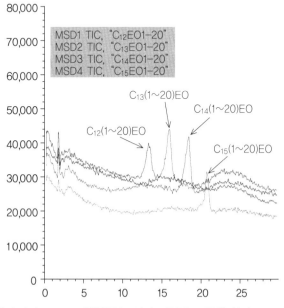

〈그림 3-64〉 PRTR 대상물질로서의 정량법 표준액 측정 크로마토그램

❖ 3. 알킬페놀에톡실레이트(APEO)의 분석법

2000년 APEO의 주성분은 노닐페놀에톡실레이트(NPEO)와 옥틸페놀에톡실레이트(OPEO)였다. 그 비는 대략 4 : 1이고[75] 일본의 2003년 APEO 생산량은 NPEO가 18,000t, OPEO가 17,000t이었다[77]. 이들의 원료이며 또 환경 중에서의 분해 생성물인 노닐페놀(NP)과 옥틸페놀(OP)은 내분비 교란성을 나타내는[77]~[80] 것이 보고되고 있다.

(a) 전처리

수질시료 400mL를 유리섬유 여과지(GF/F Whatmann)를 이용해 여과한다. 하수처리장 유입수 등의 현탁물질이 많은 시료에서는 여과지는 2매 이상 필요하다. 여과지에 5mL의 아세톤을 더해 10분간 초음파 용출시킨다. 용출조작은 회수율을 올리기 위해 3회 반복한다. 용출액을 회전증발기를 이용해 약 1mL까지 농축해 여액과 대면시킨다. 미리 메탄올 10mL와 정제수 10mL로 컨디셔닝한 디스크형 고상제(Empore® DiskC18 FF 47 mm∮ 3M, 등)에 여액을 통수한다. 메탄올 10mL로 용출해 용출액을 40℃로 가온하면서 질소가스를 완만하게 분사 건고시킨다. 메탄올 아세토니트릴(1:1) 1mL로 재용해시켜 〈표 3-42〉에 나타내는 조건으로 GPC 처리를 실시한다. 9.5분부터 14.5분의 분획을 분취해 질소기류에 의해 농축한 후 1mL로 정용해 LC/MS용 시험액으로 한다.

〈표 3-42〉 GPC 정제 조건

장치	Shimadzu LC-10
칼럼	SUMIPAX GPC R-300 4.6mm×500mm (250mm×2), 5μm
온도[℃]	45
이동상	메탄올/아세토니트릴(50/50)
유속 [mL/min]	0.8
플렉션 [min]	9.5~14.5

(b) LC/MS 조건

LC/MS 조건을 〈표 3-43〉에 예시한다. IDL는 0.01ng/mL 부근이며 전처리도 포함한 재현성으로부터 산출된 분석법의 검출한계(MDL : Method Detection Limit)는 0.05μg/L이다. 〈그림 3-65〉에 OPEO 표준액 측정 크로마토그램을 나타낸다.

〈표 3-43〉 LC/MS 측정 조건(APEO)

Mass spectrometer; HP 1100MSD (Agilent)	이온화법	Postitve-ESI
	건조 가스	10Lmin⁻¹
	네블라이저	전압 50psig
	fragmentor 전압	80V
	선택 이온 (m/z)	$[M+NH_4]^+$
HPLC; HP 1100(Agilent)	칼럼	GF-310 2D(Shodex)
	이동상	A : 50mM 초산암모늄 B : 아세토니트릴 30% B–(10min)–50%B–(30min) –90%B
	칼럼 온도	40℃
	유속	0.2mL/min
	주입량	10μL

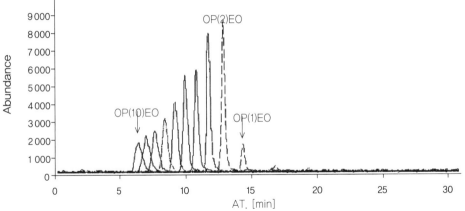

〈그림 3-65〉 4ng/mL OPEO 표준액의 측정 크로마토그램(시약 환산 농도 : 0.01μg/L)

(c) 내부표준물질에 대해

시료 중 불순물질에 의한 이온화 저해 등의 영향을 저감하기 위해서 대상물질과 가까운 특성으로 동일한 거동을 하는 표지 화합물을 내부표준물질로서 이용한다.

NP(1)EO-¹³C₂와 NP(2)EO-¹³C₂ 2종의 ¹³C 라벨화합물만을 이용하는 경우 긴 사슬의 APEO와는 거동이 다르고, ¹³C의 수가 적기 때문에 동위체의 영향을 받기 쉽고 정량범위가 좁아진다. NP(8)EO-¹³C 및 NP(10)EO-¹³C₄를 더해 합계 4종의 표식 화합물을 이용해 범용성을 확대하는 것이 바람직하다.

목적물질과 내부표물질의 조합은 NP(1)EO-¹³C₂를 NP(1)EO와 OP(1)EO로, NP(2)EO-¹³C₂를 NP(2-3)EO와 OP(2-3)EO로, NP(8)EO-¹³C₄를 NP(4-9)EO와 OP(4-9)EO로, NP(10)EO-¹³C₄를 NP(10-15)EO와 OP(10)EO로 사용했을 때의 검량

선의 상관계수는 0.998 이상으로 양호하다. 이때 검량선의 농도 범위는 0.01~1.0μg/L이다.

3-8 ⟩ 유기금속류

유기금속류는 배 밑바닥 방오제나 농약 등에 이용된다. 여기에서는 대표적인 유기금속 화학물질인 유기주석 및 그 대체품 및 만제브나 폴리카바메이트 등의 에틸렌비스디티오카바메이트계 농약의 분석법을 소개한다.

3-8-1 ⟩ 유기주석 화합물

트리부틸주석(Tributyltin, TBT) 및 트리페닐주석(Triphenyltin, TPT) 화합물은 1960년 초기부터 배 밑바닥 도료의 방오제로서 사용되기 시작했다. 그러나 프랑스의 알키션만에서 굴이 떼죽음을 당한 원인이 TBT라는 것을 알게 된 것을 계기로 환경오염 물질로서 주목받게 되었다.

환경조사나 독성연구 등 모든 측면으로부터의 조사 연구로부터 TBT나 TPT는 수중 농도가 1ng/L 정도여도 이보니시나 바이 등의 신복족류에 대해서 임포섹스(암컷에 페니스가 생기는 현상)를 일으키는 것이나 각국의 연안지역이 광범위하게 이것들 화합물에 의해 오염되고 있었던 것을 알 수 있었다.

1980년대에 미국, 영국, 프랑스 등은 TBT의 사용에 관해서 배 밑바닥 도료 중의 유기주석 함유량 또는 용출량의 제한, 환경수질기준 규제를 마련했다. 일본에서도 「화학물질 등의 심사 및 제조 등의 규제에 관한 법률」(화심법)로 1990년 1월에 트리부틸주석 옥사이드(Tributyltin Oxide. TBTO)는 제1종 특정 화학물질에, TPT는 제2종 특정 화학물질에, 동년 9월에 TBT 관련 13물질이 제2종 특정 화학물질로 지정되어 실질적으로 TBTO는 사용금지, TBT 및 TPT는 등록하지 않으면 사용할 수 없게 되었다. 특히 국제해사기관(IMO)이 2001년 10월에 TBT의 선체 도포를 금지하는 「선박의 유해한 방오 방법의 규제에 관한 국제 조약」(AFS 조약)이 채택되어 2008년 9월에 발효되었다.

부틸주석 화합물 및 페닐주석 화합물의 구조를 〈그림 3-66〉에 나타낸다. TBT는 환경 중에서는 빛 및 미생물 분해를 받아 디부틸주석(Dibutyltin compounds, DBT), 다시 모노부틸주석(Monobutyltin, MBT), TPT는 디페닐주석(Diphenyltin, DPT), 다시 모노페닐주석(Monophenyltin, MPT)으로 변화하고 최후에는 무기의 주석이 된다. 따라서 환경 중 TBT나 TPT의 분포나 거동을 파악하기 위해서는 TBT나 TPT의 분해물을 포함한 6물질을 측정하는 것이 필요하다.

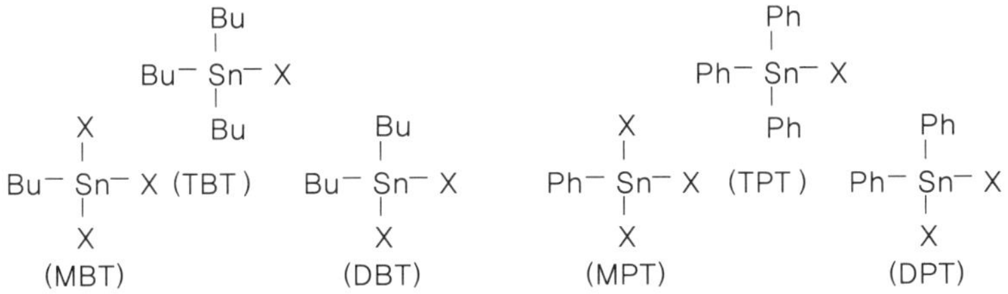

(a) 부틸주석 화합물   (b) 페닐주석 화합물

〈그림 3-66〉 유기주석 화합물의 구조(X＝OH, 할로겐 등)

  본절에서는 물, 저니 및 생물시료를 대상으로 한 부틸주석 화합물과 페닐주석 3화합물의 동시 정량법에 대해 현재 일반적으로 이용되고 있는 2가지 방법(GC/MS법, GC-FPD법)에 대해 소개한다.

❖ 1. 유기주석 화합물 분석을 위한 샘플링

  유기금속 화합물의 일종인 유기주석 화합물은 유기물적인 성질을 가지는 것과 동시에 금속적인 성질을 가지기 때문에 유리의 표면에 흡착하기 쉽다. 채수용기의 재질은 폴리카보네이트(polycarbonate)제가 유기주석 화합물을 가장 흡착하기 어렵고 깨지기 어렵기 때문에 현장에서의 사용에 적절하다. 가능하면 채수 후 1일 이내에 시료의 전처리를 하는 것이 바람직하지만, 곧바로 전처리할 수 없는 경우는 채수 후 곧바로 염산 또는 초산-초산나트륨 완충액을 더해 물의 pH를 약산성으로 해 두면 용기 벽면에 유기주석 화합물이 흡착되는 것을 막을 수가 있다.

❖ 2. GC/MS법
(a) 전처리법
  1L용 시료병의 전량을 정확하게 칭량해 취한 후에 2L용의 분액 깔대기로 옮긴다.

  여기에 MBT-d_9, DBT-d_{18}, TBT-d_{27}, MPT-d_5, DPT-d_{10} 및 TPT-d_{16}를 각각 1mg/L 포함한 서로게이트 혼합용액 50μL를 첨가 후 염화나트륨 30g을 더하고 가볍게 흔들어 섞는다. 이것에 초산-초산나트륨 완충액(pH5 2mL)과 2% 테트라에틸붕산나트륨(NaBEt$_4$) 수용액 1mL를 첨가해 10분간 진탕해 유도체화를 실시한다. 다음으로 분액 깔대기에 헥산 100mL를 더하고 10분간 진탕하면 수중에서 유도체화된 유기주석 화합물을 헥산층에 추출한다.

  10분간 방치 후 수상은 다른 분액 깔대기에 옮기고 헥산 50mL를 더해 10분간 진탕한다. 다시 10분간 방치 후 수층을 제거하고 헥산층을 앞의 분액 깔대기에 합한다. 무수 황산나트륨으로 탈수 후 수욕의 온도를 40℃ 이하로 조절한 회전증발기로 미량까지 농축한다. 이 농축액을 1mL의 시험관으로 옮겨 테트라부틸주석-d₃₆(TeBT-d₃₆)과 테트라페닐주석 등(TePT-d₂₀)을 각각 10mg/L 포함한 동안 표준액 50μL를 더한다. 이 시험관에 질소가스를 내뿜고 0.5mL에 정용해 이것을 GC/MS용 전처리액으로 한다.

(b) GC/MS 조건

가스 크로마토그래피의 사용 칼럼은 5% 페닐메틸실리콘 및 메틸실리콘 등의 비극성 칼럼이 유기주석 화합물의 분리에 적절하다. 칼럼 온도는 60℃를 1분간 유지하고, 20℃/min로 130℃까지 승온, 다시 10℃/min로 210℃까지 그리고 5t/min로 260℃, l0℃/min로 300℃까지 승온하여 2분간 유지한다.

캐리어 가스 유량은 1mL/min로, 주입구 온도 270℃, 주입법은 스플릿리스(1분간 퍼지)로 1μL 주입한다. 가스 크로마토그래피와 질량분석계의 인터페이스 온도는 280℃, 이온원 온도는 230℃, 이온화 에너지는 70eV로 실시한다. 이 조건으로 채취한 질량 스펙트럼을 〈그림 3-67〉에 나타낸다. 정량은 SIM 모드로 실시해 모니터 이온을 〈표 3-44〉에 나타낸다.

〈표 3-44〉 각 유기주석의 프로필화물 정량 및 확인용 질량수[83]

화합물명	모니터 이온	화합물명	모니터 이온
모노부틸주석	235 (233)	모노부틸주석-d₉	244 (242)
디부틸주석	261 (263)	디부틸주석-d₁₈	279 (281)
트리부틸주석	263 (261)	트리부틸주석-d₂₇	318 (316)
모노페닐주석	253 (255)	모노페닐주석-d₅	260(258)
디페닐주석	303 (301)	디페닐주석-d₁₀	313(311)
트리페닐주석	351 (349)	트리페닐주석-d₁₅	366 (364)
테트라부틸주석-d₂₇	318 (316)	테트라페닐주석-d₂₀	366 (364)

( ) 안은 확인 이온을 나타낸다.

(c) 검량선의 작성

유기주석 화합물 6종을 디메틸술폭시드로 희석해서 100mg/L의 혼합 표준 원액을 작성한다. 이 용액을 아세톤으로 희석해 1mg/L, 0.1mg/L 및 0.01mg/L의 혼합 표준액을 작성한다. 혼합 표준액 1mg/L로부터 1mL, 0.1mg/L부터 1mL, 0.5mL, 0.01mg/L부터 1mL, 0.5mL를 미리 30% 염화나트륨 용액 30mL와 1mg/L의 서로게이트 혼합용액 100μL를 넣은 각각 100mL용 분액 깔대기에 추가해 초산-초산나트륨

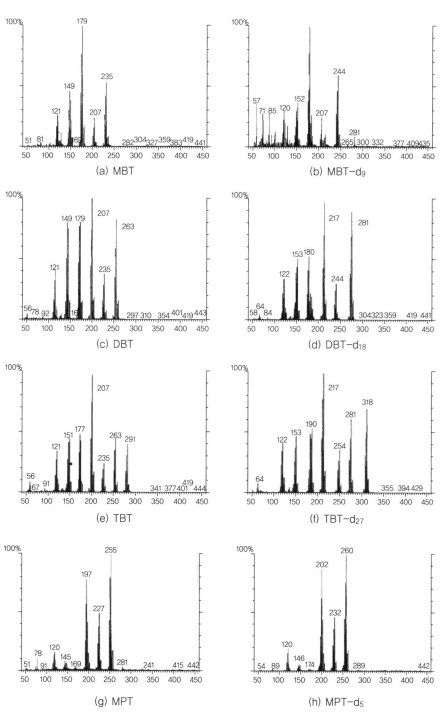

〈그림 3-67〉 GC/MS에 의한 유기주석 화합물 유도체의 질량 스펙트럼[83]

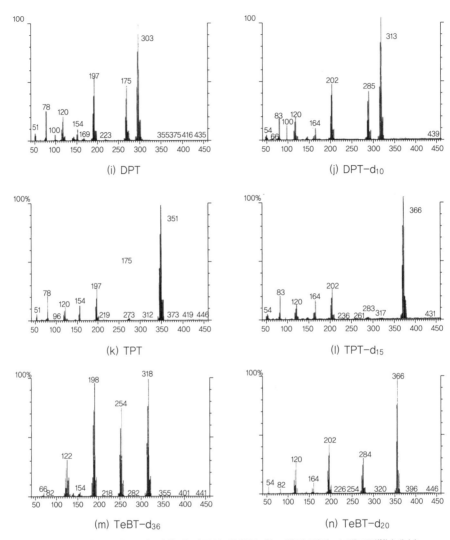

〈그림 3-67〉 GC/MS에 의한 유기주석 화합물 유도체의 질량 스펙트럼[83] (계속)

완충액(pH5) 1mL를 더한 후 2% NaBEt$_4$ 수용액 1mL를 첨가해 30분간 진탕한다. 여기에 헥산 10mL를 더해 10분간 진탕한다. 수층을 분취해 재차 헥산 10mL를 더하고 10분간 진탕해서 유도체화해 유기주석 화합물을 추출한다. 10분간 정치 후 헥산층을 앞의 헥산층에 맞추어 무수 황산나트륨으로 탈수 후, 회전증발기로 약 1mL까지 농축한다.

10mL용 시험관에 옮기고 나스 플라스크를 헥산 1mL로 2회 세정하고 세액은 시험관에 합한다. 1mg/L 중 표준액(TeBT-d$_{36}$, TePT-d$_{20}$)을 100μL 더한 후, 질소기류하에

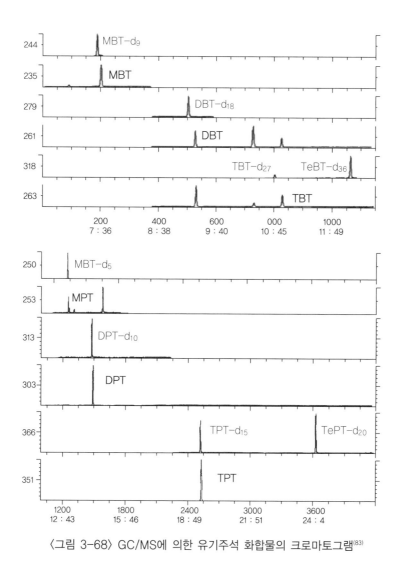

〈그림 3-68〉 GC/MS에 의한 유기주석 화합물의 크로마토그램[83]

서 1 mL까지 농축해 이것을 검량선용 표준액으로 한다. 이 표준액(1mg/L)을 GC/MS로 분석했을 때에 채취한 질량 크로마토그램을 〈그림 3-68〉에 나타낸다.

(d) 농도의 산출 방법

검량선용 표준액을 GC/MS에 주입해 MBT는 MBT-d_9, DBT는 DBT-d_{18}, TBT는 TBT-d_{27}, 즉 MPT는 MPT-d_{10}, DPT는 DPT-d_{10}, TPT는 TPT-d_{15}의 피크 면적비를 이용해 가로축에 대상물질과 서로게이트 물질의 농도비를, 세로축에 피크 면적비를 취해 검량선을 작성해 시료 중 대상물질과 서로게이트 물질의 면적비를 검량선과 비교해서 농도를 산출한다. 또, 서로게이트 물질의 회수율을 계산하기 위해서 $TeBT-d_{36}$에 대한 $MBT-d_9$, $DBT-d_{18}$, $TBT-d_{27}$의 피크 면적비, $TePT-d_{20}$에 대한 $MPT-d_5$, $DPT-d_{10}$, $TPT-d_{15}$의 피크 면적비를 이용해 가로축에 부틸주석 화합물의 동위체에 대해서는 $TeBT-d_{36}$, 페닐주석 화합물의 동위체에 대해서는 $TePT-d_{20}$의 농도비를 세로축에 각각 얻어진 피크 면적비를 취해 검량선을 작성하고 시료 중의 유기주석 화합물의 동위체와 $TeBT-d_{36}$와 $TePT-d_{20}$의 면적비를 검량선과 비교함으로써 실질 회수율도 구한다.

(e) 분석방법의 회수율 및 정밀도

유기주석 화합물 6종류를 포함한 용액을 첨가해 이 분석방법으로 측정해 회수율을 구한 결과를 〈표 3-45〉에 나타낸다. 87~113%의 회수율이 얻어지고 S/N=3으로부터 산출한 검출하한값을 구하면 $0.003\mu g/L$이다.

〈표 3-45〉 GC/MS법에 따르는 첨가 회수시험 결과

	시료량 (mL)	첨가량 (μg)	회수율 (%)					
			MBT	DBT	TBT	MPT	DPT	TPT
해수	1,000	1	87 (10)	110 (7)	91 (5)	89 (4)	113 (9)	109 (11)

( ) 안은 상대 표준편차를 나타낸다.

(f) 분석방법의 해설

유기주석 화합물은 유리면이나 금속면에 흡착하기 쉬운 성질이 있고 비점이 높아 직접 GC로 분석할 수 없다. 이 성질은 주석의 결합 부위에 탄소가 공유결합하고 있지 않은 부위가 존재하지 않아 생기기 때문에 이 부분에 에틸기를 도입하면 활성 부위가 없어져 GC로 측정할 수가 있게 된다. 이 방법은 수용액 중에서 에틸화 반응이 진행되는 $NaBEt_4$ 시약을 사용해 수용액 중에서 유도체화한다. 또 서로게이트 화합물로서 중수소화체를 이용한 동위체 희석법으로 실시하기 때문에 회수율은 높아지고 있다. 그러나 내부표준물질을 사용해 실질적인 회수율을 확인해 30% 이하가 되면 동위체 희석법의 회수율이 높아도 신뢰성이 낮아지므로 실질의 회수율에 대해서도 상시 체크할 필요가 있다.

✦ 3. GC · FPD법

(a) 전처리

물시료 1L를 2L용의 분액 깔때기에 뽑아 1M 염산 5mL를 더해 산성으로 한 후 0.1% 트로폴론 함유 벤젠 50mL로 2회 추출한다. 벤젠층을 탈수 후 회전증발기로 농축한다. 이 농축액에 n-프로필마그네슘브로마이드 1mL를 더해 40℃의 항온조에서 30분간 천천히 진탕해서 유기주석을 프로필화한다. 0.5M 황산 10mL를 서서히 더하여 과잉의 그리냐르 시약을 분해한다. 다시 증류수 50mL를 더해 벤젠/헥산(1/9) 10mL로 10분간 진탕해 2회 추출한다. 추출액에 내부표준물질로서 2mg/L의 테트라부틸주석을 100㎕ 더해 회전증발기 및 질소 기류하에서 0.5mL까지 농축해 염광광도계 부착 가스 크로마토그래피(GC-FPD)용 시험용액으로 한다.

(b) GC 조건

GC의 칼럼은 메틸실리콘을 코팅한 캐필러리 칼럼(길이 30m, 내경 0.25mm, 막두께 0.25㎛)과 같은 무극성 칼럼이 바람직하다. 칼럼 온도는 50℃로 1분 방치 후 20℃/min로 100℃까지 온도 상승하고, 다음으로 290℃까지 5℃/min로 온도 상승 후 7.5분간 머물렀다. GC의 주입구는 스플릿리스 모드, 주입량은 2㎕, 주입구 온도는 290℃, 칼럼 유량은 1.4mL/min, FPD의 수소 유량은 160mL/min, 산소 유량은 120mL/min으로 해 산소에 비해 수소의 유량이 많은 상태로 실시한다. 필터는 주석 원자에 특이성을 가지는 610nm 간섭필터를 장착한다. 〈그림 3-69〉에 크로마토그램을 나타낸다. 30분 이내에 부틸 및 페닐주석 화합물을 양호하게 분리할 수가 있다.

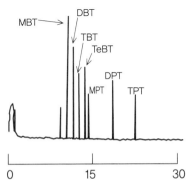

〈그림 3-69〉 GC-FPD에 의한 유기주석 화합물의 크로마토그램
(표준시료, 농도 1mg/L)

(c) 검량선의 작성

유기주석 화합물 6태를 디메틸술폭시드로 희석해서 100mg/L의 혼합 표준원액을 작성한다. 이 용액을 아세톤으로 희석하는 것으로 2mg/L의 혼합 표준액을 작성한다. 이 표준액으로부터 0.05mL, 0.10mL, 0.15mL, 0.2mL 및 0.25mL를 마이크로 실린지 등으로 정확하게 측정해 20mL용의 시험관으로 옮긴다. 게다가 n-프로필 마그네슘브로마이드(2M THF 용액)를 1mL 첨가 후, 40℃의 항온조에서 30분간 조용하게 진탕한다. 0.5M H_2SO_4 10mL를 서서히 더해 과잉의 그리냐르 시약을 분해한다. 그 다음에 증류수 40mL와 헥산/벤젠(9/1) 10mL를 더하고 10분간 진탕해 프로필화한 유기주석 화합물을 유기층상에 추출한다. 유기상을 분리 후, 재차 헥산/벤젠(9/1) 10mL를 더하고 진탕에 의해 추출한다.

유기상은 함께 무수 황산나트륨에 의해 탈수해 100mL용 나스 플라스크로 옮긴다. 회전증발기로 약 1mL까지 농축해 2mg/L의 테트라부틸주석(TeBT)을 100μL 더한 후, 질소 기류하에서 농축을 거쳐 헥산으로 5mL 정용으로 한다.

(d) 산출 방법

검량선용 표준액을 GC-FPD에 주입해 각각의 부틸 및 페닐주석 화합물과 내부표준물질로서 이용한 TeET의 피크 면적비를 이용해 가로축에 대상물질과 내부표준물질의 농도비를, 세로축에 피크 면적비를 취해 검량선을 작성해 시료 중 대상물질과 내부표준물질의 면적비를 검량선과 비교하는 것으로 농도를 산출한다. 모든 유기주석 화합물 농도는 Sn(예를 들면 물의 경우 ng/L, 저니나 생물의 경우μg/kg)으로 나타낸다.

(e) 분석방법의 회수율 및 정밀도

〈표 3-46〉에 나타내듯이 해수로부터의 첨가 회수율은 73~100%이며 상대 표준편차는 5.5%이하이다. 또, 유기주석 화합물의 검출한계는 물시료에서는 0.003μg/L이다.

〈표 3-46〉 GC·FPD법에 따르는 첨가 회수시험 결과

	시료량 (mL)	첨가량 (μg)	회수율 (%)					
			MBT	DBT	TBT	MPT	DPT	TPT
해수	1,000	1	84 (1)	73 (3)	100 (1)	74 (6)	93 (2)	98 (2)

( ) 안은 상대 표준편차를 나타낸다.

✦ 4. GC/MS법과의 비교

GC/FPD법은 유기주석 화합물을 그리냐르 시약으로 프로필화물로 유도체화해 분석하는 방법이다. 이 방법은 GC/MS법에 비해 감도가 약간 낮고 동위체를 이용한 회수율의 보정을 할 수 없는 등의 문제점이 있다. 그러나 GC/MS와 같은 고액의 기기의 이용을 할 수 없는 경우나 안정 동위체나 테트라에틸붕소나트륨 등의 시약 입수가 곤란한 경우 등 보다 일반적인 분석법이라고 할 수 있다.

3-8-2 ✦ 유기주석 대체품

1960년대부터 배 밑바닥 도료 및 어망의 방오제로서 사용되어 온 트리부틸주석 화합물(TBT) 및 트리페닐주석 화합물(TPT)은 수서생물에 대해서 매우 독성이 높고, 전 세계 연안지역이 이들 화합물에 의해 널리 오염되고 있으며 신복족류의 암컷에 페니스를 만들게 하는 환경 호르몬 작용이 있기 때문에 1980년대에 선진국을 중심으로 TBT에 규제가 설정되었다.

이와 같이 각국에서 규제되었음에도 불구하고 세계의 도처로부터 환경 호르몬 작용을 가지는 레벨로 검출이 계속되었기 때문에 2008년 1월에 국제해사기관(IMO) 가맹국 간에서 TBT의 선체 도포를 금지하는 「선박의 유해한 방오방법의 규제에 관한 국제조약(AFS 조약)」이 체결되고 2008년 9월부터 발효된 유기주석 화합물의 세계적인 금지에 대응해 도료공업회에서는 다종류의 대체물질 개발을 시도해 현재 약 20종류의 화

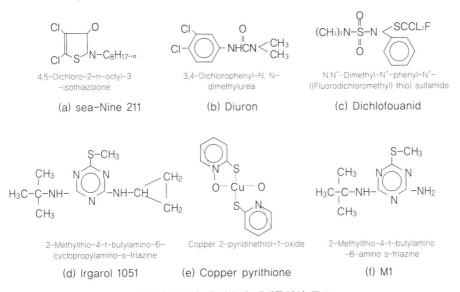

4,5-Dichloro-2-n-octyl-3
-isothiazolone

(a) sea-Nine 211

3,4-Dichlorophenyl-N, N-
dimethylurea

(b) Diuron

N,N'-Dimethyl-N'-phenyl-N'-
((Fluorodichloromethyl) thio) sulfamide

(c) Dichlofouanid

2-Methylthio-4-t-butylamino-6-
cyclopropylamino-s-triazine

(d) Irgarol 1051

Copper 2-pyridinethiol-1-oxide

(e) Copper pyrithione

2-Methylthio-4-t-butylamino
-6-amino s-triazine

(f) M1

〈그림 3-70〉 유기주석 대체물질의 구조

합물이 사용되고 있다. 이 대체물질의 특징은 이전 농약으로서 사용되고 있던 물질로 분해성이 높은 것이 많다. 게다가 구리 피리티온이나 아연 피리티온 등은 친화합물과 같은 정도의 독성이 분해물에도 있는 동시에 코린에스테라아제 저해를 가질 가능성이 증가한다. 따라서 이러한 신규 방오물질의 환경 중에서의 운명을 파악하기 위해서는 분해물도 포함 조사를 실시해 종합적으로 환경에 미치는 영향을 평가하고 규제 방법 등을 재검토해 나갈 필요성이 있다.

본항에서는 〈그림 3-70〉에 나타내는 대표적인 대체물질 5종류(시나인-211, 디클로로플루아니드, 디우론, 이르가롤 1051 및 구리 피리티온 (CuPT))와 이르가롤 1051의 분해물인 M1의 동시분석법을 소개한다.

❖ 1. 유기주석 대체물질 분석을 위한 샘플링

빛에 의해 몇 분간에 분해하는 구리 피리티온을 시작으로 유기주석 대체물질은 분해성이 높은 물질이 많다. 따라서 채취용기는 차광성이 있는 갈색 용기를 이용한다. 또, 미생물 분해도 받기 쉬우므로 채취 후에는 신속히 분석하지 않으면 안 된다.

❖ 2. 전처리

(a) 고상 추출법

시료수 500mL를 삼각 플라스크에 취해 미리 메탄올 10mL, 증류수 20mL로 컨디셔닝한 폴리메타아크릴레이트계를 코팅한 SPE-GLF(폴리메타크릴레이트계 수지) 고상 카트리지에 매분 10mL로 통수한다. 고상 카트리지를 증류수 20mL로 세정한 후, 원심분리기로 탈수한다. 메탄올 5mL로 용출하고 회전증발기 및 질소 기류하에서 0.5mL까지 농축한다. 내부표준물질로서 1mg/L의 아트라진-$^{13}C_3$을 50μL 첨가해 LC/MS/MS용 시료액으로 한다.

(b) 용매 추출법

물시료 500mL에 디클로로메탄 50mL를 더해 10분간 진탕한다. 10분간 방치한 후, 디클로로메탄층을 분취해 수층에 디클로로메탄 50mL를 더해 재차 10분간 진탕한다. 10분간 정치 후 디클로로메탄층을 합한다.

무수 황산나트륨으로 탈수 후 아세토니트릴 10mL를 첨가해 회전증발기로 미량까지 농축한다. 내부표준물질로서 1mg/L의 아트라진-$^{13}C_3$를 50μL 더한 후, 메탄올을 더해 1mL로 정용해 LC/MS/MS용 시료용액으로 한다.

◈ 3. LC/MS 조건

액체 크로마토그래피의 분리 칼럼은 C_{30} 실리카 칼럼(내경 2.1mm, 길이 50mm, 입경 $5\mu m$)이나 C_{18} 실리카 칼럼(내경 2.1mm, 길이 50mm, 입경 $5\mu m$) 등의 역상계 칼럼을 이용하고 이동상에는 아세토니트릴 : 물(1 : 1)로부터 아세토니트릴의 비율을 100%까지 20분간으로 증가시키고, 10분간 체류하는 그래디언트 분석을 실시한다. 일렉트로 스프레이 질량분석은 양이온 모드를 이용해 질소의 커튼가스 : 40L/min, 이온 스프레이 전압 : 4800V, 이온원 가스 1 : 40L/min, 이온원 가스 2 : 70mL/min, 콜리전 가스 : 4mL/min로 조정한다.

LC/MS/MS의 측정은 Multiple Reaction Monitoring법으로 실시한다.

이 측정 조건으로 얻어진 질량 스펙트럼을 〈그림 3-71〉에 나타낸다. 모든 화합물에 대해 분자이온 피크가 보인다. 이 질량 스펙트럼으로부터 〈표 3-47〉에 나타내는 각 물질의 프리커서 이온과 프로덕트 이온을 결정했다. 이것들을 이용했을 경우의 질량 크

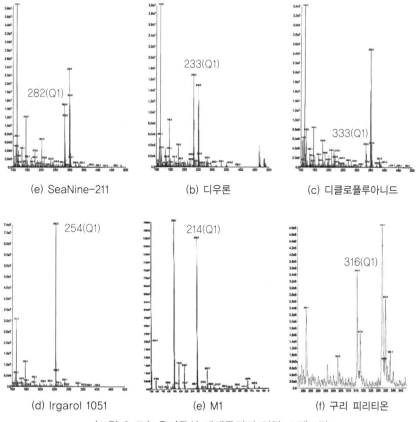

(e) SeaNine-211　　　　(b) 디우론　　　　(c) 디클로플루아니드

(d) Irgarol 1051　　　　(e) M1　　　　(f) 구리 피리티온

〈그림 3-71〉 유기주석 대체물질의 질량 스펙트럼

〈표 3-47〉 유기주석 대체물질의 프리커서 이온과 프로덕트 이온

화합물	프리커서 이온 (m/z)	프로덕트 이온[1] (m/z)	프로덕트 이온[2] (m/z)
시아닌 211	282	170	43
디클로로플루아니드	333	224	123
디우론	233	46	160
이르가롤 1051	254	198	83
구리 피리티온	316	190	189
M1	214	158	43
아트라진-13C3	219	177	70

1) 정량용 2) 정성용

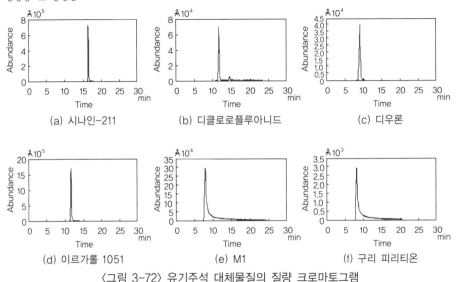

〈그림 3-72〉 유기주석 대체물질의 질량 크로마토그램

로마토그램을 〈그림 3-72〉에 나타낸다. 구리 피리티온, M1, 디우론, 디클로로플루아니드, 이르가롤, 시나인 211의 순서로 용출해 양호하게 분리할 수가 있다.

❖ 4. 검량선의 작성

구리 피리티온을 제외한 대체물질 및 그 분해물 5종은 아세토니트릴로, 구리 피리티온은 디메틸술폭시드로 희석함으로써 각각 100mg/L의 표준 원액을 작성한다. 각각의 표준액을 아세토니트릴로 희석해 1, 0.1, 0.05, 0.01 및 0.005mg/L의 혼합 내부표준 농도 계열을 작성한다. 혼합 표준액에 내부표준액으로서 1mg/L의 아트라진-$^{13}C_3$을 50μL 더한 후, 질소 기류하에서 1mL까지 농축하고, 이것을 전술한 LC/MS 조건으로 분석해 목적물질과 내부표준물질의 아트라진-$^{13}C_3$의 피크 면적비를 이용해 가로축에 목적물

질과 내부표준물질의 농도비를, 세로축에 피크 면적비를 취해 검량선을 작성한다.

5. 산출 방법

검량선으로부터 내부표준법을 이용해 시료 중 목적물질의 농도를 산출한다.

6. 분석방법의 회수율과 정밀도

고상 추출 방법을 이용해 물시료로부터의 회수율을 〈표 3-48〉에 나타낸다. 시나인 211, 디우론, 이르가롤 1051 및 그 분해물인 M1의 회수율은 67~97%로 양호하고 디클로로플루아니드는 증류수에서는 97%의 회수율이지만 하천수나 해수가 되면 회수율은 저하한다.

〈표 3-48〉 유기주석 대체물질의 고상 추출 방법에 따르는 물시료로부터의 회수율

	첨가량	시나인 211	디클로로플루아니드	다우론	이르가놀 1051	M1
증류수	5μg	78 (11)	91 (26)	94 (9)	83 (9)	95 (10)
하천수	5μg	76 (13)	34 (82)	84 (10)	83 (12)	80 (10)
해수	5μg	75 (12)	8.6 (60)	93 (11)	97 (7)	83 (13)

( )는 상대 표준편차를 나타낸다. 시료량은 500mL

용매 추출법을 이용했을 경우 각 매체로부터의 첨가 회수시험 결과를 〈표 3-49〉에 나타낸다. 해수 500mL에 대해서 각각의 신규 방오물질 5μg을 첨가해 신규 방오물질의 농도를 10μg/L으로 조정한 해수로부터의 회수율은 디클로로플루아니드를 제외하고 67~97%이며, 상대적 표준편차는 16% 이하이다

장치 검출한계(IDL)를 0.1mg/L 표준액의 반복시험으로부터 구한 결과는 0.0003~0.026mg/L가 되었다.

〈표 3-49〉 유기주석 대체물질의 물, 저니 및 생물에 대한 첨가 회수시험 결과

시료량 (g or mL)	첨가량 (μg)	회수율(%)					
		시나인 211	디클로로플루아니드	디우론	이르가놀 1051	M1	구리 피리티온
해수 500	5	67 (16)	8.6 (60)	93 (13)	97 (6.5)	83 (16)	70 (15)

( ) 안은 상대 표준편차를 나타낸다.

IDL로부터 각각의 신규 방오도료 분석방법의 검출한계를 산출하면 시나인 211, 디우론, 이르가롤 1051 및 M1의 검출한계는 물시료에서는 0.001μg/L, 0.001μg/L, 0.001μg/L 및 0.002μg/L이다.

❖ 7. 분석법의 해설

유기주석 대체물질은 빛이나 미생물에 대한 분해성이 높기 때문에 방법은 가능한 한 간단하고 쉽게 신속히 조작하는 것이 필요하다. 이 점을 고려해 추출·농축 후, 클린업을 실시하지 않고 LC/MS-MS에 직접 주입할 방법이 고안되고 있다. 물시료의 경우는 용매 추출법 외에 고상 추출법도 가능하다. 이 방법은 유해한 용매의 사용량을 줄일 수가 있는 이점이 있지만, 구리 피리티온의 분석을 할 수 없다.

3-8-3 ❖ 에틸렌비스디티오카바메이트계 살균제
(폴리카바메이트, 만제브 등)

에틸렌비스디티오카바메이트계 살균제(EBDCs, 그림 3-73)의 만제브, 만네브, 지네브 및 폴리카바메이트는 야채·과수 재배에 대해 광범위한 병해 방제효과가 있고, 또 저렴하고 약해가 적어 여러 나라에서 널리 사용되고 있다. 2002년 일본의 생산 및 수입량은 만제브가 8687t, 만네브가 1,046t, 지네브가 229t*, 폴리카바메이트가 564t이며 농약 중에서도 많은 편이다.

그 때문에 EBDCs의 수환경에서의 존재나 잔류성에 관심이 많아 모니터링의 필요성이 지적되고 있다[86]. 일본은 2000년 시행한 「특정 화학물질의 환경 배출량 파악 및 관리 개선의 촉진에 관한 법률」(화관법 또는 PRTR법)에서 EBDCs를 제1종 지정 화학물질로 지정해 환경오염 물질로 관리하고 있다. 또, 폴리카바메이트에 대해서는 2001년

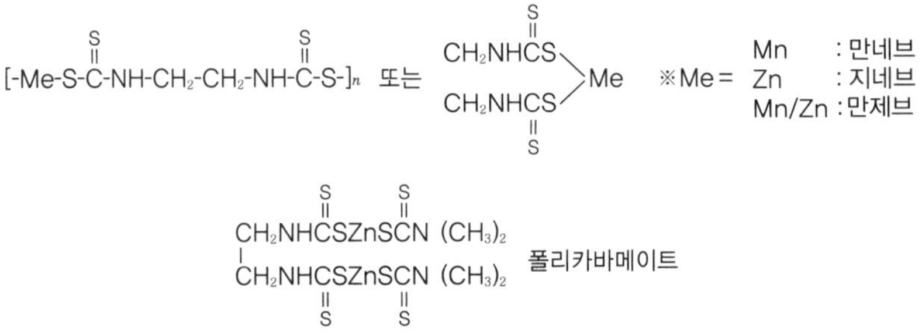

〈그림 3-73〉 에틸렌비스디티오카바메이트계 살균제 (EBDCs)의 종류와 구조

---

* 지네브는 2005년에 농약등록 실효

에 골프장 농약의 잠정 지도 지침[87], 2004년에 수돗물의 수질관리 목표[88]로 각각 지정되어 기준값이 설정되어 있다.

❖ 1. 분석법

EBDCs는 열에 불안정한 데다 물이나 유기용매에의 용해성이 지극히 낮으므로 그대로는 GC나 LC에서의 분석이 곤란하다. 수돗물 등의 분석에서는 EBDCs를 에틸렌비스디티오카르바민산디메틸에스테르(EBD-dimethyl)에 메틸 유도체화한 뒤 HPLC-UV로 분석한다[87],[88]. 그렇지만 HPLC-UV는 불순물이 적은 수돗물이나 목표 정량 하한값이 높은 배출수에는 적용 가능하지만, 복잡한 불순물을 포함한 환경시료로부터 극미량의 검출을 구하는 환경분석에서는 감도와 선택성 양쪽 모두의 면에서 불충분하다. 그 때문에 LC/MS를 이용하는 분석법으로 개량할 필요가 있어 환경성 등에 의해 검토가 진행되었다[89],[90]. 여기에서는 실제로 환경성이 실태조사에 이용하고 있는 LC/MS를 이용하는 방법에 대해 분석법과 유의점을 해설한다. 분석법의 원리를 〈그림 3-74〉에, 조작 흐름을 〈그림 3-76〉에 나타낸다.

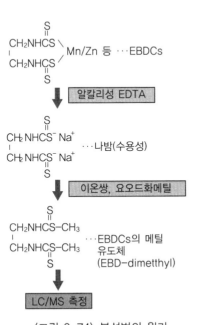

〈그림 3-74〉 분석법의 원리

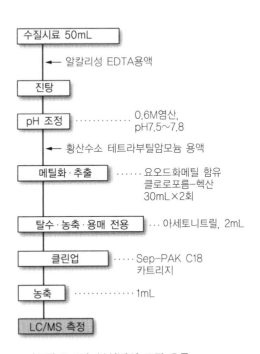

〈그림 3-75〉 분석법의 조작 흐름

CHAPTER 3

(a) 시약 · 기구

- EBDCs 표준액 : EBDCs는 용해성이 낮아 대부분의 유기용매에 녹지 않는다. 그 때문에 1차 표준액은 25mg의 EBDCs에 아세톤 또는 물 25mL를 더한 1 mg/L의 현탁액으로 한다. 1차 표준액으로부터 검량선 작성이나 첨가 회수시험용의 저농도 표준액을 조제하는 경우는 원액을 잘 흔들어 섞고 균일하게 하고 나서 희석한다. 덧붙여 유도체인 EBD-dimethyl의 표준품을 이용하면 검량선의 작성이나 LC/MS의 감도조정 등의 작업을 간략화할 수 있다.
- 알칼리성 EDTA 용액 : L-시스틴 염산염-수화물 및 에틸렌디아민4초산2나트륨 각 10g을 정제수에 녹여 12M 수산화나트륨 용액을 이용해 pH를 9.6~10으로 조정한 뒤 정제수로 200mL로 한다
- 요오드화메틸 : 불순물을 많이 포함하고 있기 때문에 특급 규격품을 증류해 정제해 사용한다.
- 유기용매 : 아세토니트릴 및 클로로포름은 고속 액체 크로마토그래프용, 헥산은 잔류농약 분석용을 이용한다.
- 유리기구 : 분액 깔대기, 나스 플라스크, 원심관, 주사통 등

(b) LC/MS 조건

LC/MS의 분석 조건을 〈표 3-50〉에 예시한다. 예시하는 조건은 싱글형 LC/MS용의 것이며 텐덤형(LC/MS/MS)을 이용하면 보다 고감도로 분석할 수 있다

〈표 3-50〉 LC/MS 조건의 예

LC 조건	
칼럼	Inertsil ODS-3(길이 50mm, 내경 2.1mm, 입경 3μm)
이동상	A액 : 1mM 초산암모늄 수용액
	B액 : 아세토니트릴
그래디언트	B액 10%(1min) → (1min) → B액 100%(10min) → (2min) →
	B액 10%(10min)
유속	0.2mL/min
주입량	5μL
MS 조건	
이온화법	일렉트로 스프레이 이온화(부이온)
탈용매 가스	질소, 400L/h. 100℃
캐필러리 전압	3,000V
콘 전압	10V
이온원 온도	100℃
SIM 모니터 이온	m/z 239(M-H), m/z 191

(c) 분석 조작

수질시료 50mL를 분액 깔대기에 취해 알칼리성 EDTA 용액 5mL를 더하고 10분간 진탕 후, 0.6M 염산을 이용해 pH를 7.5~7.8로 조정한다. 이 조작에 의해 EBDCs는 수용성의 나트륨염(나밤)이 된다. 이것에 0.4M 황산수소테트라부틸암모늄 용액 3mL를 더한 뒤, 0.1M 요오드화메틸 함유 클로로포름-헥산(3 : 1) 30mL를 더해 10분간 진탕해 메틸화와 추출을 동시에 실시한다. 헥산층을 분취한 후 재차 0.1M 요오드화메틸 함유 클로로포름 헥산(3 : 1) 30mL를 더해 똑같이 메틸화와 추출을 실시한다. 헥산층을 합해 30분간 실온에서 정치해 반응을 촉진시킨 후 추출액을 무수 황산나트륨을 충전한 칼럼에 통과시켜 탈수한다. 탈수한 추출액을 회전증발기를 이용해 건고하기 전까지 농축해 미반응의 과잉 요오드화메틸을 유거한다. 이것을 아세토니트릴 20mL에 녹여 회전증발기로 2mL로 농축한다. 농축액을 Sep-PAK C18 카트리지에 부하해 아세토니트릴 4mL로 용출한 후, 청정한 질소가스를 완만하게 분사해 정확하게 1mL로 농축해 LC/MS로 분석한다.

(d) EBD-dimethyl 표준품의 합성

본 분석법은 EBDCs를 EBD-dimethyl로 메틸 유도체화해 정량하기 위해 검량선 작성이나 장치 조정에 이용하는 표준액에 대해서도 시료와 같은 유도체화 조작을 실시하지 않으면 안 된다. 유도체화물의 EBD-dimethyl 표준품을 준비할 수 있으면 분석의 효율화가 꾀해지고 또 검출시료의 확인 등 타당성 평가시험도 간단하고 쉬운 순서로 실시할 수 있다. EBD-dimethyl의 표준품은 현재 시판되어 있지 않기 때문에 이하에 합성순서를 나타낸다.

- 합성순서 : 1,2-디아미노에탄 3g을 96% 에탄올 25mL에 녹여 0.05M 2황화탄소/에탄올 용액을 교반하면서 더한다. 생성한 펠릿상의 백색 침전을 유리봉으로 자잘하게 부수어 교반하면서 요오드화메틸 7.1g을 적하한다. 침전이 적어질 때까지 교반한 후, 유리섬유 여과지를 이용해 흡인 여과해 여액에 정제수 150mL를 더한다. 생성하는 백색 침전을 흡인 여과해 여과잔사를 하룻밤 실온에서 건조시킨 후 클로로포름을 이용해 2번 재결정한다. 얻어진 백색 분상 결정을 감압 건조해 EBD-dimethyl의 표준품을 얻는다.
- 합성품의 확인 : 합성한 EBD-dimethyl은 융점(105~105.5℃)이나 질량 스펙트럼(EI를 이용한 직접 질량분석에서 주요 피크 : m/z 144, 133, 91, 86)에 의해 반드시 합성되었는지 확인한다.

(e) 검량선

EBD-dimethyl 표준액의 0.005~0.2μg/mL를 표 3-49의 LC/MS 조건에 따라 측정했을 때의 검량선을 〈그림 3-76〉에 예시한다. 이 검량선의 상관계수는 0.9997이며 양호한 직선성을 얻을 수 있다.

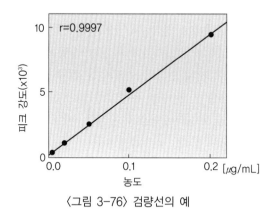

〈그림 3-76〉 검량선의 예

(f) 검출한계의 산출

실제로 검량선의 최저농도 0.005μg/mL를 7회 반복 측정한 결과로부터 검출한계를 구했을 때의 예에서는 반복 측정의 표준편차(σ)는 0.00093μg/mL(RSD=18.5%)이며, σ를 기초로 장치 검출한계를 산출하면 0.004μg/mL였다. 수질시료 중의 만제브 농도로 환산했을 경우 0.09μg/L에 상당해 수질시료 중 미량 화학물질의 분석에 충분히 적용할 수 있다. 이때 검량선의 최저 농도(0.005μg/mL)의 SIM 크로마토그램을 〈그림 3-77〉에 나타낸다. 덧붙여 과거의 HPLC-UV법에 따르는 EBDCs의 시료 검출한계는 10μg/L 정도라고 보고되고 있다. LC/MS는 그러한 방법에 비해 100배 이상 고감도로 검출할 수 있다.

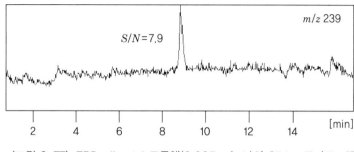

〈그림 3-77〉 EBD-dimetyl 표준액(0.005μg/mL)의 SIM 크로마토그램

❖ 2. 유의점

(a) LC/MS 조건의 최적화

보기 드물게 사용하는 장치를 매뉴얼이나 문헌에 기재되어 있는 분석 조건으로는 필요한 감도를 얻을 수 없는 경우가 있다. 최근의 LC/MS는 제조사 등에 의한 검증이 진행되고 있으므로 물질의 종류나 장치 간의 차이는 적어 비교적 어느 장치든 같은 물질이면 유사한 조건으로 분석할 수 있게 되어 있다. 그렇다고는 해도 물질에 따라서는 장치나 기종에 따른 차이를 무시할 수 없는 경우도 있기 때문에 미경험의 물질을 분석할 때는 분석을 시작하기 전에 사용하는 LC/MS에 적절한 분석 조건을 확인할 필요가 있다. 이하에 EBD-dimethyl를 분석하는 경우의 확인 사항을 열거한다.

- 이온화법 : 수질분석에서는 일렉트로 스프레이 이온화법(ESI : Electrospray Ionization) 및 대기압 이온화법(APCI : Atmospheric Pressure Chemical

〈표 3-51〉 측정 모드에 의한 EBD-dimethyl(분자량 : 240)의 관측 이온

측정 모드	의분자 이온	질량수 (m/z)
정이온 검출 모드 (-posi)	[M+H]⁺	241
부이온 검출 모드 (-nega)	[M-H]⁻	239

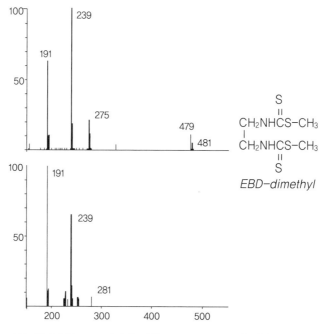

〈그림 3-78〉 ESI-nega(A) 및 APCI-nega(B)에 의한 EBD-dimetyl의 질량 스펙트럼

Ionization)이 범용되어 각각에 대하여 정이온 검출 모드(-posi)와 부이온 검출 모드(-nega)가 이용된다. 그러므로 합계 4종류의 측정 모드로부터 기종 및 물질에 적절한 조건을 선택하지만 EBD-diethyl의 경우는 ESI, APCI 어느 것으로도 수소 부가 혹은 수소 이탈한 의분자 이온을 검출할 수가 있다. -posi 및—nega 에서의 의분자 이온 질량수를 〈표 3-51〉에 나타낸다. EBD-dimethyl은 ESI-nega에서 의분자 이온의 피크 강도가 강하고, 의분자 이온이 기준 피크(Base Peak : 스펙트럼상에서 가장 강도가 강한 피크)가 된다. ESI-nega를 측정 모드로 선택한다. ESI-nega 및 APCI-nega에 의한 질량 스펙트럼의 예를 〈그림 3-78〉에 나타낸다.

- **콘 전압의 영향** : 콘 전압은 측정감도에 직접 영향을 주기 때문에 목적으로 하는 화학물질마다 실측해 확인한다. EBD-dimethy의 확인 예를 〈그림 3-79〉에 나타낸다.

(b) 클린업

Sep-PAK C18 카트리지로부터의 EBD-dimethyl의 용출 패턴을 〈그림 3-80〉에

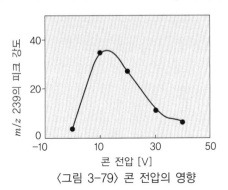

〈그림 3-79〉 콘 전압의 영향

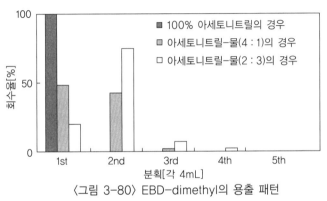

〈그림 3-80〉 EBD-dimethyl의 용출 패턴

나타낸다. 시료액을 카트리지에 부하한 후 아세토니트릴 4mL로 용출하는 것으로 시료의 클린업이 가능하다.

(c) 물질별 회수율 확인

본법은 만제브나 만네브 등 EBDCs를 물질마다 분별하지 않고 EBDCs 총량으로서 정량한다. 그 때문에 물질의 종류에 따라 반응률에 차이가 없는지 검증해 둘 필요가 있다. 물질별 회수율 확인 결과를 〈표 3-52〉에 예시한다.

이 사례 이외에도 다수의 연구자에 의해 검증시험이 시행되고 있지만 대개 80% 이상의 회수율을 얻을 수 있고 물질의 종류에 따른 현저한 차이는 볼 수 없다. 따라서 EBDCs의 농도가 ppb(μg/L) 이하인 농도 레벨에서도 반응률에 차이는 없고 정량에 지장은 없다. 시약 농도 등 분석 조건을 바꾸는 경우에는 반드시 물질마다 회수시험을 실시해 타당성을 확인한다.

〈표 3-52〉 물질별 회수율

화합물 (표준품의 순도 (%))	첨가 농도(μg/L)	분석값 (μg/L)	회수율 (%)
만제브(74.5)	0.60	0.50	83.3
만네브(70.5)	0.56	0.53	94.6
지네브(863)	0.69	0.70	101

(d) 회수율의 격차

정제수나 실제의 하천수에 EBDCs를 첨가해 회수시험을 실시한 예를 〈표 3-53〉 및 〈그림 3-81〉에 나타낸다. 평균 회수율은 80% 정도이며 검출한계의 3배 정도의 낮은 농도 레벨에도 불구하고 양호한 결과를 얻을 수 있다. 또 실제 시료인 하천 시료에서는 바탕선의 상승을 약간 볼 수 있지만 EBD-dimethyl의 피크 부근에 현저한 방해물질의 영향은 보이지 않아 이 방법이 환경시료의 분석에 충분히 적용 가능한 것을 알 수 있다.

〈표 3-53〉 첨가 회수시험의 예

매체	첨가 농도	분석값	회수율 [%]
정제수	지네브, 0.35	0.27±0.080[a]	79.1(29.3[b])
하천수	만네브, 0.28	0.22[c] ($n=2$)	78.6

a : 평균값±표준 편차($n=6$)　　b : RSD　　c : 평균값

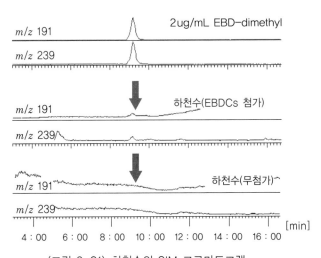

〈그림 3-81〉 하천수의 SIM 크로마토그램
(상 : 표준액, 중 : 만네브 첨가 하천수, 하 : 무첨가 하천수)

한편, 개별의 회수율을 보면 57.9~114%의 범위에서 변동하고 있고 상대 표준편차 (RSD, CV%)도 20%를 넘고 있다. 일반적으로 다이옥신류나 환경 호르몬 등 미량의 화학물질 분석에서는 복잡한 분석 조작으로부터 생기는 목적물질의 손실 등을 보정하기 위해 서로게이트 물질을 이용한다[93],[94]. 질량분석법에서는 서로게이트 물질에 피검성분과 유사한 물리화학적 성질을 가지는 중수소 라벨화물(일반적으로 d체로 불린다)과 ^{13}C 라벨화 물질을 사용할 수 있으므로 높은 분석 정밀도를 유지할 수 있다. 그러한 분석법과 같이 EBDCs의 d체 등을 서로게이트 물질로 사용하면 현상의 상대 표준편차의 값을 보다 작게 하는 것과 함께 외관상의 회수율을 향상시킬 수가 있다. 현재 EBDCs의 중수소화물은 시판되고 있지 않기 때문에 당장은 EBDCs의 분석에 서로게이트법을 적용할 수 없지만, 향후 이 방법을 이용하는 것에 의해 분석 정밀도의 향상을 꾀하는 것은 가능하다.

❖ 3. 분석결과의 평가

EBDCs는 화관법에서 환경오염 물질로 지정되어 사람이나 생물에게 악영향을 미치는 리스크가 지적되고 있음에도 불구하고 폴리카바메이트를 제외하고 수질 기준값이 설정되어 있지 않다. 그 때문에 분석해도 평가할 수 없는 것이 많다.

수질분석은 화학물질 문제에 대한 중요한 기본 대책이며 현장의 최전선에 있는 분석자는 분석법에 관한 일은 원래 분석결과의 평가방법에 대해서도 지식을 쌓아 두지 않으면 안 된다. 환경기준이나 폐수규제의 기준 농도는 하루 섭취 허용량(ADI :

〈표 3-54〉 수질의 EBDCs 평가 농도 및 ADI

	물질명	환경기준 (μg/L)	골프장 배수 지침농도(μg/L)	수돗물 관리목표 농도(μg/L)	ADI (mg/kg/day)
EBCds	만제브	–	–	–	0.00625
	만네브	–	–	–	0.005
	지네브	–	–	–	0.005
	폴리카바메이트	–	300	30	0.01
참고	튜람	6	60	6	0.0084

Acceptable Daily Intake)을 기본으로 설정된다. 그 때문에 목적으로 하는 화학물질의 ADI를 정리하는 것은 EBDCs와 같이 하천이나 해역의 기준값이 설정되어 있지 않은 물질의 분석결과를 평가하는 데 도움이 된다. 예로서 EBDCs의 ADI를 〈표 3-54〉에 나타낸다. 또, 참고로 수질 환경기준 등이 설정되어 있는 튜람의 ADI도 함께 나타낸다. EBDCs 분석결과의 평가에 대해서는 국가 차원에서 논의되고 있다. 상세한 리스크 평가 결과를 기다리지 않으면 안 되지만 ADI의 비교를 보면 튜람과 거의 같은 레벨로 보인다. 따라서 적어도 튜람과 같은 농도 수준까지의 검출한도를 확보할 필요가 있다.

| 참고문헌 |

(1) 平井昭司監修, 社団法人日本分析化学会編著 : 現場で役立つダイオキシン類分析の基礎, 第 3 章 試料の前処理, pp.50-96, オーム社 (2011)
(2) 環境省 : 化学物質環境実態調査実施の手引き, 第 Ⅱ 部 POPs モニタリング調査方法 (2008)
(3) Takasuga, T., Hayashi, A., Yamashita, M., Takemori, H. and Senthilkumar, K. : Analysis of Stockholm Convention priority POPs with high sensitivity and high quality using ^{13}C-isotope standards and HRGC-HRMS : cleanup and analysis. Organo Halogen Compounds, no. 60, pp. 138-141 (2003)
(4) 高菅卓三, 山下道子, 渡邉清彦, 嶽盛公昭, 中野武, 福嶋実, 柴田康行 : POPs モニタリングにおける大気・生物試料の超高感度分析方法の最適化, 第 15 回環境化学討論会講演要旨, pp.72-73 (2006)
(5) 松神秀徳, 山下道子, 大井悦雅, 高菅卓三 : トキサフェンの HRGC/HRMS-ECNI 法を用いた分析方法の検討, 第 13 回環境化学討論会講演要旨集, pp.134-135 (2004)
(6) 苗田千尋, 松神秀徳, 高菅卓三 : 環境試料中エンドスルファンの GC-HRMS (NCI) による分析, 第 19 回環境化学討論会講演要旨集, pp.216-217 (2010)
(7) Watanabe K, Senthilkumar K, Masunaga S, Takasuga T, Iseki N and Morita, M. : Brominated Organic Contaminants in the Liver and Egg of the Common Cormorants (Phalacrocoraxcarbo) from Japan., Environ. Sci. Technol., 38, 4071-4077 (2004) .
(8) Takasuga, T., Senthilkumar, K., Takemori, H., Ohi, E., Tsuji, H. and Nagayama, J. : Impact of fermented brown rice with Aspergillus oryzae (FEBRA) intake and concentrations of polybrominated diphenylethers (PBDEs) in blood of humans from

Japan Chemosphere, no. 57, pp.795-811 （2004）

（9）嶽盛公昭，渡邉清彦，高菅卓三：ヒト生体試料中の PeBDE, HxBB 及び POPs の GC-HRMS による高感度同時分析方法，第 18 回環境化学討論会講演要旨集，pp.512-513 （2009）

（10）渡邉清彦，松神秀徳，小嶋美紀，大井悦雅，高菅卓三：LC/MS/MS を用いた臭素系難燃剤の一斉分析法の検討，第 16 回環境化学討論会講演要旨集，pp.148-149 （2007）

（11）渡邉清彦・大井悦雅・高菅卓三：LC/MS/MS を用いたヒト生体試料中のクロルデコン高感度分析法，第 18 回環境化学討論会講演要旨集，860-861 （2009）

（12）嶽盛公昭，苗田千尋，高菅卓三，藤峰慶徳，Terry Grim Ⅲ：NEW POPs 混合標準液の GC-HRMS による評価及び分析上の注意点，第 20 回環境化学討論会講演要旨集 pp.484-485 （2011）

（13）米山伸吾，安東和彦，都築司幸：農薬便覧，農文協 （2004）

（14）上杉康彦，上路雅子，腰岡政二：第 3 版 最新農薬データブック，ソフトサイエンス社 （1997）

（15）Pereira, W. E. and Rostad, C. E.: Occurrence, Distribution, and Transport of Herbicide and Their Degradation Products in the Lower Mississippi River and Its Tributaries, Environ. Sci. Technol., no. 24, pp.1400-1406 （1990）

（16）環境省：ゴルフ場で使用される農薬による水質汚濁の防止に係る暫定指導指針

（17）環境庁水質保全局水質管理課：外因性内分泌攪乱化学物質調査暫定マニュアル （1998）

（18）厚生労働省健康局水道課：水質管理目標設定項目の検査方法

（19）国立環境研究所：環境測定法データベース EnvMethod，http://db-out.nies.go.jp/emdb

（20）新規ゴルフ場使用農薬の LC/MS/MS を用いた分析法の検討及び環境実態，宮尻久美ら，第 38 回 環境保全・公害防止研究発表会講演要旨集 （2011）

（21）環境省総合環境政策局環境保健部環境安全課：環境実態調査実施の手引き （2008）

（22）四ノ宮美保，他：LC/MS/MS によるゴルフ場農薬の一斉分析，第 20 回環境化学討論会要旨集 （2011）

（23）浦山豊弘，他：環境中微量有害化学物質の分析，岡山県環境保健センター年報，no.30，pp.57-62 （2006）

（24）国際化学物質安全性計画（IPCS）：環境保健クライテリア（EHC）no.202，多環式芳香族炭化水素（Selected Non-heterocyclic Polycyclic Aromatic Hydrocarbons）（1998）

（25）伊藤信靖：多環芳香族炭化水素分析用環境組成型標準物質に関する調査研究，産総研計量標準報告，vol. 4, no. 3, pp.211-226 （2006）

（26）国際化学物質安全性計画（IPCS）：環境保健クライテリア（EHC）no.110，トリクレジルホスフェート（Tricresyl Phosphate）（1990）

（27）国際化学物質安全性計画（IPCS）：環境保健クライテリア（EHC）no.131，フタル酸ジエチルヘキシル（Diethylhexyl Phthalate）（1992）

（28）環境庁環境安全課：外因性内分泌攪乱化学物質問題への環境庁の対応方針について―環境ホルモン戦略計画 SPEED'98― （1998）

(29) 倉田泰人：水質試料中の有機リン酸トリエステル類の定量，埼玉県公害センター研究報告〔22〕，pp.15 〜 21（1995）

(30) 環境庁環境安全課：平成 9 年度化学物質分析法開発調査報告書（ベンゾオチフェン，ジベンゾチオフェン及び多環芳香族炭化水素類の分析法；岡山県環境保健センター），pp.176-227（1998）

(31) 環境庁環境安全課：平成 10 年度化学物質分析法開発調査報告書（その 2）（多環芳香族炭化水素類（PAHs）の分析法；岡山県環境保健センター），pp.1-70（1999）

(32) 環境省環境管理局水環境部企画課：要調査項目等調査マニュアル（水質，底質，水生生物）平成 15 年 3 月，pp.108-121（2003）

(33) 環境省環境安全課：平成 22 年度化学物質分析法開発調査報告書（フルオランテン；岡山県環境保健センター），pp.148-174（2004）

(34) 環境省環境安全課：平成 14 年度化学物質分析法開発調査報告書（ポリ塩化ナフタレン及びポリ塩化ビフェニル；岡山県環境保健センター），pp.48-171（2003）

(35) 環境庁環境安全課：平成 10 年度化学物質分析法開発調査報告書（その 2）（有機リン酸トリエステル類（OPEs）；岡山県環境保健センター），pp.71-114（2000）

(36) 環境庁水質保全局水質管理課：要調査項目等調査マニュアル（水質，底質，水生生物）平成 12 年 12 月，pp.81-99（2000）

(37) 環境省環境安全課：平成 23 年度化学物質分析法開発調査報告書（フタル酸ノルマル - ブチル＝ベンジル，フタル酸ビス（2- エチルヘキシル：岡山県環境保健センター），印刷中（2012）

(38) 環境庁水質保全局水質管理課：外因性内分泌攪乱化学物質調査暫定マニュアル（水質，底質，水生生物）平成 10 年 10 月，Ⅳ -1-10（1998）

(39) 環境省：化学物質の内分泌攪乱作用に関する環境省の今後の対応方針について—Extend 2005—，pp.5-7（2005）

(40) 建設省都市局下水道部：下水道における内分泌攪乱化学物質水質調査マニュアル，社団法人日本下水道協会（1999）

(41) 日本工業規格：K0450-20-10 工業用水・工場排水中のビスフェノール A 試験方法，日本規格協会（2006）

(42) 北九州市：北九州市の環境，北九州市環境局（2012）

(43) 国土交通省：全国一級河川の水質現況（速報版），pp.96-98（2012）

(44) 国土交通省河川局河川環境課：内分泌攪乱化学物質調査の考え方，p.9（2008）

(45) 新エネルギー・産業技術総合開発機構：化学物質の初期リスク評価書，ver.1.0, no.1, p.3（2005）

(46) 日本工業規格：K0450-10-10 工業用水・工場排水中のアルキルフェノール類試験方法，日本規格協会（2006）

(47) 日本工業規格：K0450-60-10 工業用水・工場排水中の 4- ノニルフェノールの異性体別試験方法，日本規格協会（2007）

(48) 環境庁水質保全局水質管理課：要調査項目等調査マニュアル，pp.47-74（1999）

(49) 環境省環境管理局水環境部企画課：要調査項目等調査マニュアル，pp.173-184（2003）

CHAPTER 3

(50) 産業廃棄物処理事業振興財団編：廃棄物処理法新処理基準に基づく PCB 処理技術ガイドブック（改訂版），ぎょうせい（2005）

(51) 公害防止の技術と法規編集委員会編：新・公害防止の技術と法規〈2012〉ダイオキシン類編，産業環境管理協会（2012）

(52) 渡辺功，宮野啓一，小泉義彦，鵜川昌弘：C18 ディスク型固相を用いた環境水中のダイオキシン類抽出法の検討，第 8 回環境化学討論会講演要旨集，pp.192-193（1999）

(53) 先山孝則，東條俊樹，高倉晃人，仲谷正：私たちを取り巻くダイオキシン類汚染の現状と課題，生活衛生，no.50，pp.239-260（2006）

(54) 松田壮一，濱田典明，本田克久，脇本忠明：生物試料中のダイオキシン類の抽出法に関する検討，環境化学，no.13，pp.133-142（2003）

(55) Matsumura, C., Fujimori, K., Nakano, T.：Pretreatment of Dioxin Analysis in Environmental Samples, Organohalogen Compounds, 49S, pp.1-4（2000）

(56) 松村千里，鶴川正寛，中野武，江崎達哉，大橋眞：キャピラリーカラム（HT8-PCB）による PCB 全 209 異性体の溶出順位，環境化学，no.12，pp.855-865（2002）

(57) 松村徹，関好恵，増崎優子，社本博司，森田昌敏，伊藤裕康：新しい 2 種類のキャピラリーカラムによる PCDDs/PCDFs 及び PCBs 全溶出順位，第 11 回環境化学討論会講演要旨集，pp.152-153（2002）

(58) 亀田洋，太田壮一，先山孝則，桜井健郎，鈴木規之，中野武，橋本俊次，松枝隆彦，松田宗明，渡辺功，興嶺清志，根津豊彦：ダイオキシン類特異データ検索システムについて，第 10 回環境化学討論会講演要旨集，pp.586-587（2001）

(59) 先山孝則，太田壮一，桜井健郎，鈴木規之，中野武，橋本俊次，松枝隆彦，松田宗明，渡辺功，興嶺清志，根津豊彦，亀田洋：ダイオキシン分析上の注意点，第 9 回環境化学討論会講演要旨集，pp.234-235（2000）

(60) OECD: OECD SIDS LINEAR ALKYLBENZENE SULFONATE（LAS），UNEP PUBLICATIONS（2005）

(61) 寺師朗子，花田喜文，篠原亮太：ジアゾメタンによる直鎖アルキルベンゼンスルホン酸塩のメチル誘導体化／ガスクロマトグラフィー，分析化学，no.38，pp.143-145（1989）

(62) 環境庁水質保全局水質管理課：要調査項目等調査マニュアル（水質，底質，水生生物），環境庁（2000）

(63) 環境省環境保健部環境安全課：化学物質と環境　平成 15 年度化学物質分析法開発調査報告書，環境省（2004）

(64) 環境省環境保健部環境安全課：化学物質と環境　平成 16 年度 化学物質分析法開発調査報告書，環境省（2005）

(65) 環境省環境保健部環境安全課：化学物質と環境　平成 17 年度 化学物質分析法開発調査報告書，環境省（2006）

(66) 環境省総合環境政策局環境保健部環境安全課：化学物質環境実態調査における LC/MS を用いた化学物質の分析法とその解説，環境省（2006）

(67) 古武家善成，高良浩司，森脇洋，他：LC/MS による化学物質分析法の基礎的研究（30），第 16 回環境化学討論会講演要旨集，pp.794-795（2007）

(68) 谷崎定二, 古武家善成, 劒持堅志, 他: LC/MS による化学物質分析法の基礎的研究 (20), 第 13 回環境化学討論会講演要旨集, pp.406-407 (2004)

(69) 厚生労働省: 水質基準に関する省令の規定に基づき厚生労働大臣が定める方法, 平成 15 年 7 月 22 日厚生労働省告示第 261 号 別表第 28

(70) 日本下水道協会: 下水道における内分泌攪乱化学物質水質調査マニュアル (1999)

(71) 日本下水道協会: 下水試験方法 / 追補暫定版 (内分泌攪乱化学物質編及びクリプトスポリジウム編) (2002)

(72) 化学工業日報社: 14504 の化学商品, pp.1368-1369

(73) 脇宗平, 菊池幹夫: アルコールエトキシレートの河川水中での分解, 第 36 回日本水環境学会年会講演集, p.309 (2002)

(74) 日本水環境学会水環境と洗剤研究委員会編: 非イオン界面活性剤と水環境, pp.142-150 (2000)

(75) 宇都宮暁子: ノニルフェノールエトキシレートとその分解性生物の微量分析法と環境濃度, 水環境学会シンポジウム非イオン界面活性剤に関する最近の動向講演資料集, pp.15-23 (2001)

(76) 独立行政法人製品評価技術基盤機構: 2003 年度界面活性剤流通状況調査報告書 (2003)

(77) Ministry of the Environment, Government of Japan: Approach to Chemicals Suspected of Having Endocrine Disrupting Effects (2002)

(78) 浜中裕徳: 内分泌攪乱化学物質問題に対する環境省の取り組み, 第 5 回内分泌攪乱化学物質に関する国際シンポジウムプログラム・アブストラクト集, pp.14-15 (2002)

(79) Routledge, E. and Sumpter, J.: Environ. Toxicol. Chem., no. 15, pp.241-248 (1996)

(80) Gray, M. and Metcalfe, C.: Environ. Toxicol. Chem., no. 16, pp. 1082-1086 (1997)

(81) Harino, H., Fukushima, M. and Tanaka, M.: Simultaneous determination of butyltin and phenyltin compounds in the aquatic environment by gas chromatography, Anal. Chim.Acta., no. 264, pp.91-96 (1992)

(82) 北九州環境科学研究所: 平成 9 年度化学物質分析法開発調査報告書, 環境省環境保健部環境安全課, pp.1-33 (1998)

(83) 北九州環境科学研究所, 平成 10 年度化学物質分析法開発調査報告書 (その 1), 環境省環境保健部環境安全課, pp.1-31 (1999)

(84) Harino, H., Midorikawa, S., Arai, T., Ohji, M., Cu, N. D. and Miyazaki, N.: Concentrations of booster biocides in sediment and clams from Vietnam, Journal marine biological association, UK, no.86, pp.1163-1170 (2006)

(85) Harino, H., Ohji, M., Wattayakorn, G., Arai, T., Rungsupa, S. and Miyazaki, N.: Occurrence of antifouling biocides in sediment and green mussels from Thailand, Archives of environmental contamination and toxicology, no.51, pp.400-407 (2006)

(86) 環境庁: 外因性内分泌攪乱化学物質問題への環境庁の対応方針について―環境ホルモン戦略 SPEED'98― (1998)

(87) 環境庁: ゴルフ場で使用される農薬による水質汚濁の防止に係る暫定指導指針, 平成 2 年 5 月 24 日環水土第 77 号環境庁水質保全局長通知, 最終改正: 平成 22 年 9 月 29 日

CHAPTER 3

環水大土発第 100929001 号（2010）

(88) 厚生労働省：水質基準に関する省令の制定および水道法施行規則の一部改正等並びに水道水質管理における留意事項について，別添 4 水質管理目標設定項目の検査方法（平成 19 年 11 月 15 日改正），厚生労働省健康局水道課（2007），http://www.mhlw.go.jp/topics/bukyoku/kenkou/ suido/kijun/dl/kabetten4.pdf

(89) Hanada, Y., Tanizaki, T., Koga, M., Shiraishi, H. and Soma, M.: LC/MS Studies on Characterization and Determination of N,N'-Ethylenebis- dithiocarbamate Fungicides in Environmental Water Samples, Analytical Sciences, no.18, pp.441-444 (2002)

(90) 環境省：化学物質分析法開発報告書（平成 17 年度版）（2006）

(91) 環境庁：環境ホルモン関連の農薬等の環境残留実態調査の結果について，http://www.env.go.jp/chemi/end/ref4.pdf

(92) 環境省：化学物質環境実態調査―化学物質と環境，http://www.env.go.jp/chemi/kurohon/ index.html

(93) 日本規格協会：日本工業規格，JIS K 0312 工業用水・工場排水中のダイオキシン類の測定方法（2008）

(94) 森田昌敏監修，花田喜文：環境ホルモンのモニタリング技術，フタル酸エステル類・ベンゾ（a）ピレン［BaP］，pp.135-145（1999）

(95) 環境省：PRTR 法指定化学物質有害性データ検索結果，http://www.env.go. jp/chemi/prtr/db/

4장

분석결과의 평가
(리스크 평가)

화학물질의 종류는 방대하여 환경기준에 근거한 수질 기준값이나 요점 감시항목의 지침값 등이 설정되어 있는 것은 일부 화학물질에 지나지 않는다. 수질 기준값 등이 나타나 있는 항목에 대해서는 분석결과를 이러한 값과 비교하는 것에 의해 안전성 등을 판단할 수가 있다. 그렇지만 수질 기준값 등이 설정되지 않은 화학물질에 대해서는 어렵게 분석했음에도 불구하고, 귀중한 환경 정보인 화학물질의 분석결과를 충분히 평가하지 못하는 경우도 있다. 화학물질은 많은 사람의 건강이나 생태계에 악영향을 미치고 있다. 이 가운데 조금이라도 악영향을 미칠 가능성이 확인된 물질에 대해서는 그 물질의 제조나 사용을 금지 또는 제한하는 것이 가장 간단하고 유효한 방법이다. 그렇지만 화학물질의 영향이나 환경 농도에 관한 정보가 부족해 즉시 규제할 필요가 있는지 어떤지 판단할 수 없는 경우가 많다.

그 때문에 일본에서는 리스크라고 하는 개념에 의해 화학물질의 위험성을 판단하는 것이 시도되고 있다. 화학물질을 안전하게 사용하기 위해서 기존의 데이터를 이용해 화학물질의 안전성을 산출해 평가하는 리스크 평가를 통해 취득한 정보를 사람들 사이에서 공유하는 것은 우리가 화학물질을 안전하게 사용하거나 환경 농도를 평가하는 데 유용한 수단이 된다. 환경성은 화학물질에 대해서 사람의 건강이나 환경 중의 생물에 대한 환경 리스크의 초기 평가를 실시하고 있다. 환경 리스크 초기 평가란 상세한 평가를 실시할 필요가 있는지 어떤지를 예비적으로 평가하는 방법이며 평가방법의 가이드라인을 작성하다. 또, 평가결과를 홈페이지에 공표하고 있고, 그중에는 생물영향에 관한 예측 무영향 농도(PNEC : Predicted No-Effect Concentration)가 기재되어 분석결과를 평가할 때에 매우 도움이 된다. 몇 개의 화학물질의 PNEC를 환경기준 등 수질의 기준값과 함께 〈표 4-1〉에 나타낸다.

본장에서는 환경 리스크 초기 평가의 방법에 대해 설명하였으며, 기준값 등이 설정되어 있지 않은 화학물질의 분석결과를 평가할 때 도움이 되었으면 한다.

❖ 1. 환경 리스크 초기 평가

환경 리스크의 초기 평가를 진행하려면 우선 자료 등에 근거한 조사나 폭로 평가를 실시한다. 자료조사에서는 그 물질에 대한 분자식, 분자량, 구조식, 물리화학적 성질과 상태, 환경 중 운명 등의 기초적 정보, 생산량과 수입량 등이나 용도 및 환경 시책상의 위치 설정, 일반 독성 및 발암성 등을 조사한다. 특히 독성이나 발암성에 대해서는 미국의 독성 물질 질병 등록기관(ATSDR)이나 환경보호청(EPA), 국제 암 연구기관(IARC)에 의한 발암성 등의 분류가 참고가 된다. ATSDR는 지금까지 실시된 역학연구나 동물시험 결과로부터 화학물질의 유해성 프로파일을 물질별로 정리해서 공개하고,

〈표 4-1〉 예측 무영향 농도(PNEC)와 수질 기준값

화학물질의 명칭	예측 무영향 농도(PNEC)	환경 기준값	감시항목 지침값	수도수질 기준값	수도수질 목표값
사염화탄소	0.035	0.002	–	0.002	–
1,2 – 디클로로에탄	0.069	0.004	–	–	0.004
1,1 – 디클로로에틸렌	0.079	0.02	–	–	0.1
cis – 1,2 – 디클로로에틸렌	0.045	0.04	–	0.04	–
1,3 – 디클로로프로판	0.0009	0.002	–	–	–
디클로로메탄	0.83	0.02	–	0.02	–
테트라클로로에틸렌	0.00011	0.01	–	0.01	–
1,1,1 – 트리클로로에탄	0.013	1	–	–	0.3
1,1,2 – 트리클로로에탄	0.06	0.006	–	–	0.006
트리클로로에틸렌	0.021	0.03	–	0.03	–
클로로포름	0.0059	–	0.06	0.06	–
브로모포름	0.048	–	–	0.09	–
벤젠	0.053	0.01	–	0.10	–
톨루엔	0.012	–	0.6	–	–
EPN	0.0000015	–	0.006	–	0.004
티오벤카브	0.00017	0.02	–	–	○*1
튜람	0.000003	0.006	–	–	○
직쇄 알킬벤젠술폰산염	0.0037	–	–	0.2*2	–
에틸렌글리콜	0.42	–	–	–	–
페놀	0.0008	–	–	–	–
노닐페놀	0.00021	–	–	–	–
비스페놀A	0.011	–	–	–	–
프탈산비스(2 – 에틸헥실)	0.00077	–	0.06	–	0.1
아디핀산비스(2 – 에틸헥실)	0.00052	–	–	–	–
폴리옥시에틸렌알킬에테르	0.0046	–	–	–	–
폴리옥시에틸렌 = 옥틸페닐에테르	0.0021	–	–	–	–
폴리옥시에틸렌 = 노닐페닐에테르	0.00001	–	–	–	–
2 – 아미노에탄올	0.0085	–	–	–	–
벤즈알데히드	0.0011	–	–	–	–
아크릴아미드	0.041	–	–	–	–
히드라진	0.000005	–	–	–	–

*1 : ○ = 개별의 목푯값은 없고 농약으로서 종합적인 관리 목표값을 설정
*2 : 음이온 계면활성제로서의 수질기준값(단위 : mg/L)

조직계에서는 그 발달에 관한 유해영향, 발암성을 분류해 정보를 공개하고 있다. EPA는 발암성 물질의 위험률 평가에 관한 가이드라인을 작성하고 있고, 화학물질이 사람에게 미치는 발암성을 5단계로 분류하고 있다. 또, IARC에서도 사람에 대한 발암성에 대해 〈표 4-2〉에 나타내듯이 5단계로 나누어 제시하고 있다.

〈표 4-2〉 국제 암 연구기관(IARC)에 의한 유해성의 분류

1 「사람에 대해 발암성이다」(95)
2A「사람에 대해 아마 발암성이다」(66)
2B「사람에 대해 발암성이 있을지도 모른다」(241)
3 「사람에 대한 발암성에 대해서는 분류할 수 없다」(497)
4 「사람에 대해 아마 발암성이 없다」(1)

( ) 안은 물질 수

❖ 2. 폭로량 평가

조사자료에 근거해 폭로평가를 실시한다. 폭로평가로 사용하는 농도의 실측값을 얻을 수 없는 경우는 모델 계산을 한 값을 사용한다. 폭로량을 추정하기 위해서 각 매체 중 농도의 설정은 실측값을 기초로 얻어진 최대 농도를 이용해 그것들에 근거해 사람에 대한 하루 폭로량을 식(1)~(4)에 의해 산출한다.

대기로부터의 폭로량

$$[농도(\mu g/m^3)] \times [하루\ 호흡량\ 15m^3/day]\ /\ [체중\ 50kg] \quad \cdots\cdots (1)$$

음료수로부터의 폭로값

$$[농도(\mu g/L)] \times [하루\ 음수량\ 2L/day]\ /\ [체중\ 50kg] \quad \cdots\cdots (2)$$

토양으로부터의 폭로량

$$[농도(\mu g/g)] \times [하루\ 섭취량\ 0.15g/day]\ /\ [체중\ 50kg] \quad \cdots\cdots (3)$$

식사로부터의 폭로량

$$[농도(\mu g/g)] \times [하루\ 식사량\ 2000g/day]\ /\ [체중\ 50kg] \quad \cdots\cdots (4)$$

여기서 하루 호흡량($15m^3/day$), 하루 음수량($2L/day$)은 일본인이 평균적으로 섭취하는 값이다.

❖ 3. 리스크 평가

폭로량을 산출 후 건강 리스크 평가를 실시한다. 건강 리스크 평가란 "우리가 흡인하는 공기 중 또는 음식이나 음료수 중에 포함되는 화학물질을 장기에 걸쳐 체내에 섭취하는 것으로 인해 어떠한 종류의 유해한 건강영향을 어느 정도의 가능성으로 입는지를

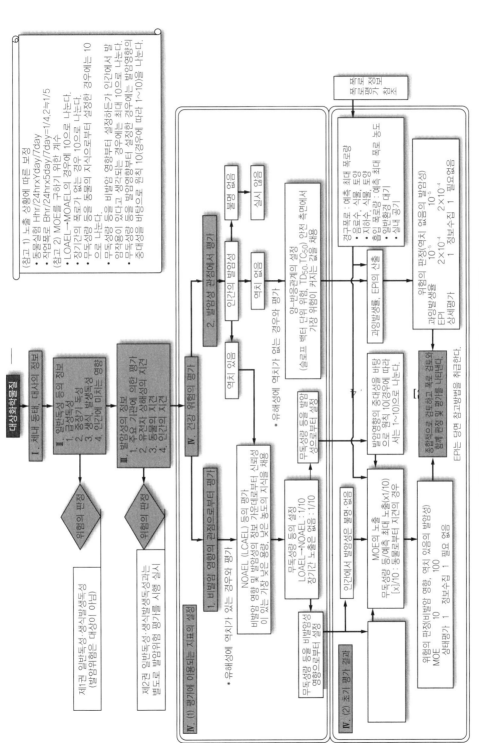

〈그림 4-1〉 환경성의 건강위험 초기 평가 절차

아는 것"을 의미한다. 건강 리스크 평가를 실시할 때의 순서를 〈그림 4-1〉에 나타낸
다. 건강 리스크 평가는 발암성과 유해성(비발암성)의 관점에서 평가한다. 또, 이들을 〉
평가하는 경우 역치가 있는 경우와 없는 경우로 나눌 수가 있다. 즉, 〈그림 4-2〉에 나
타내듯이, 생체 내에 흡수되는 화학물질의 양과 유해한 영향의 발생률(용량-반응관계)
의 관계를 보고 용량이 적어지면 발증률이 제로가 되는 경우를 역치가 있다고 하며, 미
량에서도 암을 일으키는 경우는 역치가 없다고 한다.

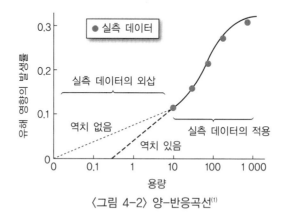

〈그림 4-2〉 양-반응곡선[1]

역치가 있는 경우의 리스크를 평가하는 경우는 NOAEL(무독성량)의 평가를 실시한
다. NOAEL의 값은 신뢰성이 있는 가장 저용량 또는 저농도의 값을 채용한다.
LOAEL(최저 영향 농도) 또는 LOEL(최소 작용량)의 지견을 채용했을 경우는 LOAEL
의 값을 10으로 나눈 값을 NOAEL로서 채용한다. 다음에 유해 영향 리스크의 지표로
서 MOE(폭로 마진)를 산출한다. MOE에 대해서는 이하의 식으로 산출된다.

$$MOE = \frac{NOAEL}{AC} \qquad \cdots (5)$$

여기서. *NOAEL* : 무독성량, *AC* : 평균 하루 폭로 농도 또는 평균 하루 섭취량

〈표 4-3〉에 나타내듯이 이 결과에 근거해, MOE의 값이 10 미만인 것에 대해서 평
가를 실시하는 우선종으로 하고 있다.

〈표 4-3〉 환경 리스크 초기 평가에서의 비발암성 영향 리스크의 판정기준

MOE	판정
10 미만	상세한 평가를 실시하는 후보로 생각된다.
10 이상 100 미만	정보수집에 노력할 필요가 있다고 생각된다.
100 이상	현 시점에서는 작업은 필요없다고 생각된다.
산출 불능	현 시점에서는 리스크 판정을 할 수 없다

다음으로 역치가 없다고 생각되는 평가방법에 대해 말한다. 화학물질의 흡입 또는 경구 폭로에 수반한 암의 과잉 발생률과의 관계를 〈그림 4-3〉에 나타낸다. 이 그림으로부터 암의 과잉 발생률(ΔR)은 식(6)에 의해 산출된다.

$$\Delta R = LAC \cdot UR \qquad \cdots (6)$$

여기서

LAC : 생애 평균 하루 폭로 농도(흡입 폭로) 또는 생애 평균 하루 섭취량(경구 폭로)

UR : 발암 유닛 리스크(흡입 폭로) 또는 발암 슬로프 계수(경구 폭로)

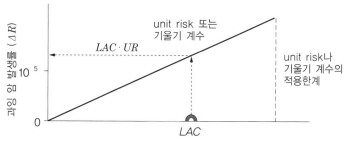

〈그림 4-3〉 발암 리스크(과잉 암 발생률)의 산출방법[1]

이러한 식으로 산출된 암의 과잉 발생률 값에 의해 발암 리스크가 판정된다. 〈표 4-4〉에 환경성의 환경 리스크 초기 평가에서의 발암 리스크 판정기준을 나타낸다. 10^{-5} 이상이 문제인 물질로 되어 있다.

〈표 4-4〉 환경성 환경 리스크 초기 평가에서의 발암 리스크 판정기준[1]

암의 과잉 발생률	평가결과
10^{-5} 이상	상세한 평가를 실시하는 후보로 생각된다.
10^{-6} 이상 10^{-5} 미만	정보수집에 노력할 필요가 있다고 생각된다.
10^{-6} 미만	현 시점에서 작업은 필요없다고 생각된다.

건강 리스크 평가와 동시에 생태 리스크 평가도 실시한다. 생태 리스크 평가란 환경 중의 생물이 주위의 공기나 물 등에 포함되는 화학물질과 장기에 걸쳐 접촉함으로써 유해한 영향의 종류와 정도를 평가하는 것이다. 이 방법으로서 PEC/PNEC비가 사용된다. PEC(Predicted Environmental Concentration, 예측 환경 농도)란 환경 생물의 폭로 농도이며 가능한 한 최신의 모니터링 데이터에 근거해 전국적인 분포를 파악한 뒤에 최고 농도를 채용한다.

PNEC(Predicted No Effect Concentration, 예측 무영향 농도)는 환경 생물에 유해한 영향이 나타나지 않는다고 예측되는 농도이다. 식(7)에 나타내듯이 급성 및 만성의 독성 데이터에 근거해 얻을 수 있는 무영향 농도(NOEC)를 어세스먼트 계수(표 4-5)로 나누어서 구한다. 여기에서는 생물 종차를 고려한 어세스먼트 계수를 이용한다.

$$PNEC = \frac{NOEC}{AF} \qquad \cdots (7)$$

여기서, $NOEC$ 시험 생물종의 무영향 농도, AF : 어세스먼트 계수

〈표 4-5〉 환경 리스크 초기 평가에 이용되는 어세스먼트 계수(2)

분류	어세스먼트 계수
조류, 갑각류 및 어류 가운데 1~2생물군에 대해 신뢰성이 있는 급성 독성값이 있다.	1000
조규, 갑각류 및 어류의 3개의 생물군 모두에 대해 신뢰성이 있는 급성 독성값이 있다.	100
조류, 갑각류 및 어류 가운데 1~2생물군에 대해 신뢰성이 있는 만성 독성값이 있다.	100
조규, 갑각류 및 어류의 3개의 생물군 모두에 대해 신뢰성이 있는 만성 독성값이 있다.	10

식(8)로부터 구한 PNEC와 PEC의 비로부터 생태계에 미치는 리스크를 평가한다.

$$PEC/PNEC비 = \frac{PEC}{PNEC} \qquad \cdots (8)$$

이 값이 〈표 4-6〉에 나타내듯이 1 이상이라면 상세한 평가를 실시하는 후보물질이라고 판단된다.

〈표 4-6〉 환경 리스크 초기 평가에서의 생태 리스크의 판정기준[2]

PEC/PNEC	판정
1 이상	상세한 평가를 실시하는 후보로 생각된다.
0.1 이상 1 미만	정보수집에 노력할 필요가 있다고 생각된다.
0.1 미만	현시점에서는 작업은 필요없다고 생각된다.
정보 불충분	현시점에서는 리스크의 판정은 할 수 없다.

❖ 4. 정리

이상으로 설명한 방법에 근거해 환경성은 기존 및 신규 화학물질의 평가를 실시하고 있다. 상세한 조사가 필요하다고 판단된 물질에 대해서는 심화 실태 조사, 독성실험 등을 하고, 그 결과에 따라서는 수질오탁방지법 등에 의한 법규제 대상이 된다.

| 참고문헌 |

(1) 吉田喜久雄, 中西準子著 : 環境リスク解析入門「化学物質編」, 東京図書 (2006)
(2) 環境省 : 化学物質の環境リスク初期評価関連, http://www.env.go.jp/chemi/risk/index.html
(3) 環境リスク評価室 : 化学物質の環境リスク評価 7 巻 (2009)

5장

분석의 신뢰성

5-1 ◆ 분석의 신뢰성

우리의 생활에서 물은 빠뜨릴 수 없는 것으로 안전·안심한 생활을 유지하기 위해서는 수질분석은 필요 불가결한 일이 되고 있다.

특히 물 중에 함유하는 유해물질에 따라 우리의 생명이나 건강에 중대한 영향을 미칠 우려가 있어 이러한 환경에의 오염 방지나 제염을 위해 기준값이 설정되어 필요한 규제가 시행되는 동시에 상시 수질을 감시해야 한다. 기준값에 관해서도 mg/L부터 pg/L(pg : 10^{-12}g)까지 미량 레벨부터 초미량 레벨에서의 유해물질이 설정되어 그 분석에 대해 신뢰성이 요구되고 있다.

분석의 신뢰성에 대해서는 분석기술은 물론 분석작업을 실시하는 매니지먼트 시스템이 고품질로 작동하고 있는 것이 필요하다. 대상으로는 분석 기술자 개인을 포함해 분석기관에 대해 말할 수 있다. 고품질의 분석기술 및 매니지먼트 시스템에 대해서는 지금부터 말하는 시험소 인정제도를 참고로 하면 좋겠다.

특히 다이옥신류의 감시를 위해 2001년 6월에 계량법이 개정되어 특정 계량증명사업자 인정제도(MLAP : Specified Measurement Laboratory Accreditation Program)가 시행되고, 다이옥신류를 분석해 계량 증명을 얻기 위해서는 인정을 받아 작업을 하지 않으면 안 되는 시스템이 구축되었다.

인정을 받은 사업자는 특정 계량 사업자로 불려 신뢰성 높은 분석을 실시하고 있다. MLAP는 시험소 인정제도와 동등한 제약을 받고 있다. 그러므로 인정에 있어 극미량인 다이옥신류를 신뢰성 높게 분석할 수 있는 기술적 능력은 물론 사업소의 다이옥신류 분석을 실시함에 있어 매니지먼트 시스템의 체제가 평가기준을 만족하는지 여부를 심사한다.

전자의 분석에 관한 기술적 능력은 일반적으로 어떤 시료에 포함되어 있는 분석 대상물을 분석 혹은 측정하려고 할 때 ① 적응하는 분석방법의 신뢰성, ② 사용하는 분석기기 혹은 측정기기의 신뢰성(성능), ③ 분석 혹은 측정하는 사람의 신뢰성(기능) 및 ④ 일상적으로 사용하고 있는 분석 시스템의 신뢰성이 각각 어느 정보 확보되어 있는지를 검증함으로써 평가할 수 있다.

이러한 기술 능력은 개인의 기능에 근거하는 것이 많지만 사업소라고 하는 조직으로부터 분석값이 보고되는 것을 생각하면 개인의 기술만을 생각하는 것이 아니라, 조직 안의 개인의 기술을 생각하는 것이 중요하게 된다.

그 때문에 개인의 분석자로부터 보고된 분석값의 신뢰성이 높은 것은 사업소로부터의 분석값의 신뢰성도 높은 것이 되어 사업소에서 신뢰성 높은 매니지먼트 시스템을 만드는 것도 필요 불가결하다. 그 때문에 사업소(분석기관)는 분석장치·분석기기의 정비는 물론 분석 조작 매뉴얼이나 분석환경의 정비, 분석자에 대한 교육 훈련·감독 지도, 분석결과의 타당성 확인·평가(밸리데이션)가 지속적으로 가능한 시스템을 구축하는 것이 필요하고, 거기에 속하는 분석자도 높은 신뢰성이 확보되는 노력을 하지 않으면 안 된다.

이와 같이 특정 계량 증명 사업자 인정제도에 의해 인정된 사업소(분석기관)는 어느 일정한 심사기준에 적합하므로 신뢰성이 높은 사업소(분석기관)로 간주하지만, 또 본 인정제도는 국제적으로도 통용되는 시험소 인정제도(ISO/IEC 17025)의 심사기준이 확보되고 있기 때문에 국제 정합성을 만족하게 되었다.

다이옥신류의 분석에 대해 다소 페이지를 할애했지만 무기 유해원소나 농약 등의 분석을 실시하더라도 시험소 인정제도의 인정을 받는다. 혹은 인정과 동등한 분석 기술과 매니지먼트 시스템으로 수질분석을 실행하면, 반드시 신뢰성 높은 분석결과가 제공되는 것은 의심할 여지가 없다.

5-1-1 ❖ 시험소 인정제도

시험소 인정제도는 최근의 국제적인 물류의 증대, 지구 규모의 환경문제의 심각화, 건강·안전·안심에 관한 의식의 고양 등에 수반해 국가 간 혹은 시험소(분석기관, 분석소, 임상 검사실 혹은 교정기관) 간에 분석값의 정합성 확보의 중요성이 강하게 인식되어 생겨난 국제적인 제도로 분석의 품질보증(Quality Assurance)을 확보하는 시스템이 자리 잡고 있다.

또, 시험(분석)을 실시하는 기관이 적절한 시험결과를 제공하는 기술 능력이 있는지를 제3자가 인정하는 시스템이다.

시험(분석)값의 질을 보증하기 위해서는 시험(분석)의 품질관리(Quality Control), 즉 분석·측정장치의 관리·교정·유지를 질 높은 상태로 행하지 않으면 안 되고 표준순서서를 작성해, 측정의 불확실도 확인이나 트레이서빌리티를 증명하는 등이 필수조건으로 요구되고 있다.

시험소의 시스템에 대한 품질보증이나 품질관리는 종래 ISO 9000 시리즈의 국제규격으로 신뢰성을 확보하려고 했지만, 시험소 인정제도는 시험소의 기술적 능력의 신뢰성까지를 확보하기 위해서 태어난 제도로 ISO 9000 시리즈의 내용도 포함해 제3자 기관에 의해 기술능력이 인정되어 국제적으로 신뢰성이 적용하는 규격 ISO/IEC 17025:2005(JIS Q 17025·2005)「시험소 및 교정기관의 능력에 관한 일반 목표 요구사항」으로서 발행된 것이다.

시험소 인정제도의 시작은 1947년 호주의 민간기관(NATA : National Association of Testing Authority, Australia)이 군의 자재 조달을 위해 민간의 시험소에서도 일정한 기준에 적합하면 공적의 기관과 동등한 기술능력이 있으면 간주할 수가 있다고 하는 심사·인정기관을 창설한 것으로부터 시작되었다.

그 후 영국(UKAS : United Kingdom Accreditation Service, 1973), 뉴질랜드(IANZ : International Accreditation New Zealand, 1973), 미국(NVLAP : National Voluntan Laboratory Accreditation Program, 1976)이나 유럽제국 등에서도 동일한 인정제도가 도입되었다. 1978년에는 각국 인정제도의 통일화를 위한 첫걸음으로서 시험소의 공통 평가기준으로서 주로 기술 요구사항으로 구성되는 ISO/IEC Guide 25가 발행되었다.

또 1990년에는 ISO 9002(1987)의 품질 매니지먼트 시스템의 요구사항을 받아들여 새로운 ISO/IEC Guide 25가 발행되었다. 그 후 ISO 9001(1994)와 조화를 이루도록 1999년에 새로운 기준인 ISO/IEC 17025가 생기고 2000년, 2005년의 개정을 거쳐 현재의 ISO/IEC 17025·2005가 되었다.

덧붙여 1993년에는 시험소를 이 기준에 비추어 평가해, 인정하는 기관(시험소 인정기관)이 채워야 할 요건도 ISO/IEC Guide 58으로서 발행되고, 나아가 2004년에는 ISO/IEC 17011으로서 새롭게 개정·발행되었다

이 시험소 인정제도는 EC(유럽 공동체)제국 내의 제품 인증제도의 정합화를 위해서, 또 세계무역기구(WTO : World Trade Organization)가 정한 무역의 기술적 장해에 관한 일반협정(WTO/4 T : Agreement on Technical Barriers to Trade)의 이념에 근거해 비관세 장벽을 철폐해 국제적인 정합성을 꾀하기 위해서 본 제도가 수용되었다.

세계적인 규모로 시험소 인정제도가 기능하기 위해서는 인정기관 상호에서의 업무내용의 정합화를 꾀하지 않으면 안 되고, 또 시험소 인정기관을 상호 평가해 상호 승인할 필요가 생겼다.

그 국제적 조직이 국제시험소 인정기관 협력기구(ILAC : International Laboratory Accreditation Cooperation)로 1997년에 발족했다. 여기에서는 시험소가 채워야 할 요건(ISO/IEC 17025)이나 시험소 인정기관이 채워야 할 요건(ISO/IEC 17011)의 적용을 위한 지침문서를 작성해 정부기관에 의한 인정의 활용 촉진, 인정기관 개발의 지원, 무역 촉진의 툴로서 시험소 인정의 프로모션 활동 등을 실시하고 있다.

또, 아시아 태평양 경제협력 회의(APEC : Asia-Pacific Economic Cooperation)의 구역 내 시험소 인정기관의 협력조직으로서 아시아 태평양 시험소 인정 협력 기구(APLAC : Asia Pacific Laboratory Accreditation Cooperation)가 1995년에 설립

되어 가맹국 멤버의 상호 승인을 위한 평가·심사를 실시하고 있다.

ISO/IEC 17025:2005(JIS Q 17025: 20' 05)에는 정합화된 ISO 9001:2000의 품질 매니지먼트 시스템의 규격이 받아들여지고 있는 것으로부터 ISO/IEC 17025에 적합한 시험소 및 교정기관의 운영은 당연한 일이면서 ISO 9001의 요구사항에 적합하게 운영하지 않으면 안 되지만, 이것만으로는 시험(분석)을 실시하는 기술적 능력이 실증되는 것은 아니기 때문에 기술적 요구사항의 적합성도 요구되고 있다.

ISO/IEC 17025:2005의 일본어판 규격인 JIS Q 17025:2005의 목차를 〈표 5-1〉에 나타낸다. 목차의 4장이 「관리상의 요구사항」으로 5장(JIS 규격)이 「기술적 요구사항」이다. 이 4장(JIS 규격)이 일본어 규격인 JIS Q 9001:2000의 품질 매니지먼트의 적합성을 요구하는 부분이다. 즉 시험소가 가져야 할 능력은 그 활동 범위에 대해서 적절한 매니지먼트 시스템을 구축해 실시·유지함과 동시에 매니지먼트 시스템의 유효성을 계속적으로 개선하는 능력이 있는 것으로 기술적으로 적격이며, 기술적으로 타당한 결과를 내는 능력이 있다.

본절에서는 시험소 인정제도에 대해 상세하게는 해설하지 않지만, 분석값의 신뢰성을 확보하기 위해서 몇 가지의 요구사항이 규정되고 있으므로 그것을 참고로 평소의 분석업무를 행한다면 신뢰성이 높은 분석값이 제출되는 것은 의심할 여지

〈표 5-1〉 JIS Q 17025:2005의 목차

서문	
1	적용범위
2	인용규격
3	용어 및 정의
4	관리상의 요구사항
4.1	조직
4.2	매니지먼트 시스템
4.3	문서관리
4.4	의뢰, 견적 사양서 및 계약 내용의 확인
4.5	시험·교정의 하청부 계약
4.6	서비스 및 공급품의 구매
4.7	고객 서비스
4.8	고정
4.9	부적합 시험·교정업무 관리
4.10	개선
4.11	시정조치
4.12	예방조치
4.13	기록의 관리
4.14	내부 감사
4.15	매니지먼트 리뷰
5	기술적 요구사항
5.1	일반
5.2	요원
5.3	시설 및 환경조건
5.4	시험·교정의 방법 및 방법의 타탕성 확인
5.4.1	일반
5.4.2	방법의 선정
5.4.3	시험소·교정기관이 개발한 방법
5.4.4	규격외의 방법
5.4.5	방법의 타당성 확인
5.4.6	측정의 불확실도의 추정
5.4.7	데이터의 관리
5.5	설비
5.6	측정의 트레이서빌리티
5.6.1	일반
5.6.2	특정 요구사항
5.6.3	참조표준 및 기준물질
5.7	샘플링
5.8	시험·교정품목의 취급
5.9	시험·교정결과의 품질의 보증
5.10	결과의 보고

가 없는 것이므로 참고가 되었으면 한다.

5-1-2 ❖ ISO/IEC 17025:2005 (JIS Q 17025:2005)
기술적 요구사항

ISO/IEC 17025:2005(JIS Q 17025:2005)에는 시험소 관리상의 매니지먼트 시스템에 대한 요구사항과 분석기술에 대한 요구사항이 규정되어 있다. 기술적 요구사항의 주요 항목에 시험·교정의 방법 및 방법의 타당성 확인, 측정의 트레이서빌리티, 샘플링 등이 기록되어 있다.

이것들을 포함해 규격에 쓰여 있는 기술적 요구사항을 모두 만족해야 인정되지만, 친숙하지 않는 타당성 확인을 위해 절의 조문을 인용해 설명한다.

5-1-3 ❖ 분석의 타당성 확인

분석기술의 기본이 되는 분석방법의 타당성 확인은 분석의 신뢰성과 관련해 가장 중요하다. 타당성 확인은 밸리데이션(Validation)이라고도 불려 분석이나 시험 혹은 제조 설비가 목적에 있던 제도나 재현성 등 신뢰성을 가지는 것, 혹은 설비로부터 정상적으로 생산되는 제품이 규격에 합치하는 것을 과학적으로 입증하는 것을 말한다. '합목적성 확인'이라고도 말하고, 이를 확보해야 신뢰성이 있는 분석이라고 할 수 있다. 방법의 타당성 확인에 관계하는 규격의 일부를 나타낸다.

분석방법의 타당성 확인은 분석값의 범위나 불확실도를 주는 분석능 파라미터(정확도, 검출한계, 선택성, 직선성, 반복성, 재현성, 완건성 및 공상관 감도)를 구하게 되어 있지만, 분석 전체의 타당성 확인은 이외에 분석자의 기능을 높이는 기능시험을 보는 것이나 분석의 목적에 합치한 구입기기의 성능과 사용방법의 확인을 실시하는 분석장치의 타당성 확인이나 평소의 분석 시스템의 적합성을 확인하는 것까지도 포함되어 있다.

특히, 분석능 파라미터의 어구에 대해서는 〈5-3-10 측정값이나 분석값에 관한 용어〉에서 일부의 어구(정확도, 반복성, 재현성)를 해설하고 있다. 정확도의 어구는 ISO/IEC 17025에서 accuracy의 용어로, 진도와 정밀도 양쪽 모두의 의미를 갖고 있다. 검출한계는 시료에 포함되는 분석 대상물질 또는 성분의 검출 가능한 최저량 또는 최저 농도이며 정량할 수 없어도 좋은 값이다.

정량한계는 적절한 진도로 정밀도를 가져 정량할 수 있는 분석 대상물질 또는 성분의 최저량 또는 최저 농도이다. 직선성은 분석 대상물질의 양 또는 농도에 대해서 측정값이 직선을 주는 분석법의 능력으로 회귀직선식에서의 직선성이다. 선택성은 시료에 포함된 분석 대상물질 또는 성분을 분석할 때 선택한 분석방법에 따라 정확한 값을 제공할 수가 있는 능력으로 특이성과도 관계한다.

이 특이성은 분석목적 대상물을 매트릭스 혹은 불순물질 중에서 명료하게 구별하는 능력이다. 완건성은 분석 조건이 변화했을 때에 측정결과가 영향을 미치지 않는 능력이다. 공상관 감도는 선택성과도 관련되지만, 매트릭스 시료나 불순물을 포함한 시료에 대해서도 분석 대상성분이 이러한 영향 없이 검출되는 감도이며 검량선(회귀직선)의 기울기에 상당한다.

방법의 타당성 확인

5.4.5.1 타당성 확인이란 의도하는 특정의 용도에 대해서 개개의 요구사항이 보고되고 있는 것을 조사를 통한 확인으로 객관적인 증거를 준비하는 것이다.

5.4.5.2 시험소·교정기관은 규격외의 방법. 시험소·교정기관이 설계·개발한 방법, 의도된 적용범위 외에서 사용하는 규격에 규정된 방법 및 규격에 규정된 방법의 확장 및 변경에 대해 그러한 방법이 의도하는 용도에 적절한 것을 확인하기 위해서 타당성 확인을 실시할 것. 타당성 확인은 해당 적용대상 또는 적용분야의 요구를 채우기 위해서 필요한 정도까지 폭넓게 실시할 것. 시험소 교정기관은 얻어진 결과, 타당성 확인에 이용한 순서 및 그 방법이 의도하는 용도에 적절한지 아닌지의 표명을 기록할 것.

주기 1. 타당성 확인은 샘플링, 취급 및 수송의 순서를 포함하는 일이 있다.

주기 2. 방법의 양부의 확정에 이용하는 방법은 다음 항 중 1개 또는 그러한 조합인 것이 바람직하다.
- 참조 표준 또는 표준물질을 이용한 교정
- 다른 방법으로 얻어진 결과와의 비교
- 시험소관 비교
- 결과에 영향을 주는 요인의 계통적인 평가
- 방법과 원리의 과학적 이해 및 실제 경험에 근거한 결과의 불확실도 평가

주기 3. 타당성이 확인된 규격외의 방법을 변경하는 경우는 그러한 변경의 영향을 문서화해, 적절하면 신규 타당성 확인을 실시하는 것이 바람직하다

5.4.5.3 타당성이 확인된 방법에 따라 얻어진 값의 범위 및 정확도[예를 들면, 결과의 불확실도, 검출한계, 방법의 선택성, 직선성, 반복성 및 또는 재현성의 한계, 외부 영향에 대한 완건성 또는 시료·시험 대상의 매트릭스로부터의 간섭에 대한 공상관 감도(cross-sensitivity)]는 의도한 용도에 대한 평가에 대해 고객의 요구에 적절할 것

주기 1. 타당성 확인은 요구사항의 명확화, 방법의 특성 확정, 그 방법에 따라 요구사항이 만족됐는지를 체크 및 유효성에 관한 표명을 포함한다.

주기 2. 방법의 개발의 진행에 따라 의뢰자의 요구가 여전히 만족됐는지를 검증하기 위해 정기적인 재검토를 실시하는 것이 바람직하다. 개발 계획의 수정이 필요한 요구사항의 어떠한 변경은 승인된, 권한 부여되는 것이 바람직하다.

주기 3. 타당성 확인은 항상 코스트, 리스크 및 기술적 가능성의 밸런스에 의한 정보의 부족에 따라, 값의 범위 및 불확실도(예를 들면, 정확도, 검출한계, 선택성, 직선성, 반복성, 재현성, 완건성 및 공상관 감도)를 간략한 방법으로밖에 보일 수 없는 경우가 다수 존재한다

5-1-4 ❖ 불확실도, 측정의 트레이서빌리티 및 기타 기술적 요구사항

정확도 평가에는 불확실도(uncertainty)가 있는데, 4절 6항(JIS 규격)에는 측정 불확실도의 추정이 요구됨과 동시에 10절(JIS 규격)에서도 측정결과와 함께 불확실도의 표시를 요구하고 있다. 불확실도는 정확도를 구체적으로 평가해서 1995년에 ISO로부터 발행된 국제문서(계측의 불확실도의 표현의 가이드*. Guide to the expression of Uncertainty in Measurement : GUM)(수정 증쇄판, 1995년판)에 상세하게 제시하였다.

덧붙여 문서는 ISO/IEC Guide 98-3 : 2008 "Uncertainty of measurement-Part 3 : Guide to the expre민on of uncertainty in measurement (GUM:1995 수정판)" (JCGM 100 : 2008, Evaluation of measurement data-Guide to the expression on of uncertainty in measurement)에 최신판이 출판되고 있다.

불확실도는 종래 오차의 개념을 대체하는 새로운 개념으로서, 불확실도의 용어가 도입됨으로써 이 개념에 기초하여 측정이나 분석결과에 신뢰성을 부여하는 것이다. 불확실도의 정의는 "측정의 결과에 부수한 합리적으로 측정량에 연결될 수 있는 값의 격차를 특징지우는 파라미터이며, 구체적인 표현 방법으로는 표준편차(혹은 그 어떤 배수)에서도 어느 신뢰수준에서의 신뢰구간의 절반이라도 좋다"라고 여겨져 불확실도의 폭 안에 참값이 포함되어 있을 수 있다.

그 때문에 분석방법, 분석 순서, 분석자의 숙련도, 분석기기, 시료의 형태 등에 의해 불확실도가 추측 가능해지므로 분석·측정의 신뢰성 지표라고도 할 수 있다. 불확실도는 오차(error)와 혼동되는 경우가 있지만, 불확실도와 오차와는 본질적으로 다르다. 오차는 참값과 측정값의 차이로서 정의되고 있다. 참값을 모르면 오차는 구해지지 않는다. 그러나 불확실도는 참값을 아는 일 없이, 참값이 존재하는 범위를 추정한 값이라고도 할 수 있다. 불확실도의 견적 방법에 대해서는 본서의 〈5-3-11 불확실도〉를 참고하기 바란다.

6절(JIS 규격)에는 측정 트레이서빌리티의 요구사항이 있다. 분석·측정값이 객관적으로 올바르다고 인정되기 때문에 분석·측정값의 신뢰성을 확보하기 위해서는 트레이서빌리티가 필요하다. 트레이서빌리티는 ISO Guide 30·1992(JIS Q 0030:1997)에 "불확실도가 모두 표기된 끊임 없는 비교의 연쇄(트레이서빌리티 연쇄)를 통해서 국가 표준 또는 국제 표준과 관련지어 얻는 측정결과 또는 표준값의 성질"이라고 정의되고 있다.

---

*일본어 번역은 인용 참고 문헌[12]의 도서이다.

그러므로 트레이서빌리티 연쇄의 각 단계에서의 연결은 분석·측정값의 불확실도의 견적이 없으면 거기서 중단되어 버리게 된다. 그 때문에 6절 3항(JIS 규격)에 요구되는 참조 표준 혹은 표준물질의 사용이 필수조건이 된다.

9절(JIS 규격)에는 시험·교정 결과의 품질 보증에 대한 요구사항이 있다.

교정 혹은 시험에 관해서 유효한 품질관리의 순서를 가지고 실행하고 있는 것이나 평소 결과의 산출에 대해 신뢰성 확보를 위해 내부 및 외부의 품질관리를 실시한다.

예를 들면, 내부의 품질관리에 대해서는 표준물질을 정기적으로 사용하는 방법 혹은 시험·교정의 반복이나 평소의 데이터 변동 기록의 통계적 관리인이 있어, 외부의 품질관리에 대해서는 동일 대상물에 대한 시험소 간 비교나 기능시험에의 참가 등이 요구된다.

또, 이 시험소 간의 비교나 기능시험의 결과는 매니지먼트 리뷰에 시험소의 품질 매니지먼트 시스템 및 그 활동이 지속적으로 적절하고 유효한지 확인하기 위해 이용된다.

5-2 ◆기능시험

시험소 인정제도에서의 시험소 간 비교에 의한 기능시험(proficiency testing)은 기존의 가이드 {ISO/IEC Guide 43·1·1997(JIS Q0043-1·1998, 제1부 : 기능시험 스킴의 개발 및 운영) 및 ISO/IEC Guide 43-2:1997(JIS Q0043 2:1998, 제2부 : 시험소 인정기관에 의한 기능시험 스킴의 선정 및 이용)은 폐지되어 새로운 규격이 ISO/IEC 17043·2010(JIS Q 17043 · 2011 적합성 평가-기능시험에 대한 일반 요구사항)으로서 발족해, 시험소 간 비교를 실시하는 목적이나 그 유용성을 나타낼 수 있는 동시에 구체적인 기능시험 스킴의 종류, 선정, 실시 방법, 평가방법, 시험소 인정기관에 의한 결과 이용 등이 진술되고 있다

기능시험의 상당수는 시험소 간 비교로서 행해져 그 시험소가 실시한 시험·교정결과의 평가나 시험소가 가지고 있는 기술기능의 계속적인 평가 및 감시에 이용할 수가 있다. 게다가 시험 기술자의 기능평가 혹은 측정기의 교정 파악, 새로운 분석법의 개발에 관한 평가, 고객에 대한 부가적인 신뢰, 시험소 간 차이의 식별, 시험방법 특성의 파악, 표준물질의 가격매김, 시험방법의 순서 평가 등에 이용할 수가 있다. 어느 경우도 기능시험의 결과에 따라 '시험을 적절히 실시하는 시험소로서의 능력이 있다'는 평가를 받게 된다.

이 평가는 시험소 자신은 물론 고객, 인정기관이나 규제단체 등에서의 평가도 포함

되어 시험의 신뢰성 확보에는 누구도 예외가 있을 수 없다. 이와 같이 해 기능시험은 여러 가지 면의 평가에 사용되고 때로는 시험소의 존속을 결정짓는 요구사항의 하나가 될 수 있다

5-2-1 ✤ 기능시험 스킴의 종류

기능시험 스킴의 종류는 이용되는 분야의 요구, 시험품목의 성질, 시험방법 및 참가 시험소의 수 등에 따라 다양한 형태가 있지만 주로 시험소 간의 데이터 비교가 행해진다. 참가 시험소 가운데 관리·조정 기능을 가진 시험소나 참조 시험소(표준 시험소)가 들어가는 일도 있다. 기능시험을 보는 참가 방법에 따라 순서대로 참가 스킴(sequential participation schemes) 및 동시 참가 스킴(simultaneous participation schemes)으로 분류된다.

또, 기능시험으로부터의 퍼포먼스 평가방법에 따라 주로 ① 측정 비교 스킴(measurement comparison scheme), ② 공동 실험 스킴(interlaboratory testing scheme), ③ 분할시료 시험 스킴(split-sample testing scheme), ④ 정성스킴(qualitative scheme). ⑤ 기지값 스킴(known value scheme), 부분 프로세스 스킴(partial process scheme) 등으로 분류할 수가 있다.

측정 비교 스킴은 측정 혹은 교정되는 시료가 차례차례로 참가 시험소를 돌므로 가지고 다니는 시험이라고도 불린다. 공동 실험 스킴은 동일한 물질원으로부터 무작위로 소구분된 시료가 참가 시험소에 배포되며, 환경물질의 시험에 자주 이용되는 방법이다. 분할시료 시험 스킴은 상거래에서 시료의 공급자 측과 구입자 측이 2개 이상으로 분할된 동일 시료를 시험하는 방법으로, 조정 혹은 감시를 위해 제3자 시험소가 들어가는 일도 있다.

정성 스킴은 반드시 시험소 간의 비교를 실시하는 것이 아니라, 특정 성질이나 특정 물질을 평가할 만큼의 능력이 있는지를 보는 시험이다. 기지값 스킴은 시험해야 할 측정량이 기지의 양을 가지는 시료를 시험한다.

부분 프로세스 스킴은 특수한 기능시험의 일종으로 실제적인 시험 혹은 측정을 실시하는 것이 아니라, 주어진 일련의 데이터 변환이나 보고 혹은 시방서에 따른 시료의 채취로 인해 준비작업을 실시할 수 있는 능력을 가지고 있는지를 평가하는 시험이다.

5-2-2 ✦ 기능시험 결과의 퍼포먼스와 그 평가

기능시험의 결과 해석에는 선택된 시험에 대응해 통계 계산에 따라 3단계의 평가를 실시한다. 첫째로 부여값(assigned value, 어떤 특정의 양에 연결시킬 수 있는 값이며 가끔 상호결정에 의해 어느 목적에 대해 타당한 불확실도를 가지는 것으로서 받아들여진 값 : JIS 정의)의 결정이며, 둘째로 성적(퍼포먼스)의 통계적 계산이며, 셋째로 성적(퍼포먼스)의 평가가 된다. 때로는 시험시료의 균질성 및 안정성의 예비평가가 추가되는 일도 있다

부여값을 구하는 방법에는 여러 가지 순서가 있지만, 부여값에 대해 불확실도가 증가하는 순서로 열거하면 ① 기지의 값 : 조제에 의해 결정된 값 ② 인증 참조값 : 기준법(절대 시험 혹은 절대 측정법)으로 결정된 값 ③ 참조값 : 국가 표준물질 혹은 국제표준에 트레이서블한 표준물질 또는 표준과 병행 분석해 결정된 값 ④ 숙련한 시험소의 값 : 자격을 가지고 있는 숙련한 시험소가 정밀도 및 정확도가 높은 방법으로 일반적으로 사용되는 몇 개의 방법과 비교할 수 있는 방법을 이용해 결정된 값(이러한 시험소는 참조 시험소(reference laboratory)로 불리는 일이 있다) ⑤ 참가 시험소의 합의 값(consensus value), 빗나간 값을 고려해 통계적 수법으로 산출한 값)이 된다. 합의 값에 관해서는 정성값과 정량값의 2개 그룹이 있어, 정성값은 미리 결정된 비율의 다수파의 합의값이다. 정량값은 적절한 비교 그룹의 평균값 혹은 중앙값(미디언)으로 할 때에 가중하거나 양단을 버린 평균값 혹은 기하 평균값과 같은 통계적으로 한 값이다. 덧붙여 부여값을 산출했다면 불확실도를 산출해 반영하는 것이 바람직하다.

참가 시험소로부터의 값을 이용해 부여값을 결정하는 경우에 빗나간 값의 영향을 최소로 하는 통계적 방법을 이용하지 않으면 안 된다. 그 때문에 미리 빗나간 값 검정을 실시해, 빗나간 값을 기각하고 나서 통계처리를 한다.

또, 빗나간 값으로 해서 기각하는 경우, 최종적인 통계 계산을 실시할 때 기각하는 편이 좋다. 즉, 빗나간 값도 기능시험 대상의 결과이므로 그 값에도 기능시험의 적절한 성적(퍼포먼스)을 붙이지 않으면 안 되기 때문이다. 한편 빗나간 값에도 그만한 의미를 가지므로 빗나간 값을 기각하지 않고 로버스트(robust)법에 의해 시험결과를 통계 계산하는 방법이 있다.

기능시험의 결과로부터 성적(퍼포먼스)을 매기려면 소정의 목푯값과 비교해 산출한다. 그 때문에 개개의 분석결과와 전술한 부여된 값(목푯값)이라는 비교에 의해 편차를 구해 그 정도를 척도화하는 작업을 실시한다.

기능시험 결과의 편차를 보는 척도로는 ① 표준편차, ② 상대 표준편차(변동계수), ③ 백분위수, ④ 중앙값 절대편차 등이 있다. 또, 기능시험의 결과로부터의 성적(퍼포

먼스)은 ① 차이(참가자의 결과 부여값), ② 차이의 백분율((참가자의 결과−부여값)/(부여값)×100J, ③ 백분위수, ④ 순위수, ⑤ z스코어, ⑥ E_n 수, ⑦ ζ(제타)스코어 등을 계산·척도화해 사용한다. 차이 혹은 차이의 백분율은 참가자에게 있어 가장 알기 쉬운 척도의 하나로 차이의 백분율은 농도에 관한 시험에서는 활용도가 높다. 백분위수 또는 순위수는 결과가 비대칭이 될 때 혹은 순서에 의한 회답 시 혹은 다른 회답 수가 소수일 때 유용하지만 일반적인 기능시험에는 그다지 적합하지 않으며, 또 순위 부여에 의한 오해를 부르기 쉽기 때문에 특별한 주의가 필요하다. z스코어는 (참가자의 결과 부여값)/(분산)의 계산에 의해 구한다. 이 분산의 값은 기능시험의 내용에 의해 그 시험이 만족하는 적절한 값이 선택된다.

그 때문에 부여값과 분산은 기능시험에 참가한 분석결과로부터 도출된 값을 사용하거나 미리 평가한 부여값과 분산의 값을 사용하는 통계적 계산을 하는 경우에는 분산은 신뢰할 수 있는 값을 사용해야 빗나간 값의 영향을 줄여 불확실도를 낮추도록 충분한 주의가 필요하다.

일반적으로 통계적 계산으로부터 성적을 산출할 경우에는 z스코어가 자주 이용되고 있다. E_n수는 측정 비교시험 시에 잘 사용되는 값으로 (참가자의 결과−참조 시험소의 부여값)을 〔(참가자의 결과의 확장 불확실도의 2승＋참조 시험소의 부여값의 확장 불확실도의 2승)의 제곱근〕으로 나눈 값으로 해서 계산한다. 또 로버스트법을 사용하는 경우에는 중앙값이 부여값이 되어 분산은 NIQR(Normalized Interquatile Range. 0.7413×4분 정도 범위)로부터 구한 값으로 해서 계산한다.

4분위 범위는 상사분위수와 하사분위수의 차이로, 시험결과가 정규분포인 경우에는 표준편차와 NIQR는 동일해진다. E_n수와 거의 유사한 척도에 ζ(제타)스코어가 있다. E_n수를 산출할 경우에는 확장 불확실도의 값을 이용해 계산하지만 ζ스코어에서는 확장 불확실도 대신 합성 표준 불확실도의 값을 이용해 계산한다. 덧붙여 합성 표준 불확실도에 포함계수(주로 $k=2$ 혹은 $k=3$)의 값을 곱한 것이 확장 불확실도이다.

이상과 같은 척도를 이용해 시험결과로부터 성적(퍼포먼스)을 구하지만, 개개의 기능시험으로부터 복수의 결과가 나오는 경우에는 이것들을 맞춘 종합적인 평가로 기능시험의 성적(퍼포먼스)을 낼 수도 있다. 예를 들면 유사한 농도 2점의 시료를 시험시료로 해, 한쪽의 시료를 x축으로 산포도를, 다른 한쪽의 시료를 y축으로 산포도를 작성해 시험소 간 z스코어와 시험소 내 z스코어를 조합한 복합적인 평가도, 유덴 플로트(Youden plot)나 실간 공동 실험 데이터의 작도에 의해 가외치 검정법의 하나인 멘델(Mandel)의 h통계량을 나타내는 플롯으로 작도하면 그 성적(퍼포먼스)을 해석하는 데 효과적이다.

이와 같이 해 기능시험의 성적(퍼포먼스) 결과로부터 그 성적(퍼포먼스)을 평가해야 한다. 기능시험의 성격·내용에 따라 기준은 여러 가지 선택되지만 그 선택의 방법은 ① 전문가의 합의, ② 목적에의 적합성, ③ 채점의 통계적 판정, ④ 참가자의 합의 방법에 의해 실시된다. 전문가 합의는 보고된 결과가 목적에 적합한지를 자문그룹 혹은 다른 자격 있는 전문가가 직접 판단하는 것으로 정성적인 기능시험 결과를 평가할 경우에 자주 이용된다.

목적에의 적합성은 방법의 성능사양을 어디까지 이해하고 있는가 혹은 조작을 어디까지 실시할 수 있는가 등의 숙지도를 아는 경우에 이용된다. 채점의 통계적 판정은 개개의 채점에 대해서 기준이 분명해 적절한 평가를 실시할 수가 있다. z스코어 및 ζ스코어에서는 이 값의 절대값이 2 이하($|z| \leq 2$)일 때는 만족, 2와 3 사이($2 < |z| < 3$)에서는 의심스럽고, 3 이상($|z| \geq 3$)일 때는 불만족이라고 하는 평가를 실시한다(ζ스코어의 경우에는 z를 ζ로 치환하여 평가한다).

또, E_n수에서는 이 값의 절대값이 1 이하($|E_n| \leq 1$)일 때는 만족, 1보다 클 때($|E_n| > 1$)는 불만족이라고 평가를 한다.

참가자의 합의는 참가자의 일정한 백분율에 따라 차지할 수 있는 점수 폭이나 결과 폭으로부터 판정하는 경우와 어느 표준의 그룹의 점수 폭 혹은 결과 폭으로부터 판정하는 방법으로 분포에서의 중심 합격률(80%, 90% 또는 95%) 혹은 한쪽 합격률(최저 90%)을 선택하는 방법이다. 기능시험이 시료분할 시험 스킴일 때는 그 목적이 교정의 적정함 확인과 결과의 격차 크기를 보는 것이므로 평가는 충분한 수의 결과와 넓은 농도 범위에 걸치는 결과에 근거해야 한다.

그러므로 결과나 평가한 값을 작도하는 것은 문제점을 찾아내고 이해하는 데 유효한 수단이 된다. 모든 기능시험에 있어 참가자 값의 분포, 복합된 시험의 결과 간 상관, 다른 방법에 대한 분포의 비교 등을 위해 그림화한 막대 그래프, 오차 막대 그래프 혹은 순서화된 z스코어 등의 이용도 추천된다.

공익사단법인 일본 분석화학회가 개인의 교육·훈련을 위해 실시한 물 강습회에서 모의 환경수 중의 Pb를 정량한 기능시험의 결과 및 성적(퍼포먼스)을 도시한 일례를 나타낸다.

Pb 농도를 0.0176mg/L로 조제해 참가자에게 배포해 ICP-MS(ICP 질량분석법), ICP-AES(ICP 발광분광 분석법), AAS(플레임 원자흡광 분석법), ET-AAS(플레임리스 원자흡광 분석법)에 의해 참가자(수강자)가 선택해 분석을 실시했다. 〈그림 5-1〉에 수강자별 분석결과를 오름차 순으로 나타냈다.

그림 중의 각 점은 3회 분석값의 평균값이며, 오차막대는 3회의 반복 표준편차를 나타낸다. 그럽스의 기각 검정으로 가외치를 제외한 평균값이 Av2의 값으로 그때의 표준편차가 σ이다.

그림 중에는 평균값, σ, 2σ, 3σ의 선이 그어져 있어 z스코어로 표시했을 때의 z의 값과 동일하다. 또, 가외치를 제외하지 않고 산출한 중앙값이 Me의 값으로 그때의 표준편차가 그림의 난외에 나타나고 있다.

평균값 및 통계적인 가외치를 고려해 성적(퍼포먼스)을 나타내는 것이 종래부터 실시

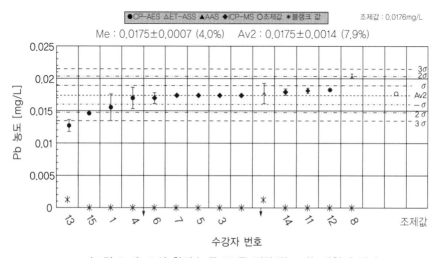

〈그림 5-1〉 모의 환경수 중 Pb를 정량하는 기능시험의 결과

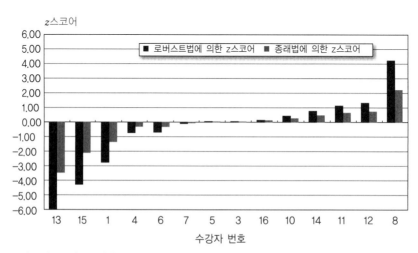

〈그림 5-2〉 모의 환경수 중의 Pb 정량에 관한 기능시험의 z스코어에 따른 표시

해 온 방법(종래법)으로 중앙값을 구해 NIQR에 의해 평가하는 방법은 가외치에 의존하지 않기 때문에 로버스트법으로 불리고 있다.

〈그림 5-2〉는 z스코어의 값으로 〈그림 5-1〉을 표시한 것으로, 가외치를 제외한 평균값을 기준으로 산출한 z스코어(종래법)와 중앙값을 기준으로 산출한 z스코어를 나타내고 있다. z스코어의 값이 양자에서 다른 것은 평균값과 중앙값으로 산출했을 때의 표준편차가 차이가 나기 때문으로 특히 수강자 수가 적고, 전체가 어떤 일정한 수치에 모여 낮은 값 혹은 높은 값의 수강자가 적을 때에는 로버스트법의 표준편차는 본 도면과 같이 작아지는 경향이 보인다.

기능시험의 성적(퍼포먼스)을 보면 양 그림에 대해 낮은 값(그림 중 좌측)을 준 수강자는 분석의 성적(퍼포먼스)이 의심스럽거나 ($2 < |z| < 3$), 불만족($|z| \geqq 3$)으로 평가된다. 이러한 평가를 받은 수강자는 구체적인 분석 조작을 검토해 기술의 향상과 오류를 범하지 않도록 방법을 검토해야 한다.

5-3 ◆ 측정값·분석값의 통계적 취급의 기본

현재 정량분석에 있어서 어떠한 분석법을 사용하더라도 최종적으로 우리가 보는 것은 분석기기나 측정기로부터의 수치이다. 이 수치를 어디까지 신뢰할 수 있는지를 분석하거나, 혹은 측정하는 데 매우 중요한 것이다. 또, 출력된 수치가 얼마나 신뢰성이 있을까를 통계적으로 취급해 그 신뢰성을 정량적으로 평가함으로써 처음 실시한 분석의 신뢰성을 얻을 수 있다. 본절에서는 분석값에 관한 통계적인 취급의 기본을 설명한다.

5-3-1 ◆ 유효숫자와 수치의 반올림

유효숫자(significant figures)는 "측정결과 등을 나타내는 숫자 가운데, 자릿수 지정을 나타낼 뿐인 0을 제외한 의미있는 숫자"라고 정의되고 있다. 여기서 자릿수 지정을 나타낼 뿐인 0이란, 단위를 취하는 방법을 바꾸면 소실하게 되는데, 예를 들면 12,000의 수치에서의 0 취급이다. 12,000은 1.2×10^4으로 나타내고, 1.20×10^4으로 나타낼 수가 있다.

전자에서는 12,000의 0을 3개 제거하고 후자에서는 0을 2개 제거하고 있다. 전자의 0의 3개는 자릿수 지정만을 나타내기 위해 사용되고 후자의 0 중 1개는 의미 있는 숫자에 사용되게 된다. 의미 있는 숫자란 측정의 정밀도를 생각한데다가 특히 그 자릿수의 숫자에 그 숫자를 쓸 만큼의 합리적인 근거가 있는 것이다. 그러므로 12,000이라는 수치의 유효숫자라고 하면 전자의 표시 방법이면 2자릿수이며, 후자이면 3자릿수이다. 또, 1.200×10^4와 같이 하면 4자릿수로 나타낼 수가 있다. 이와 같이 낮은 자릿수에 0이 있는 수치를 적는 경우에는 유효숫자의 자릿수를 명확하게 하는 데 지수 표시로 나타내면 좋다.

또, 자릿수를 나타내는 데 유효숫자로 나타내는 경우와 소수점 이하로 나타내는 경우가 있다. 유효숫자의 자릿수를 명확하게 하면 자리를 나타내는 지수 앞의 숫자는 소수점으로 나타난다. 이때 유효숫자의 자릿수를 나타내는 데 소수점 이하의 자릿수로 유효숫자의 자릿수를 나타내는 일이 있다. 앞의 예의 전자의 유효숫자는 소수점 이하 1자릿수이며 후자는 2자릿수이다.

유효숫자와 밀접한 관계가 있는 것은 수치의 반올림(rounding of numbers)이다. 분석기기나 측정기로부터 얻은 수치의 상당수는 디지털로 표시된다. 그 자릿수도 기기의 신뢰성과는 무관하게 수많은 자릿수가 표시된다. 또, 출력된 수치를 농도 환산 등의 연산을 실시했을 경우에는 숫자는 무한의 자릿수가 나타나는 일도 있다. 함부로 자릿수를 많이 해 수치를 쓰면 전혀 의미가 없는 것이다. 이러한 경우 어디까지의 자릿수가 신뢰성 있는지를 나타내는 것이 수치를 반올림하는 취급이다. 유효숫자는 의미가 있는 수치, 즉 애매함이 남지 않는 자리까지의 숫자인 것을 생각하면 유효숫자 자릿수의 그 1자릿수 아랫자리의 수치를 반올림해야 한다. 이 반올림의 일반적 원칙은 사사오입이다. 수치의 반올림에 대한 규격은 JIS Z 8401:1999에 제시되어 있다. 이 규격에서는 반올림 폭이라고 하는 용어로 기록되고 있지만, 반올림한 수치를 나타내는 최소단위를 나타내고 있다. 예를 들면 반올림 폭 : 0.1이라고 하는 것은 소수점 이하 1자릿수까지 가리키는 것으로, 12.1, 12.2, 12.3,⋯이 된다. 반올림 폭 : 10이라고 하는 것은 1210, 1220, 1230,⋯가 된다.

반올림 폭, 유효숫자의 자릿수나 소수점 이하의 자릿수의 부르는 법은 모두 동일한 생각이다. 이 수치의 반올림 원칙이 사사오입인 것은 앞서 지적했지만, n자릿수까지 구할 때에 ($n+1$) 자릿수를 n자릿수의 1단위의 1/2 되는 경우에는 많은 데이터의 평균을 구해 가면 큰 쪽에 치우쳐 버리므로, 다음과 같이 취급하게끔 제시되어 있다. 즉 n자릿수가 짝수라면 ($n+1$) 자릿수의 숫자를 버리고, n자릿수가 홀수라면 ($n+1$) 자릿수의 숫자를 올려 항상 n자릿수가 짝수가 되도록 한다.

예를 들면 유효숫자 2자릿수로 반올림할 때 0.465는 0.46으로 하고 0.455는 0.46으로 한다. 그렇지만 최근에는 전자계산기에 의한 처리가 일반화하고 있으므로 전술한 바와 같은 경우 모두 n자릿수를 짝수로 하는 방법이 아니고 사사오입하는 방법도 인정되고 있다. 즉, 0.455를 0.46, 0.465를 0.47로 해도 괜찮다. 어느 경우든 수치의 반올림에서 가장 중요한 것은 1단계에서 반올림하지 않으면 안 된다. 예를 들면 5.346을 유효숫자 2자릿수에서 반올림하는 경우 1단계에서 5.35로 하고, 2단계에서 5.4와 같이 반올림해서는 안 되고, 단번에 1단계에서 5.3과 같이 반올림하지 않으면 안 된다. 하나의 수치를 취급하는 경우에는 수치의 반올림을 올바르게 이해해 반올림할 수가 있지만, 수치를 곱하거나 나누거나 더하거나 빼거나 연산을 실시해 가면 이것을 잊고 잘못된 반올림을 하는 경우가 많다. 이 경우도 마지막 연산에서 필요한 자릿수로 반올림한다.

5-3-2 ❖ 연산에서의 유효숫자

분석이나 측정에 있어서 출력된 수치 혹은 읽은 값을 그대로 결과적으로 표시하는 일은 드물다. 많은 경우 덧셈, 뺄셈, 곱셈, 나눗셈 등의 연산을 한다. 이 경우의 수치의 반올림에도 규칙이 있으므로 기억해 둘 필요가 있다.

가산·감산의 경우 모든 수치의 소수점을 맞춰 연산하고, 연산결과는 소수점 이하의 자릿수가 최소 자릿수의 수치에 자릿수를 맞춰 표시한다. 예를 들면 1.23g의 시료와 5.724g의 시료를 혼합했을 때 전 시료의 질량은 1.23g+5.724g=6.954g⇒6.95g이 된다. 감산을 실시하면 유효숫자의 자릿수가 줄어드는 일도 있다. 이것을 자릿수 버림이라고도 한다. 45.0g의 용기에 시료를 넣어 천칭으로 질량을 측정했는데 47.5g이라고 표시되었다.

이때 시료의 질량은 2.5g이다. 용기 및 시료를 넣은 용기 질량의 유효숫자는 3자릿수이지만, 감산 후 시료 질량의 유효숫자는 2자릿수로 떨어지고 있다. 또, 10의 정수승배를 나타내는 접두어가 다른 단위로 나타난 수치에서의 덧셈·뺄셈을 실시하는 경우에는 단위를 통일하고 덧셈·뺄셈을 실시한다. 예를 들면, 1.545g에 55mg를 가산할 때의 수치는 mg를 g으로 변환·연산해 1.600g이라고 표시한다.

곱셈·나눗셈의 경우, 연산한 후 유효숫자의 자릿수가 최소 자릿수 수치의 자릿수에 맞춰 표시한다. 예를 들면 4.23과 0.38의 곱셈을 한다. 연산하면 1.6074가 되지만, 연산한 유효숫자의 최소 자릿수는 0.38의 2자릿수이므로 곱은 1.6이 된다. 나눗셈의 경우도 마찬가지이다. 4.56을 13.5742로 나누었을 때의 답은 0.3359314…되지만 유효숫자의 최소의 자릿수가 3자릿수이므로 나누면 0.336이 된다.

이상과 같이 덧셈·뺄셈과 곱셈·나눗셈에서는 수치의 반올림에 차이가 나는 것에 주의를 필요로 한다. 또, 일련의 연산이 있을 때는 그때마다 수치를 반올림하는 것이 아니라, 마지막 연산이 종료한 시점에서 수치의 반올림을 1회만 실시한다. 만약 도중의 수치를 표시해야 할 때에는 최종의 자릿수부터 2자릿수 정도 충분하게 표시하면 좋다.

그 값을 이용한 후 연산을 하고 마지막으로 수치를 반올림해 표시하면 좋다. 가끔 최종 결과의 수치가 계산기에 표시된 자릿수의 수치를 그대로 표시하고 있는 보고서가 보이지만, 각 수치의 유효성을 생각해 표시해야 하고 유효숫자의 자릿수를 생각한 수치에서는 그 수치의 신뢰성을 그 자릿수로부터 추측하는 것이 가능해진다.

이와 같은 유효숫자의 자릿수를 맞추는 개념은 수학적인 견지이지만, 통계적인 견지로부터 평균값과 표준편차의 자릿수 내는 방법을 기술하고 있는 것이 JIB Z 9041-1 : 1999(데이터의 통계적 해석방법, 제1부 데이터의 통계적 기술)이다. 자세한 것은 〈표 5-2〉에 평균값의 유효한 자릿수를 나타내고 있다. 평균값의 자릿수는 측정값과 같든가, 그렇지 않으면 1 또는 2자릿수 많게 구하는 것이 추천되고 있어 표준편차는 유효숫자를 최대 3자릿수까지 내는 것을 추천하고 있다. 즉, 통계적 취급에서는 측정값의 개수가 많아지면 유효숫자의 불확실도가 작아져 유효숫자의 자릿수가 많아지는 것을 의미하기 때문이다.

〈표 5-2〉 평균값의 유효한 자릿수

측정값의 특정단위	측정값의 갯수		
0.1, 1, 10 등의 단위	–	2~20	21~200
0.2, 2, 20 등의 단위	4미만	4~40	41~400
0.5, 5, 50 등의 단위	10 미만	10~100	101~1000
평균값의 자릿수	측정값과 같다	측정값보다 1자릿수 많다	측정값보다 2자릿수 많다

5-3-3 ❖ 데이터의 통계적 취급

측정이나 분석에 의해 얻어진 수치는 한정된 샘플(시료)에 대한 정보량이며 통상은 이 샘플이 속하는 본래 모집단의 성질을 추정하게 된다. 그 때문에 모집단의 성질을 가정해, 그것이 올바른지 어떤지를 판단(검정)하는 통계적인 취급이 필요하다. 측정값을 통계적인 방법으로 취급한다고 하면, 중요한 2종류의 정보가 있다. 즉, 측정값이 어느 주위에 많이 모이는가 하는 '편차'에 관한 정보와 측정값이 어떻게 흩어질까를 보는 '분산'에 관한 정보이다.

후술하지만, 편차의 어구에 대응해 진도(眞度 : trueness), 분산의 어구에 대응해 정밀도(precision)의 용어가 있다. 이러한 어구의 상세한 정의는 JIS 규격에 있어서 사용하는 분야마다 다소 다르지만, 지금부터 편차에 관계하는 통계량 및 분산에 관계하는 통계량에 대해 대표적인 용어에 대해 설명한다.

5-3-4 ❖ 중심 또는 편차에 관계하는 통계량

[1] 평균값

평균값(average 또는 mean value)은 측정값 x_i를 모두 가산해 측정값의 개수 n으로 나눈 산술평균(arithmetic mean) $\bar{x}$를 말한다. 통계학에서 모집단에 대한 평균값을 모평균(population mean)이라 부르고, 통상 얻을 수 있는 샘플에 대한 평균값을 시료 평균이라고 부른다. 측정값을 x_1, x_2, x_3, $\cdots$, x_n로 하면

$$\bar{x} = (x_1 + x_2 + \cdots + x_n)/n = \sum_{i+1}^{n} x_i / n$$

이 된다.

[2] 가중 평균값

가중 평균값(weighted average)은 한 개씩의 측정값 x_i에 각각 다른 가중값 w_i가 있을 때의 평균값 $\bar{x}_w$을 말한다. 산술평균은 모든 측정값이 동등의 가중값이 있는 경우이다.

$$\bar{x}_w = (w_1 x_1 + w_2 x_2 + \cdots + w_n x_n)/(w_1 + w_2 + \cdots + w_n = \sum_{i=1}^{n} w_i x_i / \sum_{i=1}^{n} w_i$$

로 된다.

[3] 이동평균

이동평균(moving average)은 측정값 x_i가 연속해 얻어진 경우에 순서대로 일정한 개수를 취해 그 산술평균을 구할 때, 이들 전체를 말한다. 이동평균은 일종의 수치적인 필터를 거친 것이 된다. 즉, 스펙트럼이나 데이터 등의 평활화에 사용된다. 예를 들면, $(x_1 + x_2 + x_3)/3$, $(x_2 + x_3 + x_4)/3$, $(x_3 + x_4 + x_5)/3, \cdots$이 이동평균이다.

[4] 누적평균

누적평균(cumulative average)은 측정값 x_i가 연속해 얻어진 경우에 각각의 측정값을 한 개씩 더해, 각각의 단계에서 산술평균을 취하는 것을 말한다. 각 단계의 산술평균을 제1의 누적평균, 제2의 누적평균, 제3의 누적평균 즉, x_1, $(x_1 + x_2)/2$, $(x_1 + x_2 + x_3)/3 \cdots$이 된다.

[5] 중앙값

중앙값(median)은 메디안이라고도 부르는데 측정값 x_i를 내림차순 혹은 오름차순으로 늘어놓아 정확히 한가운데(중앙)에 상당하는 값을 말한다. 측정값의 개수가 짝수일 때는 중앙을 사이에 두는 2개 측정값의 산술평균을 중앙값으로 한다. 최근에는 기능시험 등의 평가에 이 값이 자주 사용된다.

[6] 중점값

중점값(mid range)은 측정값 x_i 중에서 최댓값 x_{max}와 최솟값 x_{min}의 산술평균을 말한다. 즉, $(x_{max}+x_{min})/2$가 중점값이다.

[7] 모드

모드(mode)는 측정값 x_i가 다수 있는 경우에 같은 값이 몇 번이나 출현해 그중에서 가장 빈도가 많이 나타나는 값을 말한다. 즉, 도수분포에서는 최대의 출현 빈도를 갖는 구간의 대푯값이며, 이산분포에서는 확률이 최대가 되는 값이며 연속분포에서는 확률밀도가 최대가 되는 값이다.

5-3-5 ❖ 분산에 관계하는 통계량

[1] 제곱합

제곱합(sum of squares)은 개개의 측정값 $\bar{x}_i$와 평균값 x의 차$(x_i-\bar{x})$의 제곱의 합 S를 말한다. 즉,

$$S = \sum_{i=1}^{n} (x_i-\bar{x})^2 = \sum_{i=1}^{n} x_i^2 - \left(\sum_{i=1}^{n} x_i\right)^2/n$$

이 되고, 개개의 측정값의 제곱의 합으로부터 개개의 측정값의 합을 제곱해, 그것을 측정의 개수로 나눈 값으로부터 공제한 값이 제곱합이 된다.

[2] 분산

분산(variance)은 제곱합 S를 정보의 자유도의 수로 나눈 값을 말한다. 여기서 자유도는 정보의 수이며, 이 경우 측정의 수에서 1을 뺀 수이다. 1을 빼는 것은 평균값에 의해 정보량이 1만큼 줄어들었기 때문이다.

즉, 제곱합을 구성하고 있는 $(x_n-\bar{x})$의 값은 $\sum_{i=1}^{n} (x_i-\bar{x})=0$이므로, $(x_1-\bar{x})$, (x_2-x),$\cdots$, $(x_{n-1}-\bar{x})$의 값을 알면 자동적으로 정해지기 때문이다. 이러한 분산 V를 불편분산

(unbiased variance)이라고도 한다. 분산 V를 식으로 나타내면

$$V = S/(n-1) = \sum_{i=1}^{n}(x_i - \bar{x})^2/(n-1) = \left[\sum x_i^2 - \left(\sum_{i=1}^{n} x_i \right)^2 / n \right]/(n-1)$$

가 된다.

[3] 표준편차

표준편차(standard deviation)는 분산 V의 제곱근 s를 말하고, 분산을 나타내는 통계량에서는 대표적이다.

즉 $s = \sqrt{V} = \sqrt{S/(n-1)} = \sqrt{\sum_{i=1}^{n}(x_i - \bar{x})^2/(n-1)}$가 된다.

[4] 상대 표준편차와 변동계수

표준편차 s를 평균값 $\bar{x}$로 나눈 값을 상대 표준편차 RSD(relative standard deviation), 혹은 변동계수 CV(coefficient of variation)라고 부르는데, 통상은 백분율 [%]로 나타낸다. 상대적인 분산의 통계량을 나타내는 것이다. 즉, $RSD = CV = s/\bar{x} \times 100$ [%]가 된다.

[5] 범위

범위(range)는 모든 측정값 중에서 최대인 수치 x_{max}와 최소인 수치 x_{min}의 차이 $(x_{max} - x_{min})$를 말하고 R로 나타낸다.

한편 R에 관해서 그 기댓값 $E(R)$과 표준편차 $D(R)$은 모집단의 표준편차 σ와 각각 다음과 같은 관계에 있는 것으로 알려져 있다.

$$E(R) = d_2\sigma$$
$$D(R) = d_3\sigma$$

여기서 계수 d_2와 d_3는 〈표 5-3〉과 같이 주어지고 있으므로 범위의 기댓값 $E(R)$를 R의 평균값 $\bar{R}$로 대표시키면, σ의 추정값 $\hat{\sigma}$(시그마햇이라고 부른다)는 다음과 같이 계산할 수 있다. 이때, R의 평균값의 수가 10 이하인 것이 필요하다.

$$\hat{\sigma} = \bar{R}/d_2$$

가 된다.

또, 측정값의 데이터 수가 10 이하에서 σ의 추정값을 구할 때는

$$\hat{\sigma} = \bar{R}/d_2$$

가 된다.

데이터의 수가 적을 때 표준편차를 구할 때는 $\hat{\sigma}$를 이용하면 좋다.

〈표 5-3〉 범위 R에 관한 계수 d_2와 d_3

데이터 수 n	d_2	d_3
2	1.128	0.853
3	1.693	0.888
4	2.059	0.880
5	2.326	0.864
6	2.534	0.848
7	2.704	0.833
8	2.847	0.820
9	2.970	0.808
10	3.078	0.797

[6] z 스코어

많은 측정값의 모집단은 정규분포(normal distribution)한다고 가정하고, 평균값이나 표준편차를 산출해 왔다. 모집단의 모평균 μ와 모표준편차 σ인 정규분포는 $\mu=0$와 $\sigma=1$의 정규분포로 변환할 수가 있다. 변환한 모집단은 〈그림 5-3〉과 같은 표준 정규분포(standard normal distribution)가 되어, 모두의 측정값 x_i는 표준 정규분포에 따르는 수치 z로 변환할 수가 있다. 이 변환시킨 수치를 z 스코어라 부르고, $z=1$, $z=2$, $z=3$은 각각 표준편차의 1배, 2배, 3배 떨어진 값인 것을 의미한다. 즉, z 스코어는 $z=(x_i-x)/s$가 된다.

여기서 평균값 $\bar{x}$ 대신에 중앙값을 이용해 표준편차 s 대신에 $NIQR$(normalized interquartile range)의 값을 이용하여 계산할 수도 있다. $NIQR$의 값은 IQR(interquartile range) 사분위 범위에 0.743의 값을 곱한 수치이다. 사분위 범위는 중앙값을 산출할 때와 같이, 모든 수치를 내림차순 혹은 오름차순으로 늘어놓아 위로부터 1/4의 수치(위 사분위수)와 3/4의 수치(아래 사분위수)를 산출해 이러한 수치의 차이가 사분위 범위에 0.743을 곱해 $NIQR$를 산출하고 있지만, 수치의 수가 많으면 이 값은 정규분포의 표준편차와 동일해지는 것을 의미하고 있다. 데이터 수가 많은 경우에는 중앙값 및 사분위 범위를 구하는 방법은 빗나간 값(이상값)에 영향을 받지 않고 통계량을 산출할 수 있으므로 강건(robust)한 방법의 하나가 되어 있다.

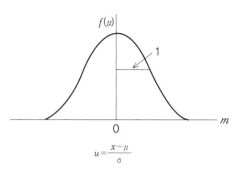

〈그림 5-3〉 표준 정규분포

5-3-6 ❖ 데이터를 나타내는 방법

측정이나 분석으로 얻어진 측정값은 통계량으로서의 데이터이다. 데이터 취급에 대해서는 데이터의 분포를 편차와 분산을 나타내는 수치로 나타낼 수가 있지만, 분포 전체의 모습을 한눈에 파악하려면 수치를 도표화하는 것이 제일 좋다. 통계적으로 의미가 있는 대표적인 그림의 예와 특징을 나타낸다.

[1] 히스토그램

히스토그램(histogram)은 수치를 어떤 측정 폭마다 정리해 그 폭에 들어가는 수치가 얼마의 빈도·도수(frequency)로 출현할까를 한눈에 알기 쉽게 나타내, 분포의 모습을 파악하기 위한 그림(그림 5-4)이다. 일반적으로 가로축이 어떤 폭을 가진 측정값, 세로축이 도수(度數)이다. 측정값의 폭은 가로축의 폭 수가 10정도가 되도록 범위 R로부터 계산해 결정한다. 최근 컴퓨터가 달린 측정기 등에서의 디지털 수치는 측정기의 내부에 있는 수치의 폭으로 반올림할 수 있으므로 측정기 등에서 수치를 그림화한 스펙트럼은 히스토그램이라고도 할 수 있지만, 이 경우 가로축 폭의 수는 측정기의 성능에 의존해서 수가 많다.

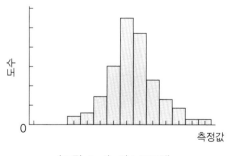

〈그림 5-4〉 히스토그램

[2] 꺾은선 그래프

꺾은선 그래프는 시간의 경과와 함께 측정 수치가 어떻게 변화하고 있을까를 한눈에 파악하는 데 적합한 그림이다. 또, 환경 모니터링에서의 분석값 혹은 측정값을 플롯하여 환경 모니터링의 이상이나 분산 등을 파악하는 관리도(그림 5-5)에는 이 꺾은선 그래프가 어울린다.

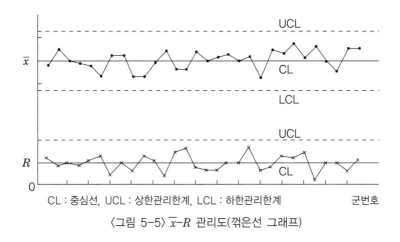

CL : 중심선, UCL : 상한관리한계, LCL : 하한관리한계   군번호

〈그림 5-5〉 $\overline{x}$-R 관리도(꺾은선 그래프)

[3] 산포도

산포도(scatter diagram)는 하나의 시료에 대해서 2개의 다른 성질의 수치(변수) 사이의 상호관계를 시각적으로 보기 위한 그림이다. 이러한 2개 변수 사이의 상관관계를 조사하기 위한 그림을 특별히 상관도라고도 한다. 또, 2개의 수치(변수)를 이용해 연산함으로써 2개 변수의 상관관계를 알 수 있다. 상관계수(correlation coefficient) r이 0일 때, 2개 변수의 사이에는 상관관계가 없지만 $r = \pm 1$일 때, 2개 변수의 사이에는 강한 상관이 있다. r의 값이 정(+)일 때는 상관도에 대해 각 시료의 데이터는 오른쪽 위로 분포하고, r의 값이 부(−)일 때는 오른쪽 아래에 분포한다. 즉, r의 값이 0에 가까운 경우 데이터는 규칙 없고·분산이 없게 분포하고, r의 값이 1 혹은 −1에 가까운 경우, 데이터는 거의 일직선상에 분포한다. 또한, 엑셀의 표계산으로 상관계수를 용이하게 계산할 수 있지만, 여기서는 R^2의 값으로 표시하였다.

〈그림 5-6〉에 x와 y가 여러 가지 관계일 때의 상관도를 나타낸다. 또한, r의 값은 제곱합(S_{xx}와 S_{yy})와 편차곱합(S_{xy})으로부터 산출할 수가 있다. 2개의 변수를 x_i와 y_i로 하면

$$r = S_{xy} / \sqrt{S_{xx} S_{yy}}$$

가 된다. 여기서,

$$S_{xx} = \sum_{i=1}^{n}(x_i - \overline{x})^2, \; S_{yy} = \sum_{i=1}^{n}(y_i - \overline{y})^2, \; S_{xy} = \sum_{i=1}^{n}(x_i - \overline{x})(y_i - \overline{y})$$

이다.

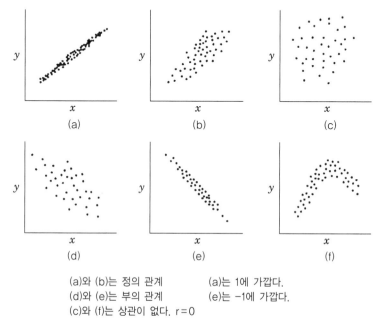

(a)와 (b)는 정의 관계   (a)는 1에 가깝다.
(d)와 (e)는 부의 관계   (e)는 −1에 가깝다.
(c)와 (f)는 상관이 없다. r=0

〈그림 5-6〉 x와 y가 다양한 관계일 때의 상관도

5-3-7 ❖ 반복 측정값의 분포

분석 혹은 측정에 따라 얻어진 수치는 분석 혹은 측정 대상물이 되고 있는 집단 전부의 수치는 아니다. 여기서, 분석 혹은 측정 대상물이 되고 있는 집단을 모집단(population)이라고 하는데, 모집단은 한층 더 유한한 수로 구성되어 있는 유한 모집단과 무한한 수로 구성되어 있는 무한 모집단으로 구별하고 있다. 그러나, 무한수로 구성되어 있지 않아도 측정 대상의 수가 충분히 많아 통계적인 취급으로 무한 모집단으로 간주할 수가 있다. 이러한 모집단 중에서 일부의 분석 혹은 측정 대상물을 빼서 취한 것을 시료(sample)라고 하며, 이 작업을 하는 것을 샘플링(sampling)이라고 한다. 이 모습을 나타낸 것이 〈그림 5-7〉이다.

모집단으로부터의 데이터는 길이·무게·농도·강도 등과 같이 연속적인 수치를 취하는 계량값과 불량품의 개수, 부적합품의 개수, 상처의 수 등의 개수를 세어 얻어진 계

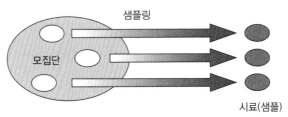

〈그림 5-7〉 모집단으로부터 샘플링

수값의 2개로 나눌 수가 있어 화학분석에 의해 얻어진 수치는 계량값이다. 후자의 계수값을 구성하는 모집단의 분포에는 이항분포나 포아송 분포가 있다. 이항분포는 모집단을 어떤 기준으로 2개로 나누어, 시료가 한편의 그룹에 들어가는 확률을 나타낸다.

푸아송 분포도 이항분포와 같지만 시료의 수가 많아 출현하는 확률이 매우 적은 현상을 대상으로 한 분포이다. 예를 들면, 생산공정에 대해 불량품이 출현하는 확률의 분포이다.

화학분석에서 중요한 것은 계량값의 모집단의 분포이다. 많은 시료의 계량값의 분포는 일반적으로 정규분포(normal distribution)(가우스 분포)를 형성한다. 유한한 분석 혹은 측정 수치로부터의 히스토그램에 대해, 데이터 수를 늘려 가면 정규분포를 얻을 수 있다. 정규분포를 이루는 함수는 다음과 같이 나타낸다.

$$y = \frac{\exp\{-(x-\mu)^2/2\sigma^2\}}{\sigma\sqrt{2\pi}}$$

여기서, μ는 모집단의 기댓값인 평균(모평균)이며, σ는 모집단의 기댓값인 표준편차(모표준편차)이다. 이러한 값은 모집단에서의 독자적인 값이며 모수(population

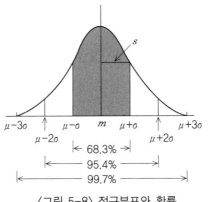

〈그림 5-8〉 정규분포와 확률

parameter)라고 부르고, 모집단의 분포를 추측하기 위한 값이 된다. 앞서 가리킨 평균값 x나 표준편차 σ는 샘플의 수치로부터 계산되는 양으로 통계량(statistic)이라고 부르고, 모수를 추측하는 값과 구별된다. 이 정규분포를 그림화하면 〈그림 5-8〉과 같이 되어, 정규분포에 따르는 값은 모평균 μ를 중심으로 $\pm\sigma$의 범위 이내에는 전체의 68.3%가, $\pm2\sigma$ 이내에는 95.4%가, $\pm3\sigma$ 이내에는 99.7%가 들어가게 된다.

5-3-8 ❖ 평균값의 분포와 표준편차의 분포

시료를 분석하거나 측정할 때는 일반적으로 한정된 적은 수의 반복분석을 한다. 무한의 수에 가까운 분석이나 측정에서 얻어진 수치는 정규분포에 따라 그 평균값 x나 표준편차(실험 표준편차라고 하는 것도 있다) s는 모평균 μ나 모표준편차 σ에 한없이 가까운 값을 얻을 수 있다. 그러나, 적은 수의 반복분석이나 측정에 의해 얻어진 평균값 $\bar{x}$이나 표준편차 s를 여러 번 반복했을 때 이러한 값의 분포는 원래의 각 수치의 모집단의 분포와 달리, 새로운 정규분포의 모집단(평균의 모임)이 된다. 즉, 평균값 x_i의 분포에서의 새로운 모평균은 원래 모집단의 모평균 μ와 동일하지만, 새로운 모집단의 모표준편차는 $\sigma/\sqrt{n}$이 된다.

여기서의 n은 모집단으로부터 샘플링한 수이다. 또한, 원래 모집단의 분포가 정규분포가 아니어도 반복수가 4 이상이 되면 평균값의 분포는 정규분포가 된다. 이와 같이 원래의 모집단이 정규분포하고 있지 않아도 모집단으로부터 샘플링한 n개의 수치의 평균값의 분포도 정규분포가 되는 특성을 중심극한 정리(central limit theorem)라고 한다. 양쪽 모집단의 차이를 나타낸 것이 〈그림 5-9〉이다. 평균값의 분포가 측정값의 분포보다 날카로워지고 있는 것을 알 수 있다.

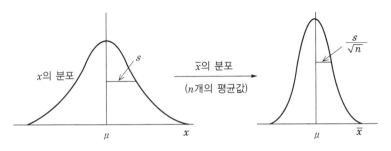

〈그림 5-9〉 x의 분포와 $\bar{x}$의 분포

5-3-9 ❖ 평균값의 신뢰구간

모평균 μ와 모표준편차 σ를 가진 모집단으로부터 n개를 샘플링했을 때의 평균값 분포가 정규분포하는 것은 5-3-8에서 살펴보았다. 그 평균은 μ로 그 표준편차(평균값의 표준오차라고도 한다)는 $\sigma/\sqrt{n}$인 것을 알 수 있었다. 즉, 원래의 모집단의 μ와 σ가 일정하면 모집단으로부터의 샘플링 수를 많이 하면 할수록 평균값의 분포는 좁은 정규분포가 된다.

또, 정규분포를 형성하는 데이터에 대해 평균을 사이에 두고 표준편차의 2배의 값에 들어오는 범위의 데이터에서는 전체의 약 95%의 확률이 된다는 것을 이미 확인하였다. 바꾸어 말하면, 이 구간의 범위에 들어가는 데이터는 약 95%의 신뢰로 참값이 존재하면 합리적으로 추정 가능하다. 이 범위를 신뢰구간(confidence interval)이라고 하고 그 양단의 값을 신뢰한계(confidence limit)라고 부른다. 평균 $\mu=0$, 표준편차 $\sigma=1^2$의 정규분포에 있어서 95% 신뢰한계와 99% 신뢰한계의 값은 각각 1.96과 2.58이다.

그러므로, 샘플 평균값의 95% 신뢰구간은 $\mu-1.96(\sigma/\sqrt{n})$과 $\mu+1.96(\sigma/\sqrt{n})$이 되고, 이 범위 내에 95%의 확률로 참값이 존재하게 된다. 실제는 평균값 $\bar{x}$로부터 μ를 추정하게 되므로 95% 신뢰한계를 $\bar{x}\pm1.96(\sigma/\sqrt{n})$으로서 산출할 수가 있다. 또 원래 모집단의 모표준편차 σ는 알 수 없지만 샘플 수가 많은 경우 $\sigma \cong s$로서 추정하고 표준편차 s로부터 산출할 수 있다. 즉, $\bar{x}\pm1.96(s/\sqrt{n})$이 된다.

일반적으로는 샘플 수가 적은 경우를 취급하는 것이 많다. 또, 원래 모집단의 모표준편차 σ의 값이 불명한 경우가 많아 전술과 같이 σ의 추정값을 s로 하면 신뢰성이 나쁜 결과가 된다. 샘플 수가 적을 때의 샘플 평균값 μ의 분포는 정규분포가 되지 않게 자유도$(n-1)$의 t 분포(스튜던트 t분포)가 되는 것으로 알려져 있다. 즉,

$$t_{n-1}=(\bar{x}-\mu)/(s/\sqrt{n})$$

이다. t_{n-1}의 값은 자유도에 따라 값이 정해져 있는데, 참고로 〈표 5-4〉에 t분포표의 값을 나타낸다. n의 수가 무한대에 가까워지면 정규분포가 된다. 이것으로부터 샘플수 n일 때 평균값의 신뢰구간은 신뢰한계 $\bar{x}\pm t_{n-1}(s/\sqrt{n})$의 사이가 된다. 이러한 신뢰한계를 산출하는 방법은 뒤에서 설명하는 불확실도를 구할 때 사용할 수도 있으므로 잘 이해해 둘 필요가 있다.

〈표 5-4〉 신뢰구간에 대한 t_{n-1}의 값

샘플수	지유도 $n-1$	95% 신뢰구간	99% 신뢰구간
2	1	12.706	63.657
3	2	4.303	9.925
4	3	3.182	5.841
5	4	2.776	4.604
6	5	2.571	4.032
11	10	2.228	3.169
21	20	2.086	2.845
121	120	1.980	2.617
∞	∞	1.980	2.576

5-3-10 ❖ 측정값이나 분석값에 관한 용어

측정이나 분석으로부터 측정값이 어느 주위에 많이 모이는가 하는 중심 혹은 분산에 관한 통계량과 측정값이 어떻게 흩어질까를 보는「분산」의 통계량을 어떻게 산출할 수 있을까는 앞서 설명했다.

이러한 통계량을 나타내는 용어 및 그 정의에 대해서는 JIS 혹은 ISO의 각 규격에 대해 사용되는 분야에 차이가 나므로 주의를 필요로 한다. 최신의 계측·분석 분야의 신뢰성에 관한 용어의 정의를 체계적으로 정리한 것이 〈그림 5-10〉이다.

이러한 용어는 ISO 5725-1 : 1994(accuracy of measurement methods and results) JIS Z 8402?1:1999 (측정방법 및 측정결과의 정확함(진도 및정밀도). 제1부 일반적인 원리 및 정의)에 나타나고 있다

중심 또는 분산에 관한 정보로서 진도(trueness)의 용어가 있고 분산에 관한 정보로서 정밀도(precision)의 용어로 구성되어 이들 종합적 개념으로서 정확도(accuracy)

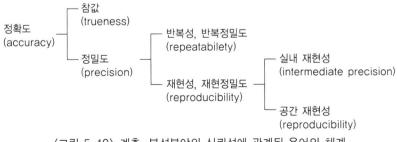

〈그림 5-10〉 계측·분석분야의 신뢰성에 관계된 용어의 체계

라는 용어로 성립되고 있다. 정밀도 중에도 반복성(병행 정밀도. repeatability)과 재현성(재현 정밀도, reproducibility)이 있고 각 용어의 의미는 다르다.

반복성은 측정순서·측정자·측정장치·사용조건·장소에 대하여 동일 조건하에서 단시간에 반복해 측정을 연속했을 경우의 정밀도로 정의되고, 재현성은 측정의 원리 또는 방법, 측정자·측정장치·사용조건·장소·시간을 바꾸어 측정을 실시했을 경우의 정밀도로 정의되고 있다.

또한, 재현성은 동일 실험실에서의 재현성인 실내 재현성(intermediate precision 또는 reproducibility within laboratory)과 다른 시험실 간의 정밀도를 나타내는 실간 재현성(reproducibility)으로 분류된다. 진도 혹은 정밀도에 관한 통계량은 5-2-3에 나타냈듯이 진도와 정밀도의 종합적 개념으로 나타나는 통계량은 불확실도(uncertainty)에 의해 결정할 수가 있다.

5-3-11 ❖ 불확실도

불확실도(uncertainty)에 대해서는 벌써 본서의 5-1-4에 나타내고 있다. 불확실도 견적방법의 개략, 불확실도의 전파법칙, 검량선법 및 표준첨가법에 있어서의 분석값의 불확실도, 불확실도의 요인의 일례 및 불확실도를 산출하는 계산 예를 나타낸다.

[1] 불확실도를 추측하는 방법

불확실도를 추측하려면 여러 가지 방법이 있지만, 여기서는 일반적인 측정에 관한 불확실도를 구하는 방법을 아래에 소개한다.

① 측정결과를 구하기 위한 순서를 써서 결과를 구하는 계산식을 분명히 한다.

② ①에서 구한 순서 혹은 계산식에 있어서의 불확실도가 되는 각 요인을 찾는다.

③ 각 요인에 있어서의 불확실도(표준 불확실도)를 산출해 상대 표준 불확실도를 열거한다.

　표준 불확실도(standdard uncertainty) u_i는 표준편차의 모습으로 나타낸다. 표준 불확실도를 구하는 데 A타입의 평가방법과 B타입의 평가방법에 따르는 방법이 있다.

　A타입의 평가방법은 일련의 반복 측정에 대해 통계적 해석에 의해 평가되어 표준편차로 나타내는 것이다. 반복 측정을 실시해 평균값 x로부터의 표준 불확실도를 산출할 경우, 이때의 표준편차 s로부터 5-3-8항에서 나타낸 극한정리에 의해 평균값 x의 표준 불확실도(표준편차)는 $s/\sqrt{n}$이 된다.

B타입의 평가방법은 통계적 해석방법 이외로부터 평가하는 것이다.

예를 들면, 이전 측정 데이터의 불확실도, 교정 증명서 등으로 주어진 데이터의 불확실도, 기기 사양서에 의한 불확실도, 물리상수의 불확실도 등으로 측정해 직접 얻을 수 없는 것이다. B타입의 평가방법으로 표준 불확실도 추정할 때는 일정한 확률분포(삼각분포, 균일분포(직사각형 분포) 등)를 가정해 그 확률분포로부터 표준편차를 산출해 그 값을 불확실도로 한다.

즉, 문헌 등의 규격값이 $\pm a$일 때 삼각분포를 예상할 수 있으면 이때의 표준 불확실도는 $a/\sqrt{6}$이 된다. 균등분포(직사각형 분포)일 때의 표준 불확실도는 $a/\sqrt{3}$이 된다. 균등분포(직사각형 분포)는 온도변화의 분포와 같이 어느 일정한 온도의 폭 안을 동일한 확률로 출현하는 분포이거나, 표준액의 증명서에 기록된 불확실도를 수반한 농도 표시이거나로 한다.

삼각분포는 전량 피펫이나 전량 플라스크 등 일정한 규격으로 출시된 제품의 분포로, 규격값의 폭의 양단보다는 중심부에 집중하고 있다고 생각되는 것이다. 또한, 분포가 정규분포인 것, 혹은 신뢰구간 등에서 나타나고 있는 때에는 표준편차 s가 표준 불확실도가 된다.

④ 각 요인의 표준 불확실도가 추측되면 표준 불확실도를 합성한 합성 표준 불확실도 (combined standard uncertainty) u_c를 산출한다. 합성 표준 불확실도는 오차 전파법칙과 같이 각 표준 불확실도의 제곱합의 제곱근으로서 나타난다. 구체적으로는 상대 표준 불확실도를 제곱합한 제곱근으로부터 계산한 상대 합성 표준 불확실도를 구하고, 이 값에 측정한 평균값 등을 곱해 합성 표준 불확실도를 산출한다.

⑤ 합성 표준 불확실도가 산출되면 이 값에 포함계수(coverage factor) k를 곱해 확장 불확실도(expanded uncertainty) U를 계산한다. 일반적으로 포함계수로서 $k=2$가 주로 쓰이지만 $k=3$의 값이 이용되기도 한다. 정규분포라고 하면 $k=2$는 약 95%, $k=3$은 약 99.7%의 확률에 들어가는 값이다.

⑥ 최종적인 측정결과에는 확장 불확실도를 산출해 표시하지만, 잊지 말고 포함계수도 표시해야 한다. 표시 방법으로는

측정결과의 평균(단위) $\pm U$ (단위) (포함계수)로 하든지,

측정결과의 평균(단위), 확장 불확실도(단위), 포함계수의 각 값을 동시에 표시한다.

[2] 확실도의 전파법칙

불확실도의 전파법칙은 일반적인 오차전파법칙과 동일하다. 각 측정값과, 그러한 오차로부터 있는 측정량을 계산했을 때의 오차를 계산하는 규칙의 개략을 나타내므로 합성 표준 불확실도를 산출하려면 오차를 불확실도로 바꿔 놓고 본 규칙을 적용함이 좋다.

정보량(측정량)을 x, y, z, 이러한 정보량(측정량)의 오차를 δ_x, δ_y, δ_z로 하고 각 정보량(측정량)의 연산결과를 W, 그 정보량(측정량)의 연산결과의 오차를 δ_w로 하면 각 연산결과의 오차는 다음과 같이 된다.

① 합과 차의 오차 $\quad \delta_w = \sqrt{\delta_x^2 + \delta_y^2 + \delta_z^2}$

② 곱과 나눔(商)의 오차 $\quad \left|\dfrac{\delta_w}{W}\right| = \sqrt{\left(\dfrac{\delta_x}{x}\right)^2 + \left(\dfrac{\delta_y}{y}\right)^2 + \left(\dfrac{\delta_z}{a}\right)^2}$

③ 정보량(x)과 상수의 곱의 오차 $\quad \delta_w = |A| \times \delta_x \quad$ 단, $\quad W = A \times x \ (A : 상수)$

④ 지수함수에서의 오차 $\quad \dfrac{\delta_w}{|W|} = |n| \times \dfrac{\delta_x}{|x|} \quad$ 단, $W = x^n \ (n : 상수)$

⑤ 1변수 함수서의 오차 $\quad \delta_w = \left|\dfrac{dW}{dx}\right| \delta_x \quad$ 단, $W = W(x)$

⑥ 일반식(3변수 함수)에서의 오차(모든 오차가 서로 독립해서, 그리고 랜덤일 때)

$$\delta_w = \sqrt{\left(\dfrac{\partial W}{\partial x}\delta_x\right)^2 + \left(\dfrac{\partial W}{\partial y}\delta_y\right)^2 + \left(\dfrac{\partial W}{\partial z}\delta_z\right)^2} \quad 단, \ W = W(x, y, z)$$

[3] 검량선법 및 표준첨가법에서의 분석값의 불확실도

일반적으로 정량분석을 실시하는 경우에는 검량선법 혹은 표준첨가법에 의해 분석값을 추측하는 것이 많다. 이 경우 회귀분석에 의해 농도와 신호강도의 관계를 예측하는 회귀직선 $y = ax + b$를 최소제곱법에 의해 구하고, 이 식에 의해 불확실도를 추측할 수가 있다.

이때, 농도(x)의 값에 대한 오차가 신호강도(y)의 측정값에 대한 오차에 비해 무시할 수 있을 만큼 작은 것이 전제가 된다. 〈그림 5-11〉에 회귀직선을 나타낸다.

n개의 측정 데이터의 쌍 (x_1, y_1), (x_2, y_2), $\cdots$, (x_n, y_n)으로 하면

$$a = \{\sum (x_i - \bar{x})(y_i - \bar{y})\} / \sum (x_i - \bar{x})^2$$

를 얻을 수 있다.

x와 y는 서로 독립이며, 최소제곱법의 전제로부터 $u^2(x_i)=0$인 것으로부터 분산의 추정값 $u^2(a)$, $u^2(b)$ 및 공분산의 추정값 $u^2(a, b)$는,

$$u^2(a) = \sum (\delta a/\delta y_i)^2 u^2(y_i)$$
$$u^2(b) = \sum (\delta b/\delta y_i)^2 u^2(y_i)$$
$$u^2(a, b) = \sum (\delta a/\delta y_i)(\delta b/\delta y_i) u^2(y_i)$$

가 된다.

$u^2(y_i)$은 $s^2 = \sum \{(ax_i+b)-y_i\}^2/(n-2)$ (s : 잔차 표준편차 : 수직방향의 회귀직선과 측정점과의 거리에 관해서)로 추정할 수가 있으므로

기울기의 분산 : $u^2(a) = s^2 \dfrac{1}{\sum (x_i - \overline{x})^2}$

절편의 분산 : $u^2(b) = s^2 \dfrac{X}{\sum (x_i - \overline{x})^2}$ 여기서, $X = \left(\sum x_i^2\right)/n$

공분산 : $u^2(a, b) = s^2 \dfrac{(-\overline{x})}{\sum (x_i - \overline{x})^2}$

이 된다. 기울기의 분산 및 절편의 분산의 제곱근을 취함으로써 각 분산의 표준편차(불확실도)를 구할 수가 있다.

기울기의 분산 및 절편의 분산이 산출되면, 5-3-9항을 참고로 각각의 신뢰한계를 구할 수가 있다. $u(a)$ 및 $u(b)$의 값과 기대하는 신뢰수준에서의 t값과 자유도 $(n-2)$의 값을 이용해

기울기의 신뢰한계 : $a \pm t_{(n-2)}\, u(a)$

절편의 신뢰한계 : $b \pm t_{(n-2)}\, u(b)$

를 얻을 수 있다

또, $u(a)$ 및 $u(b)$의 값으로부터 상관계수 $r(a, b)$를 구할 수가 있다.

즉,

$$r(a, b) = u(a, b)/\{u(a)\, u(b)\} = \left(-\sum x_i\right) / \sqrt{n \sum x_i^2} = -\overline{x}/\sqrt{X}$$

가 된다

이상과 같이 검량선이 되는 회귀직선식과 기울기 및 절편 등의 분산을 구할 수가 있었지만, 실제로 어떤 측정값(관측값) y_A로부터 농도 x_A를 산출해야 하고 그때의 불확실도(분산의 제곱근)는 다음과 같다.

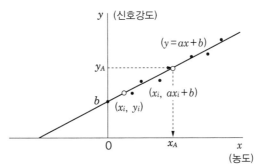

〈그림 5-11〉 최소제곱법에 의한 회귀직선

$$u^2(x_A) = (\delta x_A/\delta a)^2 u^2(a) + (\delta x_A/\delta b)^2 u^2(b) + 2(\delta x_A/\delta a)\,(\delta x_A/\delta b)u(a)u(b)r(a,\,b)$$

$$u^2(x_A) = \{(y_A-b)^2/a^4\}u^2(a) + (1/a^2)u^2(b) + 2\{(y_A-b)/a^3\}u(a)u(b)r(a,\,b)$$

여기서, $u(a,\,b) = u(a)\,u(b)\,r(a,\,b)$의 관계가 성립된다.

이와 같이 측정값 y_A로부터 농도를 산출하는 경우에는 위의 식과 같이 복잡한 식을 사용할 필요가 있지만, 표계산을 이용해 간단하게 계산할 수도 있다. 특히 다음과 같은 근사식을 이용해 계산할 수도 있다.

$$u^2(x_A) = \frac{s^2}{a^2} = \left\{1 + \frac{1}{n} + \frac{(y_A-\overline{y})^2}{a^2 \sum (x_i-\overline{x})^2}\right\}$$

여기서, $s^2 = \sum \{(ax_i+b) - y_i\}^2/(n-2)$

y_A의 값을 얻으려면 때에 따라 여러 차례의 측정을 실시하는 경우가 있다. m회 측정해 y_A의 값을 얻었을 때의 불확실도는 다음과 같다.

$$u^2(x_A) = \frac{s^2}{a^2} = \left\{\frac{1}{m} + \frac{1}{n} + \frac{(y_A-\overline{y})^2}{a^2 \sum (x_i-\overline{x})^2}\right\}$$

반복하는 얘기지만 n은 회귀직선을 작성하기 위한 측정 데이터의 수이며, m은 측정 시료의 측정 반복 수이다. 이 식을 보고 알듯이 { } 안의 제3항은 y_A가 y에 가까워지면 제로에 가까워지는 것을 알 수 있다. 한편, 이 회귀직선식을 검량선으로 하여 어떤 농도를 구하려고 할 경우에는 검량선 영역의 중앙 정도로 해 측정하면 불확실도가 작아진다. 또한, 측정의 수 n이나 측정의 반복 수 m을 늘리는 것으로 불확실도가 줄어드는 것을 알 수 있다.

[4] 불확실도 요인의 일례

불확실도를 추측하는 경우에는 분석값을 제출할 때까지의 각 요인을 채택하지 않으면 안 된다. 그중에서도 주의해야 할 각 항목을 다음과 같이 분석해서 미리 이러한 요인의 불확실도를 알아 두는 편이 좋다.

① 분석 대상성분의 불완전한 정의(분석해야 할 분석 대상성분의 정확한 화학 형태가 불명료)

② 샘플링에 의한 불확실도(분석되는 시료의 벌크 전체의 대표성 있는 샘플링 후의 변질 등)

③ 목적성분의 불완전한 추출이나 농축

④ 매트릭스 효과 및 간섭

⑤ 샘플링 및 시료 조제시의 오염

⑥ 측정 조작에 영향을 미치는 환경조건 혹은 환경조건의 불충분한 측정.

⑦ 시약의 순도

⑧ 아날로그 계측기 판독의 개인 편차

⑨ 중량 측정 및 용량 측정의 불확실도

⑩ 분석장치의 편차, 분해능 또는 분별 값

⑪ 측정표준 및 표준물질의 표시값

⑫ 기존의 정수 및 그 외 파라미터의 값에 부수하는 불확실도

⑬ 측정법 및 분석 조작에 도입한 근사와 가정

⑭ 컴퓨터 소프트웨어를 사용했을 때의 해석 성능

⑮ 랜덤한 분산

[5] 불확실도를 추측하는 계산 예

수돗물 중의 Na^+(나트륨 이온)를 이온 크로마토그래프에 의해 1점 검량선법으로 Na 농도[mg/L]를 정량하는 때에 구하는 불확실도의 계산 방법과 표시 방법 예를 스텝별로 다음에 나타낸다. 본 내용은 「히라이 쇼지(呌井 昭司) 감수 : 현장에서 도움이 되는 환경 분석의 기초」, 옴사, 2007」로부터 인용하였다.

● 스텝 1 : 분석 조작 흐름의 명확화

① 100mg/L 나트륨 표준액(원액)을 10mL 전량 피펫 및 100mL 전량 플라스크를 사용해 10배 희석한 10mg/L 검량선용 표준액을 조제한다.

② 10mg/L 검량선용 표준액을 이온 크로마토그래프에 도입해, Na의 피크 면적을 산출한다(1점 검량선의 작성).

③ 측정시료를 이온 크로마토그래프에 도입해 Na의 피크 면적을 산출하고, 제작한 점검량선으로부터 Na 농도[mg/L]를 계산한다.

④ ③의 조작을 반복해 Na 농도의 평균값을 산출한다.

● 스텝 2 : 불확실도 요인을 열거

생각되는 불확실도 요인은 많이 있지만, 불확실도의 기여가 작은 것을 모두 계산할 필요는 없다. 불확실도의 기여가 크다고 생각하는 것을 선택해 계산한다.

＊계산하는 불확실도 요인(기여가 크다)

- 100mg/L 나트륨 표준액(원액) 농도의 불확실도
- 10mg/L 검량선용 표준액에의 10배 희석에 수반하는 불확실도
- 검량선으로부터 구한 농도의 불확실도

＊계산에 채택하지 않은 불확실도 요인(기여가 작다)

- 희석수(순수)에 함유하는 Na 농도
- 검량선 표준액 및 측정 시료의 보존 중의 안정성
- 사용하는 기구나 환경으로부터의 오염
- 검량선 표준액과 측정시료에서의 매트릭스의 차이
- 온도 변화에 의한 유리기구의 체적 변화

① 10mg/L 검량선용 표준액 농도(C_{s3})의 불확실도(u_{s3})

- 100mg/L 나트륨 표준액(원액)의 농도(C_{s1}) 불확실도(u_{s1})
- 10mg/L 검량선용 표준액 농도(C_{s2})에의 10배 희석에 수반하는 불확실도 (u_{s2})

  +10 mL 전량 피펫(V_p)에 의한 분취

  ○ 눈금선의 불확실도(u_{p1})

  ○ 분취의 불확실도(숙련도에 의존)(u_{p2})

  +100mL 전량 플라스크(V_f)에 의한 분취

  ○ 눈금선의 불확실도(u_{f1})

  ○ 메스업의 불확실도(숙련도에 의존)(u_{f2})

② 검량선으로부터 구한 농도(C_{s4})의 불확실도(u_{s4})

● 스텝 3 : 요인별 불확실도의 계산

모든 불확실도의 계산에 대해서는 요인별 상대적인 불확실도(분율 $x\Delta/x$)를 계산한다. 즉, 이것들이 상대 표준 불확실도가 된다. 요인별 상대 표준편차를 불확실도의 전파법칙에 따라 계산해 상대 합성 표준 불확실도를 산출한다. 상대 합성 표준 불확실도에 측정된 농도를 곱한 것이 불확실도(합성 표준 불확실도)가 된다.

또, 농도 산출을 위한 계산식을 미리 분명히 한다. 예를 들면, 이온 크로마토그래프에 의해 산출되는 농도 Cmg/L는 다음의 식에 의해 계산된다.

Cmg/L={(100mg/L×10mL)/(100mL)×(시료 피크 면적)}/(검량선 표준액의 피크 면적)

① 10mg/L 검량선용 표준액 농도(C_{s3})의 불확실도(u_{s3}) 계산
- 100mg/L 나트륨 표준액(원액) 농도(C_{s1})의 불확실도(u_{s1})(타입B)

◎ 나트륨 표준액의 신뢰성은 정밀도로서 농도에 대해서 1.0%(증명서에 기재)이므로 100mg/L에 대해서는 1.0mg/L가 된다. 또, 그때의 격차 분포를 직사각형 분포로 하면

$$u_{s1}=1\text{mg/L}/\sqrt{3}=0.577\text{mg/L}$$

가 되고, 상대 표준 불확실도는

$$u_{s1}/C_{s1}=0.577\text{mg/L}/100\text{mg/L}=0.00577$$

가 된다.
- 10mg/L 검량선용 표준액 농도(C_{s2})에의 10배 희석에 수반하는 불확실도(u_{s2})

◎ 10mL 전량 피펫 눈금선의 불확실도(u_{p1})(타입B)는 유리제 체적계의 규격에 나타나는 허용차 ±0.02mL인 것과 그 분산의 분포를 삼각분포로 하면

$$u_{p1}=0.02\text{mL}/\sqrt{6}=0.0082\text{mL}$$

되고, 상대 표준 불확실도는

$$u_{p1}/V_P=0.0082\text{mL}/10\text{mL}=0.00082$$

가 된다.

◎ 10mL 전량 피펫 분취의 불확실도(u_{p2})(타입A)는 미리 실시한 10회의 분취 반복 질량의 측정값으로부터 표준편차 0.010mL를 산출해 그것을 표준 불확실도로 했다. 이때의 상대 표준 불확실도는,

$$up2/V_P=0.010\text{mL}/10\text{mL}=0.001$$

가 된다. 질량과 부피는 사용조건에 비례한다고 가정하고 있다.

◎ 희석에 이용하는 100mL 전량 플라스크 눈금선의 불확실도(u_{f1})(타입B)는 유리제 체적계의 규격에 나타나는 허용차 ±0.1mL이므로 그 격차의 분포를 삼각분포로 하면,

$u_{f1} = 0.1\text{mL}/\sqrt{6} = 0.041\text{mL}$

되고, 상대 표준 불확실도는

$u_{f1}/V_f = 0.041\text{mL}/100\text{mL} = 0.00041$

이 된다.

◎ 100mL 전량 플라스크의 메스업 불확실도(u_{f2})(타입 A)는 미리 실시한 10회의 분취 반복 질량의 측정값으로부터의 표준편차 0.05mL를 산출해 그것을 표준 불확실도로 했다. 이때의 상대 표준 불확실도는

$u_{f2}/V_f = 0.05\text{mL}/100\text{mL} = 0.0005$

가 된다. 또한, 질량과 체적은 사용조건에 비례한다고 예상하고 있다

이상, 원액 표준액을 10배 희석하는 조작만으로의 상대 표준 불확실도(u_{s2}/C_{s2})는

$u_{s2}/C_{s2} = \sqrt{(u_{p1}/V_p)^2 + (u_{p2}/V_p)^2 + (u_{f1}/V_f)^2 + (u_{f2}/V_f)^2}$

이 된다.

이 조작에 따르는 불확실도와 원액 표준액의 불확실도가 합쳐져, 10mg/L 검량선용 표준액의 농도(C_{s3})가 작성되는 것으로부터 이때의 상대 표준 불확실도(u_{s3}/C_{s3})는

$u_{s3}/C_{s3} = \sqrt{(u_{s1}/C_{s1})^2 + (u_{s2}/C_{s2})^2}$

$u_{s3}/C_{s3} = \sqrt{(u_{s1}/C_{s1})^2 + (u_{p1}/V_p)^2 + (u_{p2}/V_p)^2 + (u_{f1}/V_f)^2 + (u_{f2}/V_f)^2}$

$u_{s3}/C_{s3} = \sqrt{0.00577^2 + 0.00082^2 + 0.001^2 + 0.00041^2 + 0.0005^2}$

$= 0.00595$

가 된다.

② 검량선으로부터 구한 농도(C_{s4})의 불확실도(u_{s4})(타입A)는 수돗물 시료를 5회 이온크로마토그래프에 도입해 검량선으로부터 5개의 분석 결과 (8.51mg/L, 8.44mg/L, 8.56mg/L, 8.51mg/L, 8.48mg/L)를 얻었다. 평균값은 8.50mg/L로 이때의 표준편차는 0.0442mg/L 이다.

검량선으로부터 구한 농도(C_{s4})의 표준 불확실도(u_{s4})는 평균값의 표준편차이므로 표준 불확실도(u_{s4})는 $0.0442/\sqrt{5}$mg/L가 된다.

그러므로, 상대 표준 불확실도(u_{s4}/C_{s4})는

$$u_{s4}/C_{s4} = (0.0442/\sqrt{5})/8.50 = 0.00233$$

이 된다.

● 스텝 4 : 합성 표준 불확실도의 계산

요인별 불확실도는 10mg/L 검량선용 표준액 농도의 불확실도(u_{s3})와 검량선으로부터 구한 농도의 불확실도(u_{s4})로부터 구성되어 있는 것으로 일련의 흐름 중에서의 종합적인 불확실도는 합성 표준 불확실도(u_c)로 나타나고, 이때의 상대 합성 표준 불확실도 (u_c/C_c)는

$$u_c/C_c = \sqrt{(us3/Cs4)^2 + (us4/Cs4)^2}$$
$$u_c/C_c = \sqrt{0.00595^2 + 0.00233^2} = 0.00639$$

가 된다.

이때의 농도(C_c)는 C_{s4}와 같은 것으로부터 합성 표준 불확실도(u_c)는

$$u_c = 0.00639 \times 8.50\text{mg/L} = 0.0543\text{mg/L}$$

가 된다.

● 확장 불확실도의 계산

확장 불확실도(U)는 합성 표준 불확실도(u_c)에 포함계수(k)의 값을 곱한 수치로, $k = 2$(약 95% 신뢰구간)일 때의 확장 불확실도는

$$U = 2 \times 0.0543\text{mg/L} = 0.011\text{mg/L}$$

가 된다.

● 결과의 표시

최종 결과는 구해야 할 농도, 확장 불확실도 및 포함계수의 값을 나타내므로 수돗물 중의 Na 농도를 나타내려면

$$8.60\text{mg/L} \pm 0.011\text{mg/L} \ (k=2)$$

로 한다.

| 참고문헌 |

（1） James N. Miller & Jane C. Miller 著，宗森　信，佐藤寿邦　訳：データのとり方とまとめ方　第2版，共立出版（2004）

（2） 鐵　健司：新版品質管理のための統計的方法入門，日科技連（2004）

（3） 永田　靖：入門統計解析法，日科技連（2008）

（4） 山田剛史，杉澤武俊，村井潤一郎：Rによる統計学，オーム社（2008）

（5） 藤森利美：分析技術者のための統計的方法第2版，日本環境測定分析協会（2010）

（6） 日本規格協会：JISハンドブック57　品質管理，日本規格協会（1998）

（7） EURACHEM Guide, The Fitness for Purpose of Analytical Methods, EURACHEM,1998（http://www.eurachem.org/guides/valid.pdf）

（8） JIS Q17025：2005　試験所及び校正機関の能力に関する一般要求事項，日本規格協会（2005）

（9） JIS Q 17043 :2011　適合性評価—技能試験に対する一般要求事項，日本規格協会（2011）

（10） JIS Z8405:2008（ISO 13528:2005）:試験所間比較による技能試験のための統計的方法，日本規格協会（2008）

（11） JIS Z8402-2:1999（ISO 5725-2:1994）:測定方法及び測定結果の精確さ（真度及び精度）−第2部：標準測定方法の併行精度及び再現精度を求めるための基本的方法，日本規格協会（1999）

（12） 飯塚幸三　監修：計測における不確かさの表現のガイド，日本規格協会（1996）

（13） 平井昭司　監修：現場で役立つ環境分析の基礎，オーム社（2007）

（14） 高谷晴夫，秦　勝一郎：環境分析における不確かさとその求め方，日本環境測定分析協会（2006）

（15） 柿田和俊：ぶんせき，No.12，pp634-640（2010）

（16） 岩本威生：2005年版 ISO/IEC 17025（JIS Q 17025）に基づく試験所品質システム構築の手引き，日本規格協会（2006）

|찾아보기|

현장에서 필요한
수질 분석의 기초

2023. 5. 3. 초 판 1쇄 인쇄
2023. 5. 10. 초 판 1쇄 발행

감역자 | 히라이 쇼지
편저자 | 사단법인 일본분석화학회
감역 | 박성복
옮긴이 | 오승호
펴낸이 | 이종춘
펴낸곳 | **BM** ㈜도서출판 **성안당**

주소 | 04032 서울시 마포구 양화로 127 첨단빌딩 3층(출판기획 R&D 센터)
10881 경기도 파주시 문발로 112 파주 출판 문화도시(제작 및 물류)

전화 | 02) 3142-0036
031) 950-6300

팩스 | 031) 955-0510
등록 | 1973. 2. 1. 제406-2005-000046호
출판사 홈페이지 | **www.cyber.co.kr**
ISBN | 978-89-315-5771-8 (13430)
정가 | 28,000원

이 책을 만든 사람들
책임 | 최옥현
교정·교열 | 이태원
전산편집 | 김인환
표지 디자인 | 박원석
홍보 | 김계향, 유미나, 이준영, 정단비
국제부 | 이선민, 조혜란
마케팅 | 구본철, 차정욱, 오영일, 나진호, 강호묵
마케팅 지원 | 장상범
제작 | 김유석

■ **도서 A/S 안내**

성안당에서 발행하는 모든 도서는 저자와 출판사, 그리고 독자가 함께 만들어 나갑니다.
좋은 책을 펴내기 위해 많은 노력을 기울이고 있습니다. 혹시라도 내용상의 오류나 오탈자 등이 발견되면 **"좋은 책은 나라의 보배"**로서 우리 모두가 함께 만들어 간다는 마음으로 연락주시기 바랍니다. 수정 보완하여 더 나은 책이 되도록 최선을 다하겠습니다.
성안당은 늘 독자 여러분들의 소중한 의견을 기다리고 있습니다. 좋은 의견을 보내주시는 분께는 성안당 쇼핑몰의 포인트(3,000포인트)를 적립해 드립니다.

잘못 만들어진 책이나 부록 등이 파손된 경우에는 교환해 드립니다.